Mathematik im mittelalterlichen Islam

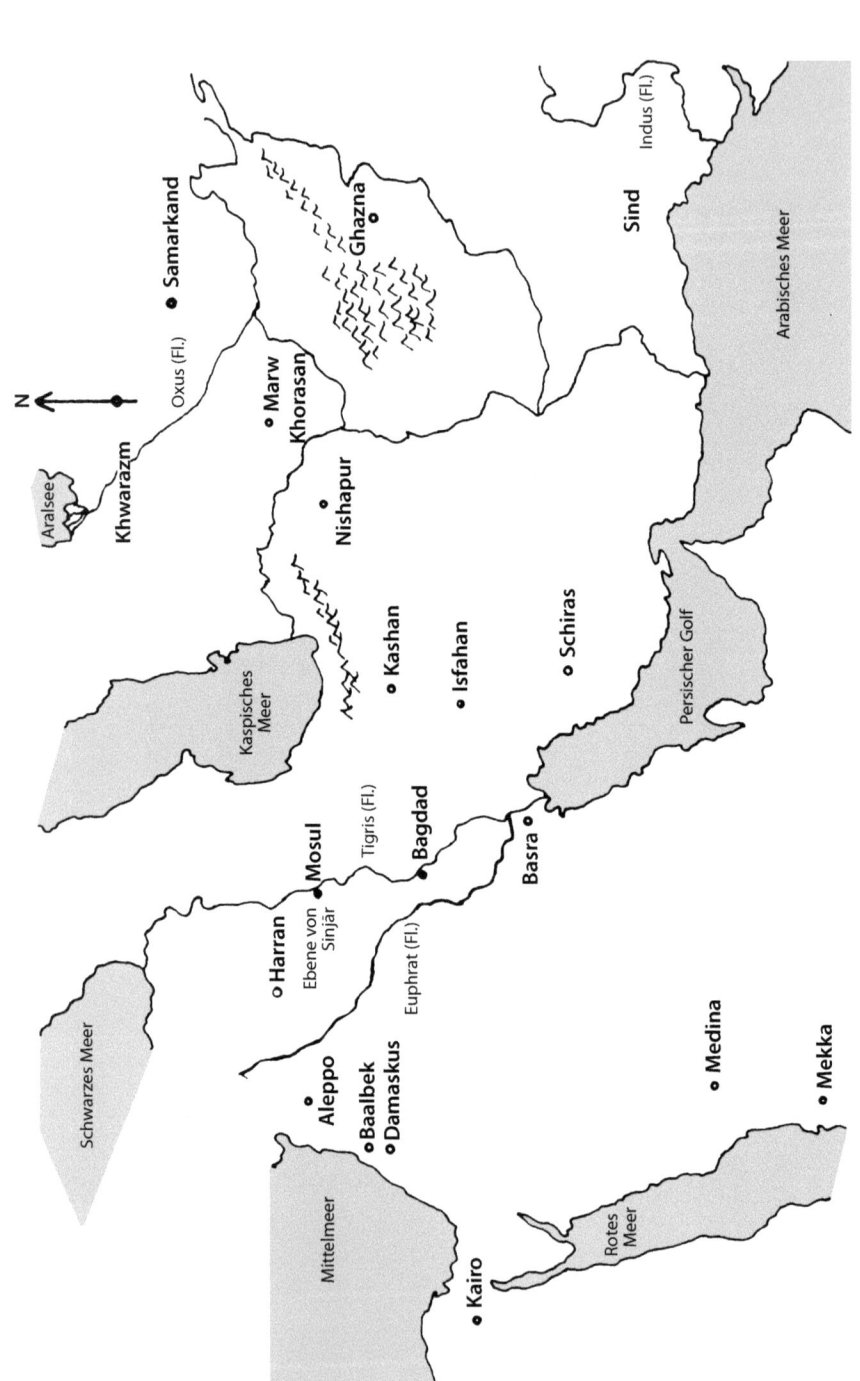

Karte mit den wichtigsten der im Text genannten Städte

J. Lennart Berggren

Mathematik
im mittelalterlichen Islam

Übersetzung aus dem Englischen
von Petra G. Schmidl
in Zusammenarbeit
mit Heinz Klaus Strick

Autor
J. Lennart Berggren
Department of Mathematics
Simon Fraser University
8888 University Dr.
Burnaby, B.C.
Canada V5A 1S6
berggren@sfu.ca

Übersetzerin
Petra G. Schmidl
Institut für Geschichte
der Naturwissenschaften
Johann Wolfgang Goethe-Universität
Robert-Mayer-Straße 1
D-60054 Frankfurt
schmidl@em.uni-frankfurt.de

Englische Originalausgabe Episodes in the Mathematics of Medieval Islam von J. L. Berggren, Copyright 1986 Springer-Verlag New York, Inc.

Auf dem Cover wurden drei Fotos von Prof. Alten verwendet und ein Foto von Michel Valdrighi (die Statue von Al-Khwarizmi, http://www.flickr.com/photos/michelv/1678696282/):

a) das rekonstruierte Observatorium in Jaipur (Foto mit freundlicher Genehmigung von H.-W. Alten)
b) geometrisches Ornament mit floralen Motiven am Mausoleum Usta Ali in Shah-i-Sinda, Samarkand (Foto mit freundlicher Genehmigung von H.-W. Alten)
c) Medresse des Ulūgh Beg am Registan in Samarkand, Usbekistan (Foto mit freundlicher Genehmigung von H.-W. Alten)
d) Statue of Muhammad ibn Musa al-Khwarizmi (Foto mit freundlicher Genehmigung von Michel Valdrighi)

Für einige Abbildungen in diesem Buch ist es uns nicht gelungen, die Rechtsinhaber zu ermitteln bzw. unsere Anfragen blieben unbeantwortet. Betroffene und Personen, die zur Klärung in einzelnen Fällen beitragen können, werden gebeten, sich beim Autor oder Verlag zu melden.

ISBN 978-3-540-76687-2 e-ISBN 978-3-540-76688-9
DOI 10.1007/978-3-540-76688-9
Springer Heidelberg Dordrecht London New York

Die Deutsche Nationalbibliothek verzeichnet diese Publikation in der Deutschen Nationalbibliografie; detaillierte bibliografische Daten sind im Internet über http://dnb.d-nb.de abrufbar.

Mathematics Subject Classification (2000): 01-XX, 01A30

© Springer-Verlag Berlin Heidelberg 2011
Dieses Werk ist urheberrechtlich geschützt. Die dadurch begründeten Rechte, insbesondere die der Übersetzung, des Nachdrucks, des Vortrags, der Entnahme von Abbildungen und Tabellen, der Funksendung, der Mikroverfilmung oder der Vervielfältigung auf anderen Wegen und der Speicherung in Datenverarbeitungsanlagen, bleiben, auch bei nur auszugsweiser Verwertung, vorbehalten. Eine Vervielfältigung dieses Werkes oder von Teilen dieses Werkes ist auch im Einzelfall nur in den Grenzen der gesetzlichen Bestimmungen des Urheberrechtsgesetzes der Bundesrepublik Deutschland vom 9. September 1965 in der jeweils geltenden Fassung zulässig. Sie ist grundsätzlich vergütungspflichtig. Zuwiderhandlungen unterliegen den Strafbestimmungen des Urheberrechtsgesetzes.
Die Wiedergabe von Gebrauchsnamen, Handelsnamen, Warenbezeichnungen usw. in diesem Werk berechtigt auch ohne besondere Kennzeichnung nicht zu der Annahme, dass solche Namen im Sinne der Warenzeichen- und Markenschutz-Gesetzgebung als frei zu betrachten wären und daher von jedermann benutzt werden dürften.

Einbandentwurf: WMXDesign GmbH, Heidelberg

Gedruckt auf säurefreiem Papier

Springer ist Teil der Fachverlagsgruppe Springer Science+Business Media (www.springer.de)

Für meine Eltern
Evelyn und Thorsten Berggren

Vorwort zur deutschen Übersetzung

Anfang 2006 schrieb mir Martin Peters, dass der Springer-Verlag gerne eine deutsche Übersetzung meines Buches *Episodes in the Mathematics of Medieval Islam* in Auftrag geben und veröffentlichen möchte. Auch wenn ich anfänglich wirklich überrascht war, hat mich die Anfrage an sich doch sehr gefreut. Denn immerhin waren, seit der Springer-Verlag die englische Originalausgabe 1986 veröffentlicht hatte, fast zwanzig Jahre vergangen. Seither sind eine ganze Reihe von Leistungen der mittelalterlichen islamischen Mathematik entdeckt und untersucht worden. Als ich das Buch jedoch noch einmal las, schien mir, dass diese neuen Entdeckungen die Bedeutung der einzelnen Episoden, die darin besprochen werden, nicht schmälerten. Dass inzwischen mehr gesagt werden kann – beispielsweise über die mittelalterlichen islamischen Leistungen in der Zahlentheorie, in der Kombinatorik und bei den mathematischen Anwendungen – erweitert die in diesem Buch berichtete Geschichte, ändert aber seine Botschaft nicht grundlegend.

Trotzdem hat sich natürlich einiges geändert. Zuallererst wurden einige in der englischen Fassung vorhandene Fehler beseitigt. Zu einem Großteil ist dies der sorgfältigen Arbeit der Übersetzerin, Petra G. Schmidl, zu verdanken, die einen wichtigen Beitrag zur Erstellung dieses Bandes leistete. Über die Jahre hinweg hatten mich schon einige Kollegen auf Fehler im Buch hingewiesen. Hier habe ich besonders Sonja Brentjes und Jan P. Hogendijk zu danken.

Die offensichtlichste Änderung liegt jedoch in der Verwendung von farbigen Abbildungen in der deutschen Ausgabe. Ich bin den Herausgebern für diese Entscheidung sehr dankbar. Für die auf dem Einband zu sehenden Photos danke ich Heinz-Wilhelm Alten und Michel Valdrigi, die freundlicherweise ihre Genehmigung erteilt haben, so dass die von ihnen auf ihren Reisen gemachten Photographien verwendet werden konnten. Ganz besonders danke ich meinem Freund (und ersten Arabischlehrer), Hanna Kassis, der sein Photoarchiv durchsucht hat, um die farbigen Originale einer Anzahl von Photos zu finden, die im ersten Kapitel der englischen Fassung lediglich in Schwarzweiß veröffentlicht worden waren.

Schließlich habe ich noch die Bibliographie auf den neuesten Stand gebracht, einige Hinweise auf die deutsche Literatur ergänzt, einige wenige Diagramme neu gezeichnet und einige sehr wenige Übungen am Ende der Kapitel geändert.

Den wichtigen Beitrag, den die Übersetzerin, Petra G. Schmidl geleistet hat – und der weit über die Aufgaben eines Übersetzers hinausging – hatte ich schon erwähnt. Ebenfalls möchte ich mich an dieser Stelle ganz herzlich bei Heinz Klaus Strick bedanken, der die Übersetzung gründlich gelesen hat und eine Vielzahl sehr hilfreicher Vorschläge gemacht hat, die bei der Erstellung der finalen Version berücksichtigt wurden. Nicht zuletzt war es seine Idee, eine Reihe von Briefmarken von Mathematikern aufzunehmen, um die es in diesem Buch geht, und mir diese freundlicherweise zur Verfügung zu stellen. Ich möchte meinen aufrichtigen Dank aber auch gegenüber Martin Peters Assistentin beim Springer-Verlag, Ruth Allewelt, zum Ausdruck bringen. Geduldig hat sie sich um meine zahlreichen Anfragen gekümmert, mich, wenn es nötig war, zur Arbeit angehalten, und sich bereitwillig um meine kurz vor Schluss vorgebrachten Bitten gekümmert. All den hier Genannten gebührt mein aufrichtiger Dank.

J. Lennart Berggren

Vorwort zur englischen Ausgabe

Viele der heute lebenden Menschen wissen, was die moderne Mathematik der mittelalterlichen Kultur verdankt. Sie wissen, dass „Algebra" ein arabisches Wort ist und sie sprechen von arabischen Ziffern. In den vergangenen Jahren haben Mathematikhistoriker auch wieder neu gelernt, was unsere Vorfahren im Mittelalter und in der Renaissance wussten: Der islamische Beitrag beeinflusste die Entwicklung in allen Teilgebieten der Mathematik im Okzident und vielfach war er von entscheidender Bedeutung. Trotzdem befasst sich keines der englischsprachigen Lehrbücher zur Geschichte der Mathematik – über allgemeine Bemerkungen hinausgehend – mit diesem islamischen Einfluss. Dies ist bedauernswert, nicht nur vom wissenschaftlichen Standpunkt aus, sondern auch unter pädagogischen Gesichtspunkten; denn die islamischen Beiträge enthalten einige „Edelsteine" des mathematischen Denkens, die für jeden zugänglich sind, der sich bis zur Hochschulreife mit Mathematik beschäftigt hat. Viele dieser Beiträge stellen wichtige Phasen in der Entwicklung der dezimalen Arithmetik, der ebenen und der sphärischen Trigonometrie, der Algebra und mathematischer Verfahren wie der Interpolation oder der Approximation bei der Lösung von Gleichungen dar.

Der vorliegende Text unternimmt den Versuch, diese Lücke zu schließen. Meine ursprüngliche Idee war es, ein Buch nach dem großartigen Vorbild *Episodes from the Early History of Mathematics*, verfasst von Asger Aaboe, zu schreiben. Jedoch erkannte ich bald, dass es nicht möglich ist, für die Geschichte der Mathematik in der islamischen Welt eine allgemeine Darstellung des historischen Hintergrunds anzugeben, vor dem ich einige Höhepunkte hervorheben könnte – so wie dies in T. L. Heaths zweibändiger *History of Greek Mathematics* für die griechische Antike geschieht. Außerdem enthält das islamische Material eine vergleichsweise große Zahl von kurzen, aber wichtigen Abhandlungen – ganz anders als das griechische, bei dem einige wenige Werke dominieren. Aus diesen beiden Gründen musste ich mehr Hintergrundwissen als ursprünglich geplant aufnehmen und einen stärker zusammenhängenden Bericht der 600 Jahre dauernden Epoche liefern. Hiervon abgesehen kommt in diesem Buch meine Überzeugung zum Ausdruck, dass ein ordentliches Studium der Mathematikgeschichte mit einem Studium der Texte selbst beginnen sollte. Aus diesem Grund habe ich die einzelnen Kapitel nicht als bloße Auflistung von Ergebnissen konzipiert, sondern eher als Zusammenstellung von Auszügen aus mathematischen Abhandlungen, an die ich mich möglichst genau gehalten habe – soweit mir dies für eine einführende Studie vertretbar erschien. Wenn ich von den Originaltexten abgewichen bin, dann meistens deshalb, weil ich Abkürzungen oder symbolische Schreibweisen verwendet habe, wo in den Texten Wörter stehen. Auf jeden Fall habe ich immer versucht, das Ausmaß meiner Abweichungen offenzulegen, sodass der Leser eine Vorstellung vom Charakter der fraglichen Abhandlung bekommen kann.

Auch wenn man eine Studie zur Mathematikgeschichte mit einer Lektüre der Originaltexte beginnt, wird schnell klar, dass diese Abhandlungen in einem Kontext entstanden sind. Jede Abhandlung ist nur ein Teil eines Netzwerks von Abhandlungen, die ihrerseits in einer besonderen Kultur eingebettet sind, und diese Kultur steht wiederum in Beziehung zu anderen Kulturen, geografisch wie historisch. Ich habe in einem gewissen Ausmaß versucht, diese Beziehungen darzustellen. Meine Studien der islamischen Mathematik haben mir auch bewusst gemacht, dass einige Besonderheiten Antworten auf die sich entwickelnden Erfordernisse aus der islamischen Glaubenspraxis waren, und ich habe in den Kap. 1, 2, 4 und 6 versucht, auf einige dieser Besonderheiten in den Abschnitten mit der Überschrift „Die islamische Dimension" hinzuweisen. Auch der Abschnitt über islamische Kunst in Kap. 3 hat mit diesem Aspekt zu tun.

Gleichzeitig wurde die islamische Mathematik, wie auch die islamische Kultur selbst, stark von anderen Hochkulturen beeinflusst – einige, die früher existierten, aber auch andere, die zeitgleich existierten. Im Hinblick auf die Geschichte der (islamischen) Mathematik hatten die griechische und die indische Kultur die größte Bedeutung. Entsprechend habe ich auch versucht, die Teile der griechischen und der indischen Mathematik herauszustellen, die von den Mathematikern der islamischen Welt genutzt wurden.

Ich habe nicht versucht, eine „Geschichte der Mathematik im mittelalterlichen Islam" zu schreiben. Ein solches Buch kann noch nicht geschrieben werden, da bisher nicht ausreichend Material untersucht wurde, sodass wir über die ganze Geschichte insgesamt nicht genügend wissen. (Einem solchen Werk kommt A. P. Youschkevitchs herausragendes *Les mathématiques arabes (VIIe–XVe siècles)* am nächsten. Es ist in Paris bei J. Vrin 1976 erschienen – die Erstauflage erschien 1961, 1963 folgte dann eine deutsche Übersetzung mit zahlreichen Ergänzungen und Änderungen im dritten Kapitel von A. P. Juschkevitschs *Geschichte der Mathematik im Mittelalter*). Mein Ziel war es vielmehr, einige der Wege aufzuzeigen, auf denen Autoren der islamischen Welt Beiträge zur Entwicklung der Mathematik leisteten, so wie sie heute an Gymnasien gelehrt wird, und daher sind die in diesem Buch hauptsächlich behandelten Themen solche aus der Arithmetik, der Algebra, der Geometrie und der Trigonometrie. Aber auch diese Gebiete habe ich nicht erschöpfend behandelt und insbesondere habe ich einige Aspekte ausgelassen, die weit über die Schulmathematik hinausgehen. Zudem habe ich mich auf Entwicklungen in östlichen Regionen der islamischen Welt konzentriert, hauptsächlich weil ich diese Gebiete am besten kenne, und weil es sich als realisierbar erwies, alle von mir geplanten Punkte mit Beispielen aus diesen Gegenden zu veranschaulichen.

In diesem Buch habe ich das Wort „arabisch" lediglich zur Bezeichnung der Sprache verwendet und als „Araber" habe ich nur jemanden bezeichnet, der von der arabischen Halbinsel kommt. Viele, die sich selbst als „Araber" bezeichnen würden, werden durch diesen meinen Sprachgebrauch ausgeschlossen, aber die Bedeutung des Wortes „Araber" hat sich – selbst in der arabischsprachigen Welt – über die Jahrhunderte zu sehr verschoben, als dass es für mich von Nutzen gewesen wäre. Ich bevorzuge die Bezeichnung „islamisch" für die Kultur, deren mathematische Leistungen ich beschreiben werde. Denn obwohl die islamische Welt Heimat von Männern und Frauen vieler verschiedener Rassen und Glaubensrichtungen war, wurden ihre wesentlichen Merkmale doch von denjenigen geprägt, die sich zu dem islamischen Glauben bekannten, dass es keinen Gott gibt außer Gott und Muḥammad sein Gesandter ist.

Einige Besonderheiten des Buchs sollen hier noch erwähnt werden. Ich habe eine Karte (S. II) beigefügt, sodass der Leser die Orte ausfindig machen kann, an denen sich die Geschichte abspielte. Zudem habe ich Fotografien von Orten und zugehörigen Kunstwerken in meinen Bericht aufgenommen, um beispielsweise den Lesern zu helfen, sich den Namen von al-Kāshī einzuprägen, wenn sie ein Foto seines Observatoriums sehen. Damit der Leser nicht von Jahresangaben der Form „946–947" verwirrt wird, sollte hier noch angemerkt werden, dass das muslimische Jahr ein Mond- und kein Sonnenjahr ist. Folglich ist es ungefähr elf Tage kürzer als das „westliche" Jahr und es kommt häufig vor, dass das muslimische Jahr in einem Jahr unserer Zeitrechnung beginnt und im nächsten endet. Wenn uns also unsere arabischen Quellen lediglich mitteilen, dass Ibn Fūlān in einem bestimmten Jahr nach muslimischer Zeitrechnung geboren wurde, dann können wir normalerweise nicht genauer sein, als dass wir die beiden Jahre nach unserer Zeitrechnung zuordnen. Zum Schluss noch: Hinweise im Text von der Art „Smith" (oder Smith, 1984) beziehen sich auf die Arbeit von Smith, die in der Bibliografie am Ende des Kapitels genannt ist (oder aber auf eine Arbeit, die er 1984 veröffentlicht hat, wenn mehr als ein Werk verzeichnet ist).

Es bleibt noch denen zu danken, die mir bei der Vorbereitung dieses Buches geholfen haben. Asger Aaboe (Yale University) hat mich wesentlich hinsichtlich meiner Herangehensweise zum Studium der Geschichte der Mathematik geprägt. Für seine Jahre der Anleitung, der Ermutigung und der Freundschaft danke ich ihm. E. S. Kennedy gewährte mir Zugang zu seiner bemerkenswerten Bibliothek in ʿAinab im Libanon, als ich mit der Lektüre für dieses Buch begann. Er und seine Frau Mary Helen haben meine Familie sowohl im Libanon als auch in Syrien mit übergroßer Gastfreundlichkeit aufgenommen. Ihnen beiden gebührt ebenfalls mein besonderer Dank. Außerdem möchte ich Hanna Kassis und David King dafür danken, dass sie mir Fotografien aus ihren privaten Sammlungen zur Verfügung stellten. Ich sage „Tack så mycket" zu Arne Broman und Jöran Friberg von der Chalmers Tekniska Högskola, Göteborg, Schweden, die es mir ermöglicht haben, dort die erste Fassung dieses Buches als Vorlesungen im Fachbereich Mathematik zu halten, sowie zu Lehrenden und Studenten an der Chalmers University, die solch großes Interesse gezeigt haben. Ebenfalls danke ich Christopher Anagnostakis, Jan P. Hogendijk, David King und Basil McDermott, die ausführliche Kommentare zu einem ersten Entwurf dieses Buches abgaben, sowie Glen Van Brummelen, der beim Lesen der Druckfahnen half.

Abschließend möchte ich meiner Frau Tasoula danken, die meine Begeisterung für die Mathematikgeschichte teilte, und unseren Söhnen, Thorsten und Karl, die so viele Stunden dabei halfen, die Illustrationen und Korrekturen für den Text zu erstellen.

J. Lennart Berggren

Inhaltsverzeichnis

1	**Einleitung**		1
	§1	Die Anfänge des Islam	1
	§2	Übernahme fremder Wissenschaften durch den Islam	2
	§3	Vier muslimische Gelehrte	6
		Einleitung	6
		Al-Khwārizmī	7
		Al-Bīrūnī	10
		ʿUmar al-Khayyāmī	13
		Al-Kāshī	17
	§4	Die Quellen	23
	§5	Arabische Sprache und arabische Namen	26
		Die Sprache	26
		Transliteration des Arabischen	27
		Arabische Namen	28
	Übungen		29
	Literatur		29
2	**Islamische Arithmetik**		31
	§1	Das Dezimalsystem	31
	§2	Kushyārs „Arithmetik"	33
		Überblick über „Die Arithmetik"	33
		Addition	35
		Subtraktion	35
		Multiplikation	36
		Division	37
	§3	Die Entdeckung der Dezimalbrüche	38
	§4	Muslimische Sexagesimalarithmetik	42
		Geschichte der Sexagesimalen	42
		Sexagesimale Addition und Subtraktion	46
		Sexagesimale Multiplikation	47
		Sexagesimale Division	52

§5	Quadratwurzeln		53
	Einleitung		53
	Näherungsweise Bestimmung von Quadratwurzeln		53
	Begründung für das Näherungsverfahren		55
§6	Al-Kāshīs Ziehen einer fünften Wurzel		58
	Einleitung		58
	Vorarbeiten		58
§7	Die islamische Dimension: Probleme der Erbteilung		68
	Erste Erbteilungsaufgabe		68
	Zweite Erbteilungsaufgabe		68
	Über die Berechung der zakāt		70
Übungen			72
Literatur			74

3 Geometrische Konstruktionen in der Islamischen Welt ... 75

§1	Euklidische Konstruktionen	75
§2	Griechische Quellen der islamischen Geometrie	78
§3	Apollonios' Theorie der Kegelschnitte	79
	Charakteristische Eigenschaften der Parabel	82
	Charakteristische Eigenschaften der Hyperbel	82
§4	Abū Sahl über das regelmäßige Siebeneck	83
	Konstruktion des regelmäßigen Siebenecks durch Archimedes	83
	Abū Sahls Analyse	85
§5	Die Konstruktion des regelmäßigen Neunecks	89
	neúsis-Konstruktionen	89
	Starre versus bewegliche Geometrie	91
	Abū Sahls Winkeldreiteilung	91
§6	Konstruktion der Kegelschnitte	93
	Das Leben Ibrāhīm b. Sināns	93
	Ibrāhīm b. Sinān über die Parabel	95
§7	Die islamische Dimension: Geometrie mit einem eingerosteten Zirkel	97
	Problem 1	99
	Problem 2	100
	Problem 3	101
	Problem 4	101
	Problem 5	102
Übungen		104
Literatur		106

4 Algebra im Islam ... 109
§1 Aufgaben über unbekannte Größen ... 109
§2 Quellen der islamischen Algebra ... 111
§3 Al-Khwārizmīs Algebra ... 112
    Der Name „Algebra" ... 112
    Grundlegende Ideen in al-Khwārizmīs Algebra ... 113
    Al-Khwārizmīs Erörterung von $x^2 + 21 = 10x$ ... 114
§4 Thābits Beweisführung für quadratische Gleichungen ... 115
    Vorbemerkungen ... 115
    Thābits Beweisführung ... 117
§5 Abū Kāmil über Algebra ... 119
    Übereinstimmungen mit al-Khwārizmī ... 119
    Fortschritte im Vergleich zu al-Khwārizmī ... 120
    Ein Problem von Abū Kāmil ... 121
§6 Al-Karajīs Arithmetisierung der Algebra ... 123
    Einleitung ... 123
    Al-Samaw'al über das Potenzgesetz ... 125
    Al-Samaw'al über Polynomdivision ... 127
§7 'Umar al-Khayyāmī und die kubische Gleichung ... 131
    Der Hintergrund zu 'Umars Arbeiten ... 131
    'Umars Klassifikation der kubischen Gleichungen ... 132
    'Umars Behandlung von $x^3 + mx = n$ ... 132
§8 Die islamische Dimension: Die Algebra der Erbschaften ... 137
Übungen ... 138
Literatur ... 139

5 Trigonometrie in der islamischen Welt ... 141
§1 Antiker Hintergrund: Sehnen- und Sinustafeln ... 141
§2 Die Einführung der sechs trigonometrischen Funktionen ... 147
§3 Abū al-Wafā's Beweis des Additionstheorems für den Sinus ... 149
§4 Naṣīr al-Dīns Beweis des Sinussatzes ... 153
§5 Al-Bīrūnīs Vermessung der Erde ... 156
§6 Trigonometrische Tabellen: Berechnung und Interpolation ... 159
§7 Hilfsfunktionen ... 160
§8 Interpolationsverfahren ... 161
    Lineare Interpolation ... 162
    Ibn Yūnus' Interpolationsverfahren zweiter Ordnung ... 164
§9 Al-Kāshīs Näherung für Sin (1°) ... 167
Übungen ... 171
Literatur ... 173

6 Sphärik in der islamischen Welt 175
  §1 Der antike Hintergrund 175
  §2 Bedeutende Kreise auf der Himmelskugel 179
  §3 Die Aufgangszeiten der Tierkreiszeichen 182
  §4 Die stereografische Projektion und das Astrolabium 184
  §5 Zeitmessung mithilfe der Sonne und der Sterne 190
  §6 Sphärische Trigonometrie im Islam 193
  §7 Tabellen für die sphärische Trigonometrie 196
  §8 Die islamische Dimension: Die Richtung für das Gebet ... 203
  Übungen 207
  Literatur 209

Index 211

Kapitel 1
Einleitung

§1 Die Anfänge des Islam

Der muslimische Kalender beginnt im Jahr 622 n. Chr., als Mohammed aus seiner Heimatstadt Mekka an der Westküste der Arabischen Halbinsel in das ungefähr 200 Meilen weiter nördlich gelegene Medina floh. Die Lehren von dem *Einen Gott* (im Arabischen *Allāh* = der Gott), die er verkündete und die ihm vom Engel Gabriel offenbart worden waren, hatten in Mekka zu beträchtlichen Spannungen geführt. Denn Mekka war zu jener Zeit ein florierendes Pilgerzentrum, dessen Hauptanziehungspunkt ein Kaaba genanntes Heiligtum war, das zur Verehrung vieler Götter diente. Acht Jahre später kehrte Mohammed im Triumph nach Mekka zurück, ein Ereignis, das den Beginn der Ausbreitung der Religion des Islam markiert, welche sich auf dem Gedanken einer Unterwerfung unter den Willen Gottes gründet – das ist die Bedeutung des arabischen Wortes *Islām*.

Als Mohammed 630 n. Chr. nach Mekka zurückkehrte, und sogar als er 632 starb, lagen islamische Beiträge zu den Wissenschaften noch in ferner Zukunft. Die ersten „zu erobernden Welten" waren nicht geistiger Natur, sondern die realen Ländereien jenseits der Arabischen Halbinsel. Die Muslime erwiesen sich bei diesen physischen Eroberungen genauso erfolgreich wie später bei ihren geistigen. Es ist nicht unsere Absicht, hier eine ausführliche Darstellung über die großen Schlachten zu geben und über die Generäle, deren taktisches Geschick zu so vielen Siegen führte; wir können nur erwähnen, dass es die nördlich der Arabischen Halbinsel gelegenen Länder Syrien und Irak waren, deren fremde Herrscher bei der ortsansässigen Bevölkerung besonders verhasst waren, die am frühesten vom arabischen Heer und seinem Siegesruf „Allāhu akbar" (Gott ist am größten) besiegt wurden. Um 642 war sogar die Eroberung Persiens abgeschlossen und der Islam hatte die Grenzen Indiens erreicht. Einige Jahre zuvor hatte General ʿAmr ibn al-ʿĀṣ zuerst Ägypten und dann ganz Nordafrika erobert, das byzantinische Heer vor sich hertreibend. Bald hatte sich die neue Religion von den Grenzen Chinas bis nach Spanien verbreitet, in Frankreich nur durch den Sieg Karl Martells bei Poitiers nahe Tours im Jahr 732 aufgehalten. Da in diese Schlacht viel hineininterpretiert wurde, erscheint es wichtig, sich die Worte des bedeutenden Historikers Philip Hitti in *The Arabs: A Short History* in Erinnerung zu rufen, wo er sagt:

„Später schmückten Legenden diesen Tag aus [...] und übertrieben seine Bedeutung in hohem Maße. Für die Christen bedeutete dieser Tag den Wendepunkt des militärischen Erfolgs ihres ewigen Feindes. Gibbon – und nach ihm andere Historiker – sahen schon Moscheen in Paris und London, wo jetzt Kathedralen stehen, und hörten, wie der Koran anstelle der Bibel in Oxford und anderen Orten der Gelehrsamkeit ausgelegt wurde, wenn die Araber an diesem Tag gewonnen hätten. Für mehrere moderne Geschichtsschreiber ist die Schlacht von Tours und Poitiers eine der Entscheidungsschlachten in der Geschichte.

In Wirklichkeit hat die Schlacht von Tours und Poitiers gar nichts entschieden. Die arabisch-berberische Welle war, fast 1000 Meilen von ihrem Ausgangspunkt in Gibraltar entfernt, zu einem natürlichen Stillstand gekommen. Sie hatte ihren Schwung verloren und sich totgelaufen. Obwohl die Niederlage bei Tours und Poitiers nicht der eigentliche Grund für das Anhalten der Araber war, markiert sie doch den entferntesten Punkt, den die siegreichen muslimischen Waffen erreicht hatten."

Das politische Zentrum des großen frühislamischen Reiches war Damaskus, eine so schöne Stadt, dass Mohammed, als er sie sah, sich umwandte und sagte, er wolle das Paradies nur einmal betreten. Hier hielten die Kalifen Hof, als politische und militärische Führer die Nachfolger Mohammeds. Sie waren Mitglieder der Umayyadenfamilie (siehe Tafel 1.1), aber im Jahr 750 ging die Macht an eine andere Familie über, die als die ʿAbbāsiden bekannt sind und deren Machtbasis weiter östlich lag.

§2 Übernahme fremder Wissenschaften durch den Islam

Nach diesem kurzen Bericht über die frühe militärische und politische Geschichte des Islam können wir uns den Anfängen der wissenschaftlichen Aktivitäten in dieser Kultur zuwenden, denn bereits in der Umayyadenzeit, in den 30er-Jahren des 8. Jahrhunderts, wurden in Sind (heute Pakistan) und in Afghanistan astronomische Abhandlungen in arabischer Sprache verfasst, die auf indischen und persischen Quellen beruhten. Während der Zeit des ʿabbasidischen Kalifen al-Manṣūr gehörte einer Delegation aus Sind, die in Bagdad ankam, auch ein Inder an, der in der Astronomie bewandert war und al-Fazārī half, einen in Sanskrit abgefassten astronomischen Text zu übersetzen. Das daraus entstandene Werk, das *Zīj al-Sindhind*, enthält Elemente zahlreicher astronomischer Überlieferungen, einschließlich mathematischer Methoden, die den Sinus verwendeten.

Der Kalif al-Manṣūr, der Bagdad als seine neue Hauptstadt erbauen lassen wollte, befahl, dass die Bauarbeiten am 30. Juli 762 beginnen sollten, den seine Astrologen für günstig hielten. (Einer dieser Astrologen war der oben erwähnte al-Fazārī.) Die Astrologen müssen gute Arbeit geleistet haben; denn Bagdad blühte tatsächlich auf, sowohl als kommerzielles als auch als geistiges Zentrum. So wurde während der Regierungszeit Hārūn al-Rashīds, dessen glanzvolle Herrschaft (786–809) in den Geschichten aus *Tausend-*

Tafel 1.1. Die Umayyadenmoschee in Damaskus, in der Zeitmesser (arab. *muwaqqit*) wie Ibn al-Shāṭir und al-Khalīlī arbeiteten. Vom Minarett aus werden die Gläubigen fünfmal am Tag zum Gebet gerufen; diese Zeiten sind astronomisch definiert. Außerdem muss die Bedingung erfüllt werden, dass der Betende sich beim Gebet in Richtung Mekka wendet. Die Funktionsfähigkeit einer solchen Moschee hing also in einem gewissen Umfang von der Kenntnis von nichttrivialer Mathematik und Astronomie ab

undeiner Nacht dargestellt ist, eine Bibliothek erbaut, in der man sicherlich sowohl Originale als auch Übersetzungen wissenschaftlicher Werke in Sanskrit, Persisch und Griechisch finden konnte, deren Inhalte die ersten islamischen Wissenschaftler anregten und anleiteten. Eine noch größere Förderung wissenschaftlicher Aktivitäten erfolgte durch den Kalifen al-Ma'mūn, der von 813 bis 833 regierte und viele wichtige Vorhaben unterstützte, welche die antiken Wissenschaften der islamischen Kultur näher brachten.

Neben anderen Tätigkeiten förderte er einen der ersten bedeutenden muslimischen Mathematiker, al-Khwārizmī, der ihm seine *Algebra* widmete und eine Landvermessung durchführte, um die Länge eines Grads auf dem Meridian zu bestimmen, um so den Umfang der Erde zu ermitteln. Auch unterstützte er die Herstellung einer neuen Karte der bekannten Welt.

Bei der islamischen Übernahme der antiken Wissenschaften wirkten jedoch viele wohlhabende und einflussreiche Familien mit, sei es durch eigenes Bemühen, sei es durch Unterstützung anderer – wie die Banū Mūsā und die Familie der Barmakiden, um nur zwei der vielen bekannten Familien zu nennen, welche die Übersetzertätigkeiten gefördert haben.

Diese Übersetzer, die manchmal gleichermaßen von wohlhabenden Familien wie vom Kalifen gefördert wurden, nutzten das der arabischen Sprache innewohnende Potenzial, subtile Feinheiten eines Gedankens auszudrücken, indem sie eine Vielzahl von „Standardvariationen" einer dem Wort zugrunde liegenden Wurzel benutzten. Damit schufen sie das, was die Sprache der Gelehrten von Nordafrika bis an die Grenzen Chinas werden sollte.

Außerdem schickten die frühen Kalifen Gesandtschaften in fremde Länder, um Abschriften von bedeutenden Büchern zu beschaffen, damit diese übersetzt werden konnten. Ein gutes Beispiel für die aufwendige Suche nach fremden Büchern sind die Schwierigkeiten, die einer der Übersetzer des 9. Jahrhunderts, Ḥunayn ibn Isḥāq, hatte, als er eine Abschrift eines Buches des griechischen Medizinschriftstellers namens Galen finden wollte. (Das Wort „ibn" in der Mitte von Ḥunayns Name ist das Arabische „Sohn von"; wir werden es im Folgenden gemäß der heute üblichen Schreibweise mit dem einzelnen Buchstaben „b." abkürzen). Ḥunayn erzählt zunächst, dass sein Kollege Gabriel große Schwierigkeiten hatte, das Buch zu finden, und dann, gemäß der Übersetzung von Rosenthal, „suchte ich selbst mit großem Eifer überall in Mesopotamien, in Syrien, in Palästina und in Ägypten, bis ich nach Alexandria kam. Ich fand nichts, nur in Damaskus fand ich die Hälfte [von Galens Buch]. Was ich aber gefunden hatte, waren weder aufeinander folgende Kapitel noch waren sie vollständig. Gabriel fand [ebenfalls] einige Abschnitte des Buches, die nicht die gleichen waren, die ich gefunden hatte". (4 Jahrhunderte später wiederholte sich diese Suche nach fremdem Wissen. Aber dieses Mal waren es die Europäer, die in islamischen Ländern unterwegs waren, um wertvolle, wissenschaftliche Handschriften aufzuspüren.)

Darüber hinaus gab es, wie oben schon angedeutet, eine beachtliche Unterstützung für wissenschaftliche Aktivitäten durch einige der wohlha-

Abb. 1.1. Eine Briefmarke aus Syrien erinnert an die Banū Mūsā Brüder; sie werden dargestellt, wie sie sich mit Geometrie und Astronomie beschäftigen. (Die Porträts der mittelalterlichen islamischen Mathematiker, die auf dieser und auf anderen Briefmarken abgebildet werden, sind – natürlich – notwendigerweise ein Phantasie-Produkt des Künstlers.)

benden Bürger Bagdads. Ein gutes Beispiel hierfür sind die oben bereits erwähnten drei Brüder, die im Arabischen als die Banū Mūsā (die Söhne des Moses) bekannt sind. Nicht nur, dass diese Gelehrten des 9. Jahrhunderts sogar in die byzantinische Welt reisten, um Bücher zu kaufen und ihre eigenen Forschungen in der Mathematik und der Mechanik durchführten, diese Gelehrten des 9. Jahrhunderts waren frühe Förderer von Thābit b. Qurra aus Ḥarrān (das heutige Diyarbakir in der Türkei) im nördlichen Mesopotamien. Thābit lebte von 836–901 und seine Sprachbegabung bescherte dem Arabischen einige der besten Übersetzungen aus dem Griechischen. Er war Mitglied einer Sekte von Sternenanbetern, die sich selbst Ṣabier nannten (nach einer Sekte, die in Sure 2, Vers 63 des Koran zugelassen wird), um einer Zwangskonvertierung zum Islam zu entgehen, denn ihr polytheistischer Glaube wäre den Moslems zutiefst zuwider gewesen. Einem Bericht

Tabelle 1.1. Arabische Übersetzungen aus dem Griechischen

Verfasser	Titel	Übersetzer	Zeit/Anmerkungen
Euklid	Die Elemente	al-Ḥajjāj b. Maṭar	Zur Zeit Hārūn al-Rashīds und al-Maʾmūns
		Isḥāq b. Ḥunayn	Spätes neuntes Jahrhundert
		Thābit b. Qurra	Gestorben 901
	Data	Isḥāq b. Ḥunayn	
	Optika		
Archimedes	Über Kugel und Zylinder	Isḥāq b. Ḥunayn Thābit b. Qurra	Überarbeitung einer schlechten Übersetzung aus dem frühen 9. Jahrhundert
	Kreismessung	Thābit b. Qurra	Verwendet den Kommentar von Eutokios
	Über die Teilung des Kreises in sieben gleiche Teile	Thābit b. Qurra	Griechisches Original nicht bekannt
	Die Lemmata	Thābit b. Qurra	
Apollonios	Konika	Hilāl al-Ḥimṣī Aḥmad b. Mūsā Thābit b. Qurra	
Diophant	Arithmetika	Qusṭā b. Lūqā	Gestorben 912
Menelaos	Sphärik	Ḥunayn b. Isḥāq	Geboren 809

Das Schicksal der Konika des Apollonios ist recht lehrreich. Der arabische Bibliograf al-Nadīm berichtet, dass „[...] nachdem das Buch studiert worden war, sich seine Spur verlor, bis Eutokios von Askalon eine gründliche Studie der Geometrie verfasste. [...] Nachdem er von diesem Werk [d. h. der Konika] so viel gesammelt hatte, wie er konnte, verbesserte er vier ihrer Bücher. Die Banū Mūsā sprachen jedoch davon, dass das Werk acht Bücher hatte, der jetzt noch erhaltene Teil umfasse sieben Bücher mit einem Teil des achten. Hilāl b. Abī al-Ḥimṣī übersetzte die ersten vier Bücher unter der Anleitung von Aḥmad b. Mūsā, und Thābit b. Qurra al-Ḥarrānī die letzten drei".

zufolge entdeckten die Banū Mūsā Thābits Sprachbegabung, als sie ihm auf einer ihrer Reisen als Geldwechsler in Ḥarrān begegneten und sie nahmen ihn mit nach Bagdad, damit er zusammen mit ihnen an ihren Forschungen arbeiten konnte. Über seine Fähigkeiten als Übersetzer hinaus trug Thābits Begabung für Mathematik dazu bei, dass die bereits bestehende Fülle an wunderbaren Erkenntnissen in dieser Wissenschaft noch größer wurde. Wir werden dies später noch näher erläutern; hier möchten wir seine Entdeckung des Verfahrens zum Auffinden von Paaren befreundeter Zahlen und dessen Beweis erwähnen (bei befreundeten Zahlen, wie beispielsweise 220 und 284, ist die Summe der echten Teiler jeweils gleich der anderen Zahl.)

Darüber hinaus brachten ihm seine Talente als praktizierender Mediziner einen Ehrenplatz im Gefolge des Kalifen ein. Andere wichtige Übersetzer in dieser frühen Zeit islamischer Wissenschaft waren Ḥunayn b. Isḥāq, dessen Suche nach Handschriften wir bereits erwähnt hatten sowie sein Sohn Isḥāq b. Ḥunayn, ebenso Qusṭā b. Lūqā aus der libanesischen Stadt Baalbek und al-Ḥajjāj b. Maṭar. Tabelle 1.1 enthält eine Übersicht mit einigen der griechischen mathematischen Arbeiten, auf die wir in diesem Buch noch eingehen werden und die Namen der Personen, die diese Arbeiten ins Arabische übersetzt haben sowie die ungefähre Zeit der Übersetzung.

§3 Vier muslimische Gelehrte

Einleitung

Wie bei anderen Kulturen unterlag auch im Islam die Förderung der Wissenschaftler starken Schwankungen.

Im 9. Jahrhundert beklagt der Gelehrte al-Sijzī, der an einem unbekannten Ort schrieb, dass die Leute dort, wo er lebe, es für rechtmäßig hielten, Mathematiker umzubringen. (Vielleicht lag das daran, dass die meisten Mathematiker Astronomen waren und demzufolge auch Astrologen.)

Welche Notlagen auch immer die Launen der Herrscher in der einen Gegend verursachten, so wurden sie doch im Allgemeinen durch großzügige und begeisterte Förderer andernorts wieder gut gemacht, sodass im Großen und Ganzen Mathematiker und Astronomen im Islam sowohl Wertschätzung als auch Förderung erwarten durften. Beispielsweise gründete der ägyptische Herrscher al-Ḥākim, über den in Kap. 5 mehr berichtet wird, 1005 eine *Dār al-Ḥikma* genannte Bibliothek. Zusätzlich zur Bereitstellung eines Lesesaals und von Hörsälen bezahlte al-Ḥākim Bibliothekare und stellte sicher, dass den Gelehrten Gehälter bezahlt wurden, damit sie ihren Studien nachgehen konnten.

Daher brachte die islamische Kultur in der Zeit von ungefähr 750 bis 1450 eine Reihe von Mathematikern hervor, zu deren Verdiensten die Vervollständigung der Arithmetik des Dezimalsystems einschließlich der Dezimalbrüche gehörte, die Erfindung der Algebra, wichtige Entdeckungen in der ebenen und sphärischen Trigonometrie sowie eine Systematisierung dieser Wissenschaften und die Erfindung raffinierter Verfahren zur Bestimmung numerischer Lösungen von Gleichungen. Diese Aufzählung ist keineswegs erschöpfend und wir werden nicht nur auf diese Verdienste, sondern auch auf weitere Beiträge in den folgenden Kapiteln ausführlich eingehen.

Da die Männer, die hierzu beitrugen, vermutlich wenig bekannt sein dürften, beginnen wir mit einigen biografischen Informationen über vier Gelehrte, die auf den folgenden Seiten mehrfach genannt werden. Einer von ihnen ist Mohammed b. Mūsā al-Khwārizmī, der zweite Abu al-Rayḥān al-Bīrūnī, dessen langes Leben eine Brücke vom 10. ins 11. Jahrhundert bildete und dessen gelehrter und schöpferischer Verstand noch immer beeindruckend ist. Der dritte, der geboren wurde kurz bevor al-Bīrūnī starb, ist der berühmte ʿUmar al-Khayyāmī und der vierte, den ein Zeitgenosse als „die Perle des Ruhmes seines Zeitalters" beschrieb, ist Jamshīd al-Kāshī, in dessen Arbeiten in Samarkand die mathematischen Berechnungen neue Höhepunkte erreichten. Zusammengenommen repräsentieren diese Männer die Breite der Interessen, die Tiefe der Untersuchungen und die Größe der Leistungen der besten islamischen Gelehrten.

Al-Khwārizmī

Die Quellen, welche die islamische Kultur speisten, entsprangen in vielen Ländern. Symptomatisch hierfür ist die Tatsache, dass die Familie des größten der frühen Wissenschaftler, des zentralasiatischen Gelehrten Mohammed b. Mūsā al-Khwārizmī, aus der alten Hochkultur stammte, die im Gebiet von Khwārazm entstanden war. Dies ist der alte Name für die Region um das heutige Urgentsch nahe dem Flussdelta des Amu Dar'ya (Oxus) am Aralsee in Usbekistan.

Al-Khwārizmī diente dem Kalifen al-Ma'mūn und wird mit dem späteren Kalifen al-Wāthiq (842–847) durch eine Geschichte in Verbindung gebracht, die der Historiker al-Ṭabarī erzählt: Al-Wāthiq hat wohl, als er von einer schweren Krankheit heimgesucht worden war, al-Khwārizmī gebeten, ihm anhand seines Horoskops zu sagen, ob er überleben werde oder nicht. Al-Khwārizmī versicherte ihm, er werde noch weitere 50 Jahre leben, aber al-Wāthiq starb zehn Tage später. Vielleicht erzählt al-Ṭabarī diese Geschichte, um zu zeigen, dass selbst große Gelehrte sich irren können. Aber vielleicht erzählte er dies auch als ein Beispiel für al-Khwārizmīs politische Schläue. Die Gefahren, einem König schlechte Nachrichten zu überbringen, der dann den Überbringer mit der Ursache verwechselt, sind wohlbekannt. Im Fall eines anderen Khwārazmers, al-Bīrūnī, werden wir sehen, dass auch er politisch sehr schlau war.

Al-Khwārizmīs Hauptbeiträge zu den Wissenschaften liegen auf den vier Gebieten Arithmetik, Algebra, Geografie und Astronomie. In der Arithmetik und der Astronomie führte er indische Methoden in die islamische Welt ein; seine Darstellung der Algebra dagegen war von wesentlicher

Bedeutung für die Entwicklung dieser Wissenschaft im Islam. Schließlich verdiente er sich durch seine Leistungen in der Geografie einen Platz unter den antiken Meistern dieses Fachs.

Sein arithmetisches Werk *Das Buch der Addition und Subtraktion gemäß der indischen Rechnung* führte das äußerst nützliche dezimale Stellenwertsystem ein, das die Inder im 6. Jahrhundert n. Chr. entwickelt hatten, zusammen mit den 10 Ziffern, die dieses System so bequem machen, das wir noch heute benutzen. Sein Buch war das erste arabische Arithmetikbuch, das ins Lateinische übersetzt werden sollte und dessen Einfluss auf die westliche Mathematik wird an der Herkunft des Wortes *Algorithmus* deutlich. Dieses Wort wird heute ständig in den Computerwissenschaften und in der Mathematik verwendet, um irgendwelche genau bestimmten Verfahren zu bezeichnen, nach denen etwas berechnet wird. Es entstand durch Verballhornung des Namens al-Khwārizmī zu der lateinischen Form *algorismi*.

Al-Khwārizmīs Buch hatte eine ähnlich große Wirkung auf die islamische Mathematik; es stellte den islamischen Mathematikern ein Werkzeug zur Verfügung, das vom frühen 9. Jahrhundert an ständig – wenn auch nicht überall – verwendet wurde. Von der ältesten erhaltenen Arithmetik, dem von Aḥmad al-Uqlīdisī um 950 n. Chr. verfassten *Buch der Kapitel* bis hin zu Jamshīd al-Kāshīs enzyklopädischer Abhandlung *Der Schlüssel des Rechnens* von 1427 war die dezimale Arithmetik ein wichtiges Rechensystem im Islam. In der Mitte des 10. Jahrhunderts löste Aḥmad b. Ibrāhīm al-Uqlīdisī einige Probleme in seinem Buch über indische Arithmetik durch die Verwendung von Dezimalbrüchen; al-Khwārizmīs Abhandlung hatte in wenig mehr als einem Jahrhundert zur Erfindung der Dezimalbrüche geführt. Diese wurden auch von islamischen Mathematikern wie al-Samaw'al b. Yaḥyā al-Maghribī im 12. Jahrhundert zur Wurzelberechnung verwendet und von al-Kāshī im 15. Jahrhundert, um das Verhältnis des Umfangs eines Kreises zu seinem Radius mit 6,283185307195865 darzustellen (ein bis zur 16. Dezimalstelle korrektes Ergebnis).

Die Arithmetik war nur eines der Gebiete, in dem al-Khwārizmī wichtige Beiträge zur islamischen Mathematik leistete. Sein anderes berühmtes Werk, geschrieben vor der *Arithmetik*, ist das *Kitāb al-jabr wa-l-muqābala* (*Das Buch über das Ergänzen und Ausgleichen*), das al-Ma'mūn gewidmet ist. Dieses Buch war der Ausgangspunkt des Fachgebiets der Algebra für die islamischen Mathematiker. Dessen Titel diente im Westen dazu, dem Fachgebiet einen Namen zu geben, denn *algebra* leitet sich vom arabischen *al-jabr* her. In diesem Buch sind zahlreiche Einflüsse erkennbar, darunter babylonische und indische Methoden, die zur Lösung von – wie wir heute sagen würden – quadratischen Gleichungen führen. Darüber hinaus kann man griechische Einflüsse an der Art erkennen, wie Probleme nach verschiedenen Typen klassifiziert und geometrische Nachweise für die Gültigkeit der verwendeten Methoden geliefert werden. Die Verschmelzung orientalischer Verfahren mit griechischen Beweisformen ist für den Islam typisch, so wie auch die Anwendung einer Wissenschaft auf das religiöse Gesetz typisch ist – etwa in den heiklen Fragen, die das islamische Erbrecht aufwirft. Ein großer Teil des Buches ist solchen Problemen gewidmet und auch hier war al-Khwārizmīs Beispiel Vorbild für spätere islamische Verfasser. Daher schrieb der als „Rechner aus Ägypten" bekannte Abū Kāmil in der Zeit nach al-Khwārizmī ebenfalls über die Anwendung der Algebra auf Erbschaftsprobleme.

Schließlich müssen wir noch Erläuterungen zu al-Khwārizmīs Beitrag zur Kartografie abgeben. Er war Mitglied einer Gruppe von Astronomen, die von al-Ma'mūn angestellt worden waren, um die Länge eines Grades entlang eines Meridians zu bestimmen. Seit der Zeit von Aristoteles (der im mittleren Drittel des 4. Jahrhunderts v. Chr. wirkte), wussten die Menschen, dass die Erde kugelförmig ist und daher, dass die Multiplikation eines genauen Wertes für die Länge *eines* Grades mit 360 zu einer guten Schätzung der Größe der Erde führen würde. Im Jahrhundert nach Aristoteles hatte Eratosthenes von Alexandria, der erste Wissenschaftler, der zum Bibliothekar der berühmten Bibliothek dieser Stadt ernannt worden war, diese Idee mit seinen Kenntnissen der mathematischen Astronomie verknüpft, um auf einen Betrag von 250.000 Stadien für den Erdumfang zu kommen. Dies wurde von einem späteren, unbekannten Autor auf 180.000 Stadien reduziert, ein viel zu kleiner Wert, der jedoch von dem Astronomen Klaudios Ptolemaios (Ptolemäus) in seine *Geografie* übernommen wurde.

Wir wissen, dass das hellenistische Stadium etwa 600 Fuß beträgt, aber dies war dem Kalifen al-Ma'mūn nicht bekannt. Wie al-Bīrūnī in seiner *Bestimmung der Koordinaten von Städten* angibt, „las [al-Ma'mūn] in einigen griechischen Büchern, dass ein Grad eines Meridians 500 Stadien entspräche. [...] Er fand jedoch heraus, dass den Übersetzern die tatsächliche Länge (eines Stadiums) nicht hinreichend bekannt war, damit sie in der Lage gewesen wären, sie mit ortsüblichen Maßeinheiten zu vergleichen". Daher ordnete al-Ma'mūn an, dass eine neue Vermessung auf der großen, weiten Ebene von Sinjār, ungefähr 70 Meilen westlich von Mosul, durchgeführt werden sollte und dass zwei Gruppen von Landvermessern teilnehmen sollten. Von einem gemeinsamen Ort startend, reiste eine Gruppe nach Norden, eine nach Süden – in den Worten al-Bīrūnīs:

„Jede Gruppe beobachtete die Mittagshöhe der Sonne, bis sie feststellten, dass der Unterschied in der Mittagshöhe auf 1 Grad angewachsen war – abgesehen von den Änderungen, die sich aus der Variation der Deklination ergaben. Während sie ihren Weg fortsetzten, maßen sie die Entfernungen, die sie zurückgelegt hatten und setzten Pfeile an verschiedenen Orten ihres Weges (um ihre Strecken zu markieren). Während ihres Rückwegs überprüften sie in einer zweiten Messung ihre früheren Schätzungen der Länge des zurückgelegten Weges, bis sich beide Gruppen wieder an dem Ort einfanden, an dem sie gemeinsam gestartet waren. Sie fanden heraus, dass ein Grad eines Erdmeridians 56 Meilen entsprach. Er [Ḥabash] behauptete, dass er gehört hat, wie Khālid diese Zahl dem Richter Yaḥyā b. Aktham diktierte. So hat er von dieser Leistung von Khālid selbst gehört."

Wieder wird eine islamische Besonderheit bei dieser Unternehmung sichtbar, und zwar in der Einbindung eines Rechtsgelehrten; denn das Recht war islamisches religiöses Recht, und in diesem Fall war der Rechtsgelehrte (arab. *qāḍī*) der oberste Richter von Basra, Yaḥyā b. Aktham. Al-Bīrūnī fährt fort und berichtet, dass ein zweites Ergebnis mit dieser Vermessung erzielt wurde, nämlich $56\frac{2}{3}$ Meilen/Grad und tatsächlich verwendet al-Bīrūnī diesen Wert später für seine eigenen Berechnungen.

Al-Khwārizmīs Beitrag ging aber noch darüber hinaus. Er beteiligte sich an der Herstellung einer Karte der bekannten Welt, ein Projekt, in dem drei Probleme zu lösen waren, bei denen Theorie und Praxis miteinander verbunden sind. Das erste Problem war überwiegend theoretischer Natur und erforderte die Beherrschung der Methoden, wie sie etwa von Ptolemaios in der Mitte des 2. Jahrhunderts n. Chr. hinsichtlich der Abbildung eines Teils der Kugeloberfläche (der Erde) in eine Ebene erläutert worden waren. Das zweite bestand darin, astronomische Beobachtungen und Berechnungen zu nutzen, um die geografische Länge und die geografische Breite wichtiger Orte auf der Erdoberfläche zu ermitteln. Die hier auftretenden Schwierigkeiten sind sowohl theoretischer als auch praktischer Natur. Das dritte Problem bestand darin, diese Beobachtungen durch Berichte von Reisenden über Reisezeiten von einem Ort zum nächsten zu ergänzen (diese gab es in großer Zahl, aber sie waren üblicherweise weniger zuverlässig als die der Astronomen). Zu al-Khwārizmīs Leistungen in seinem geografischen Werk *Das Bild der Erde* zählen die Korrektur des von Ptolemäus zu groß angegebenen Werts für die Länge des Mittelmeers und seine deutlich besseren Beschreibungen der Geografie Asiens und Afrikas. Mit solch einer Karte konnte der Kalif auf einen Blick Ausdehnung und Gestalt des Reiches erfassen, das er beherrschte, und, was vielleicht noch wichtiger war, allen, die die Karte sahen, die Größe seines Machtbereichs vor Augen führen.

Als al-Khwārizmī starb, umfasste sein Nachlass für die islamische Gesellschaft: eine Schreibweise für Zahlen, die zu einfachen Rechenmethoden führte – sogar mit Brüchen –, die Wissenschaft der Algebra, die helfen konnte, Probleme bei Erbschaften beizulegen, und eine Karte, welche die Verteilung der Städte, Meere und Inseln auf der Erdoberfläche zeigte.

Al-Bīrūnī

Der zentralasiatische Gelehrte Abu al-Rayḥān al-Bīrūnī wurde am vierten September 973 in Khwārazm geboren. In seiner Jugend kämpften mindestens vier Mächte in Khwārazm und in der Umgebung gegeneinander, sodass al-Bīrūnī in seinen frühen Zwanzigern viel Zeit damit verbrachte, sich zu verstecken oder vor einem König zu fliehen um die Gastfreundschaft eines anderen zu erbitten. Trotz dieser Rückschläge vollendete er dennoch acht Werke, bevor er dreißig wurde, einschließlich seiner *Chronologie orientalischer Völker*, ein Werk, das jeder Astronom benötigt, der beispielsweise alte Aufzeichnungen von Finsternissen benutzen will und der Daten, die in einem fremdartigen Kalendersystem angegeben sind, in Daten des muslimischen Kalenders umwandeln muss. Er ließ sich auch auf ein berühmtes

Streitgespräch über die Natur des Lichts mit einem frühreifen Teenager namens Abū ʿAlī b. Sinā aus Bukhara ein – dem Westen als Avicenna bekannt. Irgendwie hatte er auch die Zeit und die Mittel gefunden, große, mit Unterteilungen versehene Ringe herzustellen und sie zu verwenden, um die geografischen Breiten von Orten zu bestimmen. Zudem hatte er in Zusammenarbeit mit Abū al-Wafāʾ in Bagdad eine Mondfinsternis als Zeitsignal verwendet, um die Längendifferenz zwischen Kāth (am Fluss Oxus) und Bagdad zu bestimmen. All diese Beobachtungen und Berechnungen (und die für die Längenbestimmung sind wirklich schwierig) verwendete er in seinem *Die Bestimmung der Koordinaten von Städten* genannten Buch, in dem er die Tradition der geografischen Forschung im Islam fortsetzte, die mindestens bis al-Khwārizmī zurückreicht. Er berichtet in diesem Buch, dass er Messungen durchführen wolle, um die Diskrepanz zwischen zwei ihm vorliegenden Angaben abzuklären, die sich auf die Anzahl der Meilen beziehen, die einem Grad eines Meridians entsprechen. Er schreibt:

„Diese Differenz ist ein Rätsel; sie ist ein Anreiz für neue Untersuchungen und Beobachtungen. Wer ist bereit, mir bei dieser [Aufgabe] zu helfen? Es setzt eine feste Herrschaft über ein riesiges Gebiet voraus und erfordert ganz besondere Vorsicht gegenüber der Heimtücke derer, die dort angesiedelt sind. Einst wählte ich für diese Aufgabe Ortschaften zwischen Dahistān, in der Nachbarschaft von Jurjān und dem Land der Ghuzz (Turkmenen), aber die Ergebnisse waren wenig ermutigend, und die Förderer verloren das Interesse daran."

Er entdeckte auch zwei neue Kartenprojektionen, eine ist heute als azimutaläquidistante Projektion, die andere als Globular-Projektion bekannt (siehe Berggren 1982 mit weiteren Angaben).

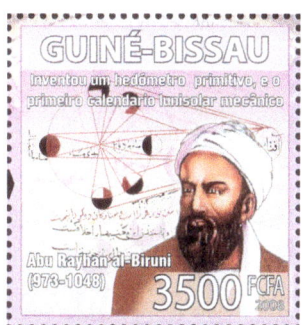

Abb. 1.2. Diese Briefmarke aus Guinea-Bissau zeigt im Hintergrund einen Teil der Begründung, die al-Bīrūnī für die Mondphasen gibt. (Die Angaben zu den Leistungen al-Bīrūnīs – in Portugiesisch – sind fehlerhaft.)

Irgendwann während seines 30. Lebensjahres konnte al-Bīrūnī in seine Heimat zurückzukehren, wo er vom regierenden Herrscher Shāh Abu al-ʿAbbās al-Maʾmūn gefördert wurde. Der Schah stand unter Druck: Einerseits wünschte die lokale Bevölkerung ein selbstständiges Königreich, andererseits konnte es offensichtlich nur mit Duldung des Sultans Maḥmūd von Ghazna (im heutigen Afghanistan) existieren. Er war froh, dass er die gewandte Zunge al-Bīrūnīs nutzen konnte, um die entstehenden Auseinandersetzungen zu schlichten. Scharfsinnig schrieb al-Bīrūnī darüber: „Ich war gezwungen mich an weltlichen Angelegenheiten zu beteiligen, was den Neid der Narren erregte, aber die Weisen mich bedauern ließ."

1019 konnte selbst al-Bīrūnīs „Zunge aus Silber und Gold" die Lage vor Ort nicht länger kontrollieren: Das Heer tötete Schah al-Ma'mūn. Sogleich rückte Sultan Maḥmūd ein; zusammen mit den Beutestücken seiner Eroberung nahm er auch al-Bīrūnī praktisch als Gefangenen mit zurück nach Ghazna. Später verbesserte sich al-Bīrūnīs Lage; es gelang ihm, an astronomische Instrumente heranzukommen und seine Beobachtungen wieder aufzunehmen.

Da Maḥmūd bereits weite Teile Indiens erobert hatte, kam al-Bīrūnī auch in diese Gebiete, wo er Sanskrit lernte. Indem er Fragen stellte, Beobachtungen machte und Sanskrittexte las, sammelte er Informationen über alle Aspekte der indischen Gesellschaft und Kultur. Sein Werk *India*, das aus diesen Beobachtungen und Untersuchungen erwuchs, ist ein Meisterwerk und eine wichtige Quelle für heutige Indologen. Seine Gegenüberstellung von Islam und Hinduismus ist ein hervorragendes Beispiel vergleichender Religionswissenschaft, und sie zeigt eine Ehrlichkeit, wie sie sich in Abhandlungen über die Religion anderer Völker nicht oft findet. Al-Bīrūnīs Haltung zur indischen Religion unterscheidet sich deutlich von der seines Förderers Maḥmūd, der wertvolle Beutestücke aus indischen Tempeln ebenso mitnahm wie Teile eines phallischen Götterbildes – eines davon ließ er als Schuhabkratzer am Eingang zu einer Moschee in Ghazna aufstellen. Er beendete die *India* im Jahr 1030 – nach dem Tode von Sultan Maḥmūd. Nachdem die Nachfolge endlich zugunsten von Mas'ūd, einem der beiden Söhne von Maḥmūd, geregelt war, verlor al-Bīrūnī keine Zeit, ihm sein neues astronomisches Werk zu widmen, den *Mas'ūdischen Kanon*.

Dies scheint ihm einige Privilegien eingebracht zu haben, denn er durfte daraufhin seine Heimat wieder besuchen (siehe Tafel 1.2).

Nach 1040 schrieb er sein berühmtes Werk über *Edelsteine*, in dem er die Ergebnisse seiner Experimente über das spezifische Gewicht vieler wertvoller Steine mit einarbeitete. Vieles von seinen Materialien wurde von al-Khāzinī verwendet, der im darauffolgenden Jahrhundert die Herstellung und die Arbeitsweise einer äußerst genauen hydrostatischen Waage beschrieb.

Die Breite von al-Bīrūnīs Untersuchungen, sofern hier nicht bereits ausreichend aufgezeigt, wird durch sein Werk *Pharmakognosie* vervollständigt, das er in seinem 80. Lebensjahr schrieb, als sein Augenlicht und sein Gehör bereits nachließen. Den Hauptteil dieses Werkes bildet eine alphabetische Liste von ungefähr 720 Heilpflanzen, die für jeden Eintrag – zusätzlich zu ihrem Fundort und ihrem therapeutischen Wert – die allgemeinen Bezeichnungen in Arabisch, Griechisch, Syrisch, Persisch, einer indischen Sprache und manchmal in weiteren Sprachen angibt.

Wir beenden die kurze Biografie über al-Bīrūnī mit den Worten von E. S. Kennedy, dessen Artikel im *Dictionary of Scientific Biography* die meisten der oben erwähnten Einzelheiten entnommen sind:

§3 Vier muslimische Gelehrte 13

Tafel 1.2. Eine *gunābad* (Grab) in Ghazna in Afghanistan, erbaut zurzeit des Sultans Mas'ūd, Förderer des Universalgelehrten al-Bīrūnī im 11. Jahrhundert (Foto: H. E. Kassis)

„Bīrūnīs Interessen waren weit gefächert. Er arbeitete auf beinahe allen Gebieten der Wissenschaften, die seiner Zeit bekannt waren. Er war nicht ungebildet in der Philosophie und den Wissenschaften, die sich auf Vermutungen stützen, aber seine besondere Neigung galt der Untersuchung beobachtbarer Phänomene, sowohl in der Natur als auch beim Menschen. [...] ungefähr die Hälfte seiner Veröffentlichungen erfolgt in Astronomie, Astrologie und in verwandten Gebieten, den exakten Wissenschaften *par excellence* in jenen Tagen. Die Mathematik kam als nächstes zu ihrem Recht, aber es war stets angewandte Mathematik."

ʿUmar al-Khayyāmī

ʿUmar al-Khayyāmī wird wohl der einzige berühmte Mathematiker sein, in dessen Namen Vereine gegründet wurden. Dies sind jedoch keine Vereine, in denen man seine zahlreichen Beiträge zu den Wissenschaften untersucht, sondern in denen man die berühmten Verse liest und bespricht, die ihm unter dem Namen *Die Rubʿāyāt* (*Vierzeiler*) zugeschrieben werden und die in viele Sprachen der Welt übersetzt worden sind. Tatsächlich wird ʿUmar außerhalb der islamischen Welt eher als Dichter denn als Mathematiker verehrt. Und doch sind seine Beiträge zu den Wissenschaften der Mathematik und der Astronomie hochrangig.

Er wurde um das Jahr 1048 in Nischāpūr geboren, einer Gegend, die heute Teil des Iran ist, damals aber unter dem Namen *Khurāsān* (Khorasan) bekannt war. Zu jener Zeit, kurz vor dem Tode al-Bīrūnīs, waren die seldschukischen Turkmenen Herren von Khorasan, einem großen Gebiet östlich des damaligen Iran, dessen wichtigste Städte Nischāpūr, Balch, Marw und Ṭūs waren. Sein Name „al-Khayyāmī" legt nahe, dass entweder er selbst oder sein Vater das Handwerk eines Zeltmachers ausübte (*al-khayyām* = Zeltmacher). Zusätzlich zeigte er früh Interesse an den mathematischen Wissenschaften, indem er Abhandlungen über Arithmetik, Algebra und Musiktheorie verfasste, aber über diese Fakten hinaus ist aus seiner Jugend nichts bekannt. Die Geschichte über eine Abmachung mit einem Schulkameraden im Knabenalter, der später als Niẓām al-Mulk bekannt und Minister in der Regierung Malikshahs wurde, dass derjenige, der als erster eine angesehene Stellung erreiche, dem anderen helfe, wird von den Lebensdaten der beiden Männer nicht gestützt. Tatsächlich glauben die meisten Wissenschaftler, dass ʿUmar um 1131 starb. So hätte er, wenn er Niẓām al-Mulks Schulkamerad gewesen wäre, bei seinem Tod um die 120 Jahre alt gewesen sein müssen, damit die Geschichte zu den über Niẓām al-Mulk bekannten Daten passt. Fundierter ist der Bericht des Biografen Ẓāhir al-Dīn al-Bayhaqī. Er kannte al-Khayyāmī persönlich und beschreibt ihn als übellaunig und engstirnig. Allerdings muss man wissen, dass al-Bayhaqī als Schuljunge von al-Khayyāmī in Literatur und Mathematik geprüft wurde, sodass es sein kann, dass er ihn nicht unter den besten Umständen kennen gelernt hatte.

Weiter ist bekannt, dass ʿUmar 1070, als er sein großes Werk über Algebra schrieb, vom obersten Richter von Samarkand, Abū Ṭāhir, gefördert wurde. In diesem Werk untersuchte ʿUmar systematisch alle Typen von kubischen Gleichungen und benutzte Kegelschnitte, um die Lösungen dieser Gleichungen als Strecken zu konstruieren, die sich aus den Schnittpunkten dieser Kurven ergeben. Es gibt Hinweise, dass ʿUmar auch versuchte, eine algebraische Formel für diese Lösungen zu finden, denn er schrieb: „Wir haben versucht, diese Lösungen mithilfe der Algebra auszudrücken, sind aber damit gescheitert. Es könnte jedoch sein, dass dies Männern gelingt, die nach uns kommen." Die Aufrichtigkeit dieser Textstelle sowie die darin enthaltene Anerkennung der Tatsache, Teil einer Forschungstradition zu sein, die den eigenen Tod überdauern wird, lassen einen bescheidenen und gebildeten Menschen erkennen – von al-Bayhaqī einmal abgesehen.

In den 1070ern ging ʿUmar nach Isfahan, wo er 18 Jahre lang blieb und, mit Unterstützung des Herrschers Malikshah und dessen Minister Niẓām al-Mulk, ein astronomisches Forschungsprogramm an einem Observatorium durchführte (siehe Tafel 1.3). Als ein Ergebnis dieser Forschungen war er im Jahr 1079 in der Lage, einen Plan für eine Reform des damals verwendeten Kalenders vorzulegen. (Man fragt sich, ob diese Leistung nicht

§3 Vier muslimische Gelehrte

Tafel 1.3. Das Eingangsportal der Freitagsmoschee in Isfahan. Freitag ist der Tag, an dem sich die Muslime in der Moschee versammeln, um zu beten und um vielleicht eine *khuṭba* (Predigt) zu hören. Teile der Moschee datieren aus der Zeit ʿUmar al-Khayyāmīs. Die Gestaltung der Fliesen auf den Zwillingsminaretten sind kalligrafische Darstellungen des Wortes *Allāh* (Der Eine Gott); Kalligrafie umrahmt auch die geometrischen Muster der Arabesken (Verzierungen) auf der Fassade

in folgendem Vierzeiler nachklingt – zusammen mit einem schönen Hinweis auf die Quadratur des Kreises: "Ah, but my calculations, people say, / Have squared the year to human compass, eh? If so by striking out / Unborn tomorrow and dead yesterday."[1] ʿUmars Entwurf sah vor, dass von 33 Jahren jedes achte ein Schaltjahr mit 366 Tagen sein sollte und kam so zu einer (mittleren) Jahreslänge, die dem korrekten Wert näher kommt als der heute verwendete gregorianische Kalender.

Ein weiteres wichtiges Werk ʿUmars ist seine *Erläuterung der Schwierigkeiten in Euklids Postulaten*, ein Werk, das 1077 verfasst wurde, 2 Jahre

---

[1] Anm. d. Ü.: In der deutschen Übersetzung geht dieser Zusammenhang verloren: „Doch meine Rechenkunst, die hat das Jahr / Von Grund auf vereinfacht, meint ihr – wärs nur wahr! / Hab nur gestrichen vom Kalenderblatt / Den Tag, der noch nicht ist, und den, der war" (aus: 4000 Jahre Algebra, S. 160).

bevor er seine Kalenderreform präsentierte. In dieser Abhandlung betrachtet ʿUmar zwei für die Grundlagen der Geometrie äußerst wichtige Fragen. Eine davon, die schon von Thābit b. Qurra und Ibn al-Haytham (im Westen als Alhazen bekannt) behandelt wurde, ist das fünfte Postulat des ersten Buches von Euklids *Elemente* über Parallelen. (L. Toth gibt sogar den Hinweis, dass Anmerkungen in verschiedenen Schriften des Aristoteles andeuten, dass schon Mathematiker vor Euklid diese Frage untersucht haben.) ʿUmar beschäftigt sich in seiner Analyse mit einem Viereck ABCD wie in Abb. 1.3, in dem CA und DB gleich lang und beide senkrecht zu AB sind. Er erkennt: Wenn man zeigen möchte, dass das Parallelenpostulat aus den anderen euklidischen Postulaten folgt, dann genügt es zu zeigen, dass die Innenwinkel bei C und D beide rechte Winkel sind, woraus folgt, dass es sich um ein Rechteck handelt. (Es kann tatsächlich gezeigt werden, dass beide Aussagen äquivalent sind.) Obwohl Ibn al-Haytham, der um 1010 lebte, bereits vor ʿUmar diese Methode anwandte, um das Problem anzugehen, hatte ʿUmar Einwände gegen Ibn al-Haythams Vorgehensweise in der Geometrie.

Eineinhalb Jahrhunderte später übernahm Naṣīr al-Dīn al-Ṭūsī ʿUmars Ansicht, als er seine Abhandlung über Euklids Parallelenaxiom schrieb.

Einer seiner Nachfolger, gewöhnlich als Pseudo-Ṭūsī bezeichnet, schrieb später eine Einführung zu Euklids *Elementen*. Dieses Werk, unter al-Ṭūsīs Namen 1594 in Rom auf Arabisch herausgegeben, beeinflusste im 17. und 18. Jahrhundert sowohl J. Wallis als auch G. Saccheris Arbeiten über das Parallenpostulat.

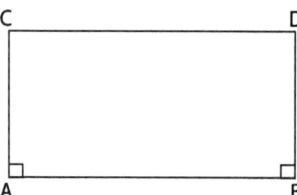

Abb. 1.3. Statt B steht im Original fälschlicherweise E

Das andere Thema, das ʿUmar in seiner Abhandlung über die Schwierigkeiten mit Euklid behandelte, sind Verhältnisse. Hier hatte al-Khayyāmī im zweifachen Sinne Erfolg. Zum einen zeigte er, dass die in der arabischen Mathematik ausgearbeitete Definition der Proportion – eine Definition, die nach seinem Empfinden eher der intuitiven Idee des Begriffs „Verhältnis" entsprach – äquivalent zu der von Euklid verwendeten Definition ist. Zum anderen machte er den Vorschlag, dass der Zahlbegriff erweitert werden müsste, und zwar um eine neue Art von Zahlen, nämlich um die Verhältnisse von Größen. Beispielsweise sollte – aus ʿUmars Sicht – das Verhältnis der Diagonalen im Quadrat zu einer Seite ($\sqrt{2}$) oder das Verhältnis des Kreisumfangs zu seinem Durchmesser (π) als eine neue Art Zahl angesehen werden. Diese für die Mathematik wichtige Vorstellung lief auf die Einführung der positiven reellen Zahlen hinaus. Wie auch beim Parallelenpostulat wurde dies den europäischen Mathematikern durch die Schriften Pseudo-Ṭūsīs vermittelt. ʿUmar sagte einmal zu einem Freund, dass er, wenn er sterbe, in Isfahan begraben werde wolle, wo „der Wind den Duft von Rosen über mein Grab weht". Sein Wunsch ging in Erfüllung und das Grab des islamischen Dichters und Mathematikers liegt dort bis heute.

Al-Kāshī

Unter den Spitznamen, die Mathematikern und Astronomen manchmal in der islamischen Welt verliehen wurden, war auch der des *al-Ḥāsib* (= der Rechner). Seltsamerweise scheint der Mann, der ihn am meisten verdient hätte, ihn nie erhalten zu haben. Vielmehr trägt er den Namen Ghiyāt al-Dīn Jamshīd al-Kāshī. Aber bevor wir auf seine außergewöhnlichen Berechnungen zu sprechen kommen, müssen wir über das berichten, was über sein Leben bekannt ist.

Abb. 1.4. Die Darstellung eines Künstlers zeigt al-Kāshī mit einem Astrolabium im Hintergrund als eine Art Heiligenschein.

Er wurde in der zweiten Hälfte des 14. Jahrhunderts in der persischen Stadt Kāshān, ungefähr 90 Meilen nördlich von ʿUmars Grab in Isfahan, geboren. Bis zum Jahre 1406, als er, wie seinen eigenen Schriften zu entnehmen ist, mit einer Reihe von Beobachtungen von Mondfinsternissen in Kāshān begann, ist jedoch nichts über sein Leben bekannt. Im darauf folgenden Jahr schrieb er – ebenfalls in Kāshān – ein Werk über die Größe des Kosmos, die er einem unbedeutenden Prinzen widmete. Sieben Jahre später, im Jahre 1414, beendete er seine Überarbeitung der großen astronomischen Tafeln, die 150 Jahre zuvor von Naṣīr al-Dīn al-Ṭūsī erstellt worden waren. Diese Überarbeitung widmete er dem Großkhan (Khāqān) Ulūgh Beg, dem Enkelsohn Tamerlans, dessen Hauptstadt Samarkand war (siehe Tafeln 1.4 und 1.5). In der Einleitung zu diesen Tafeln spricht er von der Armut, unter der er zu leiden hatte und wie es nur der Großzügigkeit Ulūgh

Tafel 1.4. Das Grabmal Tamerlans in Samarkand. Tamerlan besaß nicht nur bemerkenswerte geistige Fähigkeiten, sondern war auch ein großartiger Militärstratege. Sein Enkel Ulūgh Beg war in der ersten Hälfte des 15. Jahrhunderts ein großzügiger Förderer der Wissenschaften und der Künste in Samarkand. (Foto: H. E. Kassis)

Tafel 1.5. Moderne Büste Ulūgh Begs im Museum in Samarkand. Der Förderer al-Kāshīs war selbst ein vollendeter Astronom, dessen astronomische Tafeln bis ins 17. Jahrhundert in Europa benutzt wurden

Begs zu verdanken war, dass er sein Werk vollenden konnte. Dann beendete er im Jahr 1416, also 2 Jahre später, ein kurzes Werk über astronomische Instrumente im Allgemeinen, das er Sulṭān Iskandar widmete (ein Turkmene von den Qara-Qoyunlu oder „Schwarzen Hammeln" und Mitglied einer Dynastie, die in Konkurrenz zu den Nachfahren Tamerlans stand) sowie eine längere Abhandlung über ein Instrument, das als Äquatorium bekannt ist. Dieses Gerät ist im Wesentlichen ein analoges Recheninstrument, um die Planetenpositionen gemäß den geometrischen Modellen in Ptolemaios' *Almagest* zu bestimmen. Die Nützlichkeit dieses Instruments liegt darin, dass man aufwendige Berechnungen umgehen kann, um die Planetenpositionen zu bestimmen, indem man ein physikalisches Modell verwendet, das gemäß den ptolemäischen Theorien gebaut wurde. (Siehe Abb. 1.5 mit einer Darstellung von al-Kāshīs Äquatorium).

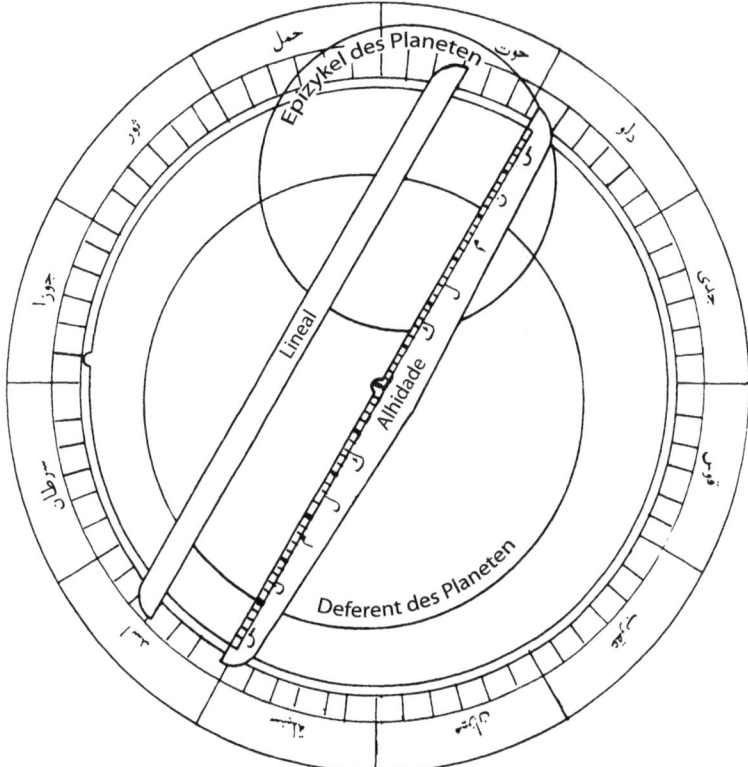

Abb. 1.5. Al-Kāshīs Äquatorium, zur Bestimmung der Position eines Planeten. Der äußere Rand zeigt die arabischen Namen der Tierkreiszeichen gegen den Uhrzeigersinn, beginnend mit *Aries* – das Wort direkt oberhalb von *Epizykel*. Abbildung übernommen aus Kennedy, *Planetary Equatorium*. Nachgedruckt mit freundlicher Genehmigung der Princeton University Press. Anm. d. Ü.: Das Institut für Geschichte der arabisch-islamischen Wissenschaften in Frankfurt besitzt in seinem Museum einen Nachbau dieses Instruments und entsprechend auch Fotos

Die Abhandlung über das Äquatorium steht am Ende der Laufbahn al-Kāshīs als wandernder Gelehrter. Als nächstes hören wir von ihm, dass er zum Gefolge Ulūgh Begs gehört, dem er seine Khāqānischen Tafeln gewidmet hatte. Wir wissen nicht genau, wann al-Kāshī in Samarkand ankam, aber im Jahr 1417 begann Ulūgh Beg dort mit dem Bau einer *madrasa* (Schule), deren Überreste vor Ort immer noch die Besucher beeindrucken, und – nach deren Fertigstellung – mit dem Bau eines Observatoriums (siehe Tafeln 1.6 und 1.7).

Tafel 1.6. Das Observatorium, wie wir es als wissenschaftliche Einrichtung heute kennen, entstand in der islamischen Welt und wurde dort weiterentwickelt. Diese Tafel zeigt einen Teil eines Sextanten (oder vielleicht auch Quadranten) im Observatorium von Samarkand, an dem al-Kāshī arbeitete. Das Instrument war in Nord-Süd-Richtung ausgerichtet und am südlichen Ende 11 m tief. So konnte ein Astronom, der zwischen den Führungsschienen saß, den Meridiandurchgang der Sterne selbst bei Tageslicht sehen, während Helfer, die an jeder Seite saßen, eine Visiervorrichtung hielten, durch die er den Transit der Himmelskörper beobachten konnte. An diesem Observatorium wurde der größte Sternenkatalog seit der Zeit des Ptolemaios zusammengestellt

Zwei Briefe von al-Kāshī an seinen Vater haben die Zeit überdauert und gewähren einen ungewöhnlichen Einblick in das geistige Leben am Hofe Ulūgh Begs. In einem dieser Briefe beschreibt al-Kāshī ausführlich die Fähigkeiten Ulūgh Begs, der (übersetzt in Kennedy et al., S. 724)

„den Großteil des glorreichen Koran auswendig kann [...] und jeden Tag rezitiert er zwei Kapitel in der Gegenwart von Menschen, die den [Koran] auswendig können, und macht dabei keinen Fehler. Er kennt sich gut in der [arabischen] Grammatik aus und verfasst arabische Schriftsätze außerordentlich gut. Ebenso weiß er im kanonischen Recht gut Bescheid; er hat Kenntnisse in der Logik, der Rhetorik und der Vortragskunst und gleichermaßen in den Elementen [des Euklid?] und er beschäftigt sich mit den verschiedenen Gebieten der Mathematik. Und dabei hat er ein solch hohes Niveau erreicht, dass er einmal während eines Ausritts ausrechnen wollte, der wievielte Tag der [astronomischen] Jahreszeit es war – es war ein Montag des [Monats] *Rajab* zwischen dem fünften und zehnten im Jahr achthundert und achtzehn [A. H.]. Aufgrund der wenigen Angaben bestimmte er im Kopf und auf

Tafel 1.7. Dieses Mausoleum beherbergt das Grab von al-Kāshīs Kollegen in Samarkand, Qāḍī Zadeh al-Rūmī, einem der wenigen Kollegen, vor denen er Respekt gehabt zu haben scheint. Das Gebäude folgt in seinem Aufbau einem beliebten Muster der muslimischen Architektur – eine Kuppel, die einen achteckigen Grundriss überspannt, der wiederum auf einem Quadrat ruht (Foto: H. E. Kassis)

dem Pferderücken die wahre Sonnenlänge auf Grade und Minuten [genau]. Als er zurückkam, fragte er seinen ergebenen Diener danach. Und tatsächlich, da man sich beim Kopfrechnen Zahlen merken und andere berechnen muss und es eine Grenze dessen gibt, was man sich merken kann, war er (d. h. ich) nicht in der Lage, es auf Grade und Minuten herauszubekommen, sondern musste mich mit den Graden zufrieden geben".

Vielleicht liegt es an Ulūgh Begs aufgeklärter Förderung der Wissenschaften, dass al-Kāshī Samarkand als einen Ort bezeichnet, wo „sich die Spitzen der Gelehrsamkeit versammeln, und Lehrer vorhanden sind, die Unterricht in allen Wissenschaften geben, und alle Studenten sich mit der Kunst der Mathematik beschäftigen".

Bei seinem Vater lässt er jedoch keinen Zweifel daran aufkommen, dass er der fähigste aller dort versammelten Gelehrten ist. Zunächst berichtet er, wie er den Gelehrten in Samarkand dabei half, die Schwierigkeiten zu überwinden, eine Sternkarte zu einem Astrolabium anzulegen. Dann führt er einen weiteren Triumph an (Kennedy et al., S. 726):

„Weiterhin wurde gewünscht, einen Gnomon [einen Schattenzeiger] an der Mauer des königlichen Palastes anzubringen und die Stundenlinien auf ihr [der Mauer] einzuzeichnen. Da die Mauer weder in Richtung des Meridian noch in Ost-West-Richtung lag, hatte (zuvor) noch niemand so etwas versucht, und (sie hätten) es auch überhaupt nicht gekonnt. Einige sagten, man benötige hierfür 1 Jahr, d. h. von dem Tag an, an dem die Sonne den Anfang eines Tierkreiszeichens erreicht, solle zu jeder Stunde eine Beobachtung ausgeführt und eine Markierung vorgenommen werden, bis man fertig ist. Als dieser ergebene Diener [al-Kāshī] ankam, wurde angeordnet, dass dieser ergebene Diener [die Markierungen vornimmt], was er an einem Tag fertig stellte. Als es dann mithilfe eines großen Astrolabiums überprüft wurde, wurde festgestellt, dass es stimmte und richtig angelegt war."

Man kann sich vorstellen, was al-Kāshī über die erwähnten Personen dachte (und möglicherweise sagte), die nur dann in der Lage waren, die Markierungen für eine Sonnenuhr einzutragen, die nicht in eine der Haupthimmelsrichtungen ausgerichtet war, wenn sie 1 Jahr lang, Monat für Monat, die Schattenlinien einzeichnen konnten.

Von dieser Zeit in Samarkand an, das heißt in der Zeit nach ungefähr 1418, erbrachte al-Kāshī seine größten mathematischen Leistungen. Eine davon ist seine 1424 durchgeführte, aufsehenerregende Berechnung von 2π, die, wenn man sie als Dezimalzahl ausdrückt, auf 16 Stellen genau ist. Um diese Genauigkeit zu erreichen, berechnete er den Umfang von Polygonen mit 805.306.368 Seiten, die einem Kreis einbeschrieben bzw. umbeschrieben sind.

Was diese Leistung so beeindruckend macht, ist, dass al-Kāshī schon im Voraus festlegt, wie genau seine Näherung sein solle, und dann sorgfältig plant, welche Genauigkeit jeder Schritt haben muss, damit sich das, was wir als Rundungsfehler bezeichnen würden, nicht aufsummiert, wenn er die zahlreichen notwendigen Quadratwurzelberechnungen durchführt, um zum endgültigen Ergebnis zu kommen. Al-Kāshī fasst seine Forderung an die Genauigkeit auch in Worte, indem er feststellt, er wolle den Wert so genau berechnen, dass, wenn man den Wert zur Berechnung des Umfangs des Universums verwenden würde (gemäß den Vorstellungen der Antike über die Ausdehnung des Kosmos), das Ergebnis vom wahren Wert nicht mehr abweichen möge, als ein Pferdehaar breit ist.

Während diese Abhandlung über π keine Widmung trägt, ist das Werk *Der Schlüssel des Rechnens*, das er 2 Jahre später fertig stellte – ein Kompendium der Arithmetik, der Algebra und der Vermessungslehre –, Ulūgh Beg gewidmet und es ist als krönende Leistung islamischer Arithmetik ein würdiges Geschenk für einen König. Unter den zahlreichen Juwelen ist die systematische Darstellung der Arithmetik der Dezimalbrüche, eine Erfindung, die al-Kāshī für sich beansprucht, und ein wunderschöner Algorithmus, um die fünfte Wurzel aus einer Zahl zu ziehen, was er an einer Zahl in der Größenordnung von einer Billion vorführt. Al-Kāshīs Buch war so ausgezeichnet, dass es dem persischen Gelehrten Mohammed Tāhir Tabarsī zufolge das Standardwerk zur Arithmetik und Algebra in den persischen *madrasāt* bis ins 17. Jahrhundert war. Ebenfalls interessant ist, dass eine Abschrift von *Der Schlüssel des Rechnens*, die sich im Britischen Museum befindet, von einem Ur-Ur-Urenkel al-Kāshīs gefertigt wurde.

Schließlich gibt es unter den Werken, die al-Kāshī im Vorwort zu *Der Schlüssel des Rechnens* erwähnt, auch eines über die Lösung einer kubischen Gleichung zur Bestimmung von Sin(1°). Eine bemerkenswerte Eigenschaft der Methode al-Kāshīs, deren Einzelheiten in Kap. 5 erläutert werden, ist, dass der Rechner das Verfahren wiederholen kann, wobei er jedes Mal das zuletzt erhaltene Ergebnis wieder einsetzt und so Ergebnisse erhält, die der wahren Lösung der Gleichung beliebig nahe kommen.

Al-Kāshīs bemerkenswerte Laufbahn endete am Morgen des 22. Juni 1429, als er im Observatorium starb, das er geholfen hatte zu errichten. Ulūgh Beg bezeichnet im Vorwort zu seinen eigenen astronomischen Tafeln, die ungefähr 8 Jahre nach al-Kāshīs Tod geschrieben wurden, al-Kāshī als „den bewundernswerten Mullah, bekannt unter den Berühmten der Welt, der die Wissenschaften der Alten meisterte und vollendete, und der die schwierigsten Fragen lösen konnte".

Diese Worte sind eine passende Grabinschrift, nicht nur für al-Kāshī, sondern für jeden der großen Mathematiker des Islam, und sie mögen diesen kurzen biografischen Teil beschließen. (Wir werden natürlich biografische Einzelheiten auch zu anderen Persönlichkeiten angeben, die erst später im Buch erwähnt werden und zwar jeweils dort.)

§4 Die Quellen

Die meisten Quellen zur Geschichte der islamischen Mathematik sind Abhandlungen, die einen Umfang zwischen einigen wenigen bis zu mehreren hundert Seiten haben und mit Tinte geschrieben sind – normalerweise auf Papier (siehe Tafel 1.8). Typischerweise sind mehrere Abhandlungen zu einem *codex* genannten Band zusammengebunden, von denen viele eine interessante Geschichte haben.

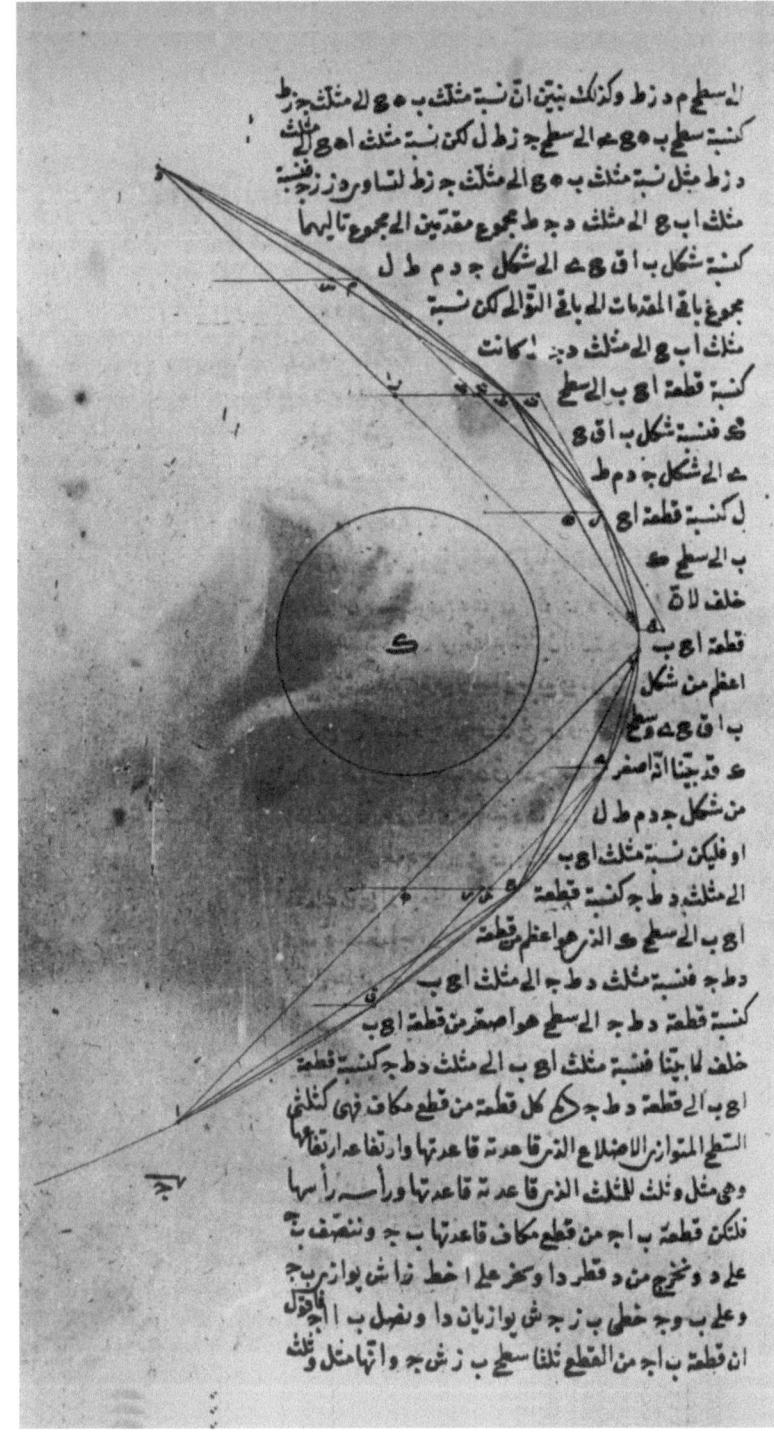

Beispielsweise zeigen die Besitzervermerke auf der Titelseite einer Handschrift, die sich heute in der Bibliothek des großen Schreins von Meshhed im Iran befindet und die 1462–1463 kopiert wurde, dass sie sich im 17. Jahrhundert in der Bibliothek des Shāh Jahān in Indien befand, dem Mogulkaiser und Förderer der Wissenschaften. Eine Reihe von Anmerkungen zeigt, dass sich die Handschrift im späten 17. Jahrhundert immer noch am Hof des Moguls befand. Danach kam sie im 19. Jahrhundert nach Meshhed, in eine „Fāḍilīya" genannte Bibliothek, deren Bestände kürzlich in die des Schreins übergegangen sind. Einige Gelehrte vermuten, dass die Handschrift als Teil der Beute nach Meshhed kam, die Nādir Shāh in den Iran brachte, als er 1739 die Moguln besiegte. Sicherlich wäre dies kein Einzelfall gewesen, wenn eine wissenschaftliche Handschrift in die Kriegsbeute geraten wäre; denn auch al-Ma'mūn erhielt griechische Handschriften von den Byzantinern gemäß den Bedingungen der Friedensverträge.

In früheren Jahrhunderten wie auch noch zu Beginn des 20. Jahrhunderts konnte man wertvolle arabische Handschriften sehr preisgünstig – auf dem freien Markt oder anderweitig – erwerben. Außerdem konnten europäische Sammler einen Schreiber engagieren, welcher der arabischen Schrift mächtig war, um für sich Kopien alter Handschriften herstellen zu lassen. Auf diese Weise – durch Kauf, Diebstahl, Schenkung und Abschrift – wurden von Europäern viele große Sammlungen aufgebaut und diese Sammlungen wurden nach und nach den europäischen Bibliotheken geschenkt oder an sie verkauft. So gibt es in Berlin, in Dublin, im Escorial in Spanien, in Leiden, London, Oxford und Paris (um nur einige der wichtigsten Stätten zu nennen) große arabische Handschriftensammlungen, welche den Wissenschaftlern zugänglich sind, und es gibt auch einige große Sammlungen in den Vereinigten Staaten und in Russland sowie in den zentralasiatischen Republiken wie Usbekistan und Tadschikistan. (Im letzten Fall stammen viele der Sammlungen sogar aus diesen Ländern, da die zentralasiatischen Republiken wie Usbekistan und Tadschikistan zum alten islamischen Kernland gehörten.)

In der islamischen Welt gibt es natürlich große Sammlungen von Marokko über Afghanistan bis nach Indien und Südostasien. Viele dieser Bibliotheken gewähren großzügig Zutritt zu ihren Sammlungen. Aber in anderen Fällen erschweren lokale Politik und Nationalismus in Verbindung mit unzulänglichen Katalogen den Wissenschaftlern den Zugang.

◂ **Tafel 1.8.** Diese Seite einer im Dār al-Kutub („Bücherresidenz") in Kairo vorhandenen Handschrift stammt aus einer Abhandlung des Ibrāhīm b. Sinān über die Fläche eines Parabelabschnitts. Diese Abschrift wurde von dem Gelehrten Muṣṭafā Ṣidqī im frühen 18. Jahrhundert erstellt. Vielleicht waren Ṣidqīs mathematische Fähigkeiten einer der Gründe, warum die Zeichnungen so sorgfältig ausgeführt sind. (Oft findet man sehr hübsch geschriebene Handschriften mit sorgfältig ausgespartem Platz für Zeichnungen, die aber dann nie ausgeführt wurden.) Mit freundlicher Genehmigung der Ägyptischen Nationalbibliothek

Die Untersuchung arabischer Handschriften weist die gleichen Schwierigkeiten wie das Studium griechischer Handschriften auf, nämlich dass man es in der Regel mit mehrfach verlagerten Kopien eines verschwundenen Originals zu tun hat. Jedoch treten zusätzliche Schwierigkeiten auf, weil das geschriebene Arabisch, anders als die indoeuropäischen Sprachen, nur Konsonanten und Langvokale kennt. So ist der Titel von al-Kāshīs Buch in Arabisch مفتاح الحساب und das zweite Wort, in Richtung der arabischen Schreibrichtung von rechts nach links gelesen, kann als ḥisāb oder als ḥussāb gelesen werden, wobei ersteres „Arithmetik/Rechnen" bedeutet, letzteres „Rechner". Wenn der Kontext keine Anhaltspunkte liefert und es keine Sonderzeichen gibt, die anzeigen, was gemeint ist, gibt es einfach keine Möglichkeit, es herauszubekommen.

Eine weitere Schwierigkeit erwächst daraus, dass Buchstaben, die voneinander verschieden sind, sich nur durch einen oder mehrere Punkte voneinander unterscheiden lassen – und oft fehlen die Punkte. Beispielsweise stehen die Buchstaben ج, خ, ح für „j", „kh" (in etwa) und „h". So wird der Name des berühmten Mathematikers الكرجى abhängig davon, ob das ح einen Punkt unter- oder oberhalb hat, als „al-Karajī" oder als „al-Karkhī" gelesen. Im ersten Fall bedeutet dies, dass er aus dem Iran stammte, im zweiten Fall aus dem Irak. Aber da die Wissenschaftler sagen, dass ebenso viele Handschriften die eine wie die andere Lesart unterstützen, werden wir vermutlich niemals die tatsächliche Herkunft des größten islamischen Algebraikers herausfinden.

Trotz dieser Schwierigkeiten gab es in den vergangenen Jahrzehnten ein wachsendes Interesse an der Untersuchung aller möglichen Aspekte der mathematischen Wissenschaften in der islamischen Welt. Auch wenn wir noch weit davon entfernt sind, dass sorgfältig edierte Texte der wichtigsten Werke in gleichem Maße zur Verfügung stehen wie dies für das Studium der griechischen Mathematik der Fall ist, so haben wir doch zumindest den Überblick über die Sachverhalte und das wird die folgenden Kapitel ausfüllen.

§5 Arabische Sprache und arabische Namen

Die Sprache

Die arabische Sprache gehört zur Gruppe der semitischen Sprachen, eine Gruppe, die auch das Hebräische, das Äthiopische, das Babylonische und das Phönizische einschließt. Alle Mitglieder dieser Gruppe haben gemeinsam, dass die meisten Wörter aus einer Wurzel entstehen, die aus drei Konsonanten gebildet wird. Beispielsweise tragen die Konsonanten „k t b" in dieser Reihenfolge die Bedeutung „Schreiben". kataba bedeutet „er schrieb". Wenn der erste und der zweite Vokal zu „u" und „i" geändert werden, erhält man kutiba, „es wurde geschrieben".

Die Wurzeln arabischer Wörter sind uns völlig fremd, und wer Arabisch lernt, muss sehr viel auswendig lernen, um sich ein Vokabular anzueignen, das so gut wie gar keine Gemeinsamkeiten mit dem Deutschen hat. (Eines der wenigen Gebiete, bei denen das Deutsche hilft, sind einige Begriffe der Mathematik und der Astronomie, die aus dem Arabischen übernommen sind.) Eines der Merkmale der arabischen Sprache vereinfacht jedoch die Aneignung ihres Vokabulars, nämlich dass die aus den Wurzeln abgeleiteten Formen immer gleich gebildet werden (unabhängig von der Wurzel). Betrachtet man zum Beispiel die drei Konsonanten der Wurzeln k t b = schreiben, r ṣ d = beobachten und ḥ s b = rechnen: Wenn XYZ eine beliebige Wurzel ist, dann bezeichnet XāYiZ eine Person, welche die Tätigkeit der Wurzel ausübt, sodass *kātib* ein Schreiber ist, *rāṣid* ein Beobachter und *ḥāsib* ein Rechner (oder ein Astronom, der viele Rechnungen durchführen musste). Der Ort, wo die Tätigkeit ausgeübt wird, die der Wurzel entspricht, wird durch die Form maXYaZ bezeichnet, sodass ein *maktab* ein Büro oder ein Pult ist und *marṣad* ein Observatorium. Als letztes Beispiel: miXYaZ ist ein Werkzeug, mit dem man etwas tut, sodass *mirṣad* ein Teleskop ist. Das Arabische hat nicht nur Standardformen für solch konkrete Begriffe wie die oben genannten, sondern auch für subtilere Variationen der Grundbedeutung, und dieses Merkmal ermöglichte es den frühen arabischen Übersetzern, arabische Entsprechungen für eine große Vielfalt von Begriffen in der griechischen, persischen und indischen Wissenschaft und Philosophie zu finden.

Transliteration des Arabischen

Der Leser mag in den Beispielen bemerkt haben, dass einige Vokale mit einem Strich darüber geschrieben wurden (von den Linguisten Makron genannt). Tatsächlich hat das arabische Alphabet 28 Buchstaben, alles Konsonanten. Kurzvokale werden durch kleine Markierungen „◌َ" (für „a") und „◌ُ" (für „u") über den Konsonanten, sowie „◌ِ" (für „i") unter den Konsonanten angezeigt. Außer in der muslimischen Heiligen Schrift, dem Koran, werden Kurzvokale nur dann geschrieben, wenn dem Schreiber eine Unklarheit möglich scheint. Da jedoch Langvokale verwendet werden, um eine abgeleitete Standardform von einer anderen zu unterscheiden, müssen sie angezeigt werden. Im Arabischen geschieht dies durch drei Buchstaben, welche die Langvokale bezeichnen, nämlich „alif" (ā), „waw" (ū), und „yā" (ī). In der Transkription wird dafür das Makron, „¯" oberhalb des Buchstabens, verwendet.

Da das Deutsche nur 21 Konsonanten gegenüber den 28 des Arabischen besitzt, sind einige besondere Kunstgriffe nötig, um das Arabische ins Deutsche zu transliterieren. („Transliteration" bedeutet, dass ein System zur Darstellung der Laute benutzt wird – z. B. das deutsche Alphabet – zur Darstellung eines anderen – z. B. des arabischen.) Für die Namen in diesem Buch wird ein Transliterationssystem benutzt, wie es in Haywood und

Nahmad erklärt ist (jedoch werden keine Unterstreichungen verwendet).[2] Deshalb wird der Leser in transliterierten arabischen Wörtern nicht nur die Konsonanten h, s, d, t, z, sondern auch ḥ, ṣ, ḍ, ṭ, ẓ entdecken. Einander entsprechende Buchstaben, wie beispielsweise h und ḥ, können praktisch gleich ausgesprochen werden, auch wenn dies eigentlich nicht ganz richtig ist. (Ganz offensichtlich müssen die Laute etwas gemeinsam haben.) Oder der Leser mag solche Übersichten zu Rate ziehen, in denen Entsprechungen zu allen arabischen Konsonanten zu finden sind (z. B. Tritton, Fischer oder Fischer und Jastrow). Die einzigen anderen Zeichen, zu denen wir uns noch äußern, sind „'" und „'". Das erste stellt ein „hamza" dar und bezeichnet den Glottisöffnungslaut, der Stimmabsatz direkt vor dem „o" in „beobachten" oder dem „a" in „Beamte". Das Zweite steht für den 18. Buchstaben „'ayn" und wird als kurzes Knurren tief in der Kehle ausgesprochen. Es gibt im Deutschen nichts, was dem entspricht – oder etwas, was dem nahe käme.

Arabische Namen

Das Kind einer muslimischen Familie erhält zuerst einen Namen (arabisch *'ism*) wie Mohammed, Hussein, Thābit usw. Danach folgt der Ausdruck „Sohn des Soundso" und das Kind wird als Thābit b. Qurra (Sohn des Qurra) bekannt sein oder als Mohammed ibn Hussein (Sohn des Hussein). Die Ahnenreihe kann verlängert werden. Beispielsweise führt Ibrāhīm b. Sinān b. Thābit b. Qurra auf den Urgroßvater zurück. Später im Leben mag man selbst ein Kind haben und einen Namen erhalten, aus dem hervorgeht, dass man Vater ist (arab. *kunya*) wie Abū 'Abdallāh (Vater von 'Abdallāh). Als Nächstes folgt ein Name, der den Stamm oder den Herkunftsort angibt (arab. *nisba*) wie al-Ḥarrānī, „der Mann aus Ḥarrān". Am Ende des Namens kann ein Beiname (arab. *laqab*) stehen, sei es ein Spitzname wie „der Glotzäugige" (al-Jāḥiz) oder „der Zeltmacher" (al-Khayyāmī) oder ein Titel wie „der Rechtgläubige (al-Rāshid)" oder „der Blutvergießer" (al-Saffāḥ). Nimmt man all dies zusammen, erkennen wir, dass der Name eines der berühmtesten muslimischen Schriftsteller über mechanische Apparate (siehe Hill) vollständig lautete: Badīʿ al-Zamān Abū al-ʿIzz Ismāʿīl b. al-Razzāz al-Jazarī. Hier bedeutet die *laqab* Badīʿ al-Zamān „Wunderkind des Zeitalters", sicherlich ein Titel, den sich mancher Wissenschaftler gern verdienen würde, und die *nisba* al-Jazarī beschreibt eine Person, die aus der Dschezira (*al-Jazīra*) stammt, dem Land zwischen den Oberläufen von Euphrat und Tigris.

---

[2] Anm. d. Ü.: Bei der Transliteration des Arabischen zeigen sich nationale Unterschiede. So weicht das System in Fischer leicht von dem im englischsprachigen Raum üblichen System ab.

Übungen

Anmerkung: Diese Übungen sind Vorschläge für weitere Recherchen in einer Bibliothek und es ist nicht beabsichtigt, dass sie auf der Grundlage der Informationen dieses Kapitels beantwortet werden. Dies gilt auch für mehrere der Übungen in den folgenden Kapiteln.

1. Schreiben Sie eine kurze Darstellung über Leben und Werk einer der folgenden Personen: 1) die Banū Mūsā, 2) al-Kindī, 3) Kamāl al-Dīn al-Fārisī oder 4) Naṣīr al-Dīn al-Ṭūsī.
2. Schreiben Sie ein kurzes Referat, in dem Sie Leben und Werk einiger der in diesem Kapitel genannten Übersetzer – oder anderer wichtiger Übersetzer – darstellen, denen Sie bei Ihrer Lektüre schon begegnet sind.
3. Schreiben Sie eine kurze Darstellung der wichtigsten Sternwarten im Islam.
4. Wo lagen die wichtigsten Zentren politischer und militärischer Macht in der islamischen Welt zwischen 700 und 1400?
5. Was sind die Hauptmerkmale des Kalenders, der im 10. Jahrhundert in Bagdad verwendet wurde?
6. Wie wusste der Mann, der die Zeiten für die fünf täglichen Gebete ausrief, wann es Zeit dafür war?

Literatur

Nachschlagewerke

Gillespie, C. C. et al. (Hrsg.): *Dictionary of Scientific Biography.* 16 Bände. Charles Scribner's Sons: New York 1970–80. Überarbeitete Neuauflage von: Koertge, N. (Hg.): *New Dictionary of Scientific Biography.* Charles Scribner's Sons: Detroit 2008
Hockey, Th. et al. (Hg.): Biographical Encyclopedia of Astronomers. Springer: New York 2007
Sezgin, F.: *Geschichte des arabischen Schrifttums.* Band 5 (Mathematik) und Band 6 (Astronomie). E. J. Brill: Leiden 1974 bzw. 1978
Storey, C. A.: *Persian Literature. A Bio-Bibliographical Survey.* Luzac and Co.: London: 1927
Wensinck, H. et al.: *Encyclopaedia of Islam, 2nd ed.* 11 Bände. E. J. Brill: Leiden 1960–2002

Allgemeine Literatur

Alten, H.-W.; Djafari Naini, A.; Folkerts, M.; Schlosser, H.; Schlote, K.-H.; Wussing, H. (Hg.): *4000 Jahre Algebra. Geschichte, Kultur, Menschen.* Springer: Berlin etc. 2003
Kennedy, E. S.: „The Exact Sciences in Iran under the Saljuqs and Mongols". In: *Cambridge History of Iran,* Bd. 5. Cambridge University Press: Cambridge 1968, 659–679
Kennedy, E. S. et al.: *Studies in the Islamic Exact Sciences.* American University of Beirut Press: Beirut 1983

Kennedy, E. S.: „The Arabic Heritage in the Exact Sciences". Nachgedruckt in: Kennedy et al.: *Studies in the Islamic Exact Sciences*. American University of Beirut Press: Beirut 1983, S. 30–47

Scriba, C. J.; Schreiber, P. (Hg.): *5000 Jahre Geometrie*. Springer: Berlin, Göttingen, Heidelberg 2005

Youschkevitch, A. P.: Les Mathématiques Arabes (VIIIe–XVe siècles) (übersetzt von M. Cazenave und K. Jaouiche). J. Vrin: Stuttgart 1976

Literatur zu Kapitel 1

Berggren, J. L.: „Nine Muslim Sages". *Hikmat* 1 (No. 9) (1979) und „Mathematics in Medieval Islam". *Hikmat* 2 (1985): 12–16, 20–23. Beide Artikel beinhalten biographische Skizzen muslimischer Mathematiker

Berggren, J. L.: „al-Bīrūnī on Plane Maps of the Sphere". *Journal for the History of Arabic Science* 5 (1982): 47–96

Fischer, W.: *Grammatik des klassischen Arabisch* (Porta Linguarum Orientalium. Neue Serie 11). Otto Harrassowitz: Wiesbaden 2. durchgesehene Aufl. 1987

Fischer, W.; Jastrow, O.: *Lehrgang für die arabische Schriftsprache der Gegenwart*. Band 1. Lektionen 1–30 in Verbindung mit N. Jubrail. Dr. Ludwig Reichert: Wiesbaden 3. Aufl. 1982

Haywood, J. A. and Nahmad, H. M.: *A New Arabic Grammar*. Lund Humphries: London 2. Aufl. 1976

Hill, Donald: *The Book of Knowledge of Ingenious Mechanical Devices*. Dordrecht-Holland/Boston-USA (1974)

Hitti, Ph.: *The Arabs: A Short History*. St. Martin's Press: New York 5. Aufl. 1968 (Kurzfassung seiner *History of the Arabs*)

Kennedy, E. S.: „A Letter of Jamshīd al-Kāshī to His Father". *Orientalia* 29 (1960): 191–213 (nachgedruckt in: Kennedy et al.: *Studies in the Islamic Exact Sciences*. American University of Beirut Press: Beirut 1983, 722–744)

Kennedy, E. S.: The Planetary Equatorium of Jamshīd Ghiyāth al-Dīn al-Kāshī (d. 1429) (Princeton Oriental Studies 18). Princeton 1960

Meyerhoff, M.: „On the transmission of Greek and Indian Sciences to the Arabs". *Islamic Culture* 11 Jan. (1937): 17–37 (ursprünglich dt.: „Von Alexandrien nach Bagdad", zeigt die Übermittlung wissenschaftlicher Kenntnis an die islamische Welt)

Pedersen, J.: *The Arabic Book* (übersetzt von G. French). Princeton University Press: Princeton, New Jersey 1984

Rosenthal, Fr.: *The Classical Heritage in Islam*. University of California Press: Berkeley and Los Angeles, CA. 1975 (veranschaulicht die Vertrautheit des mittelalterlichen Islam mit der klassischen Welt)

Toth, I.: „Non-Euclidean Geometry before Euclid". *Scientific American* Nov. (1968): 87–95

Toomer, G. J.: „Lost Greek Mathematical Works in Arabic Translation". *The Mathematical Intelligenzer* 6 (1984): 32–38

Tritton, A. S.: *Arabic* (Teach Yourself Books). Hodder and Stoughton: London 1975

Kapitel 2
Islamische Arithmetik

§1 Das Dezimalsystem

Muslimische Mathematiker waren die ersten Menschen, die Zahlen so schrieben, wie wir es auch heute tun. Und während wir die Erben der Griechen in der Geometrie sind, ist unsere Arithmetik ein Teil des Vermächtnisses der muslimischen Welt, auch wenn es indische Mathematiker waren, vermutlich einige Jahrhunderte vor dem Aufstieg der islamischen Kultur, die damit begannen, ein Zahlensystem mit folgenden zwei Eigenschaften zu verwenden:

1. Die Zahlen von eins bis neun werden durch neun Ziffern dargestellt, die sich alle leicht mit ein oder zwei Strichen schreiben lassen.
2. Die Ziffer ganz rechts in einer Zahl zählt die Einer und ein Eintrag an einer beliebigen Stelle hat den zehnfachen Wert der rechts daneben liegenden Stelle. So zählt die Ziffer an zweiter Stelle die Zehner, die an der dritten Stelle die Hunderter (das entspricht zehn Zehnern) und so weiter. Ein besonderes Zeichen, die Null, wird dazu benutzt, anzuzeigen, dass eine Stelle nicht besetzt ist.

Diese beiden Eigenschaften beschreiben das heutige System für die Notation der ganzen Zahlen und wir können das eingangs Gesagte dahingehend zusammenfassen, dass die Inder die ersten waren, die ein zifferngestütztes, dezimales Stellenwertsystem verwendeten. „Zifferngestützt" bedeutet, dass die ersten neun Zahlen durch neun Ziffern dargestellt werden und nicht, wie bei den Ägyptern und Babyloniern, durch die Häufung von Strichen. Dezimal bedeutet, dass die Basis zehn ist. Die Hindus erweiterten dieses System jedoch nicht, um Teile eines Ganzen durch Dezimalbrüche darzustellen. Weil es die Muslime waren, die dies als Erste taten, waren sie die ersten Menschen, die Zahlen so darstellten, wie wir es tun. Völlig zu Recht heißt dieses System indo-arabisch.

Die verfügbaren Quellen geben Hinweise zur Frage, wann die Inder begannen, ganze Zahlen gemäß diesem System zu schreiben: Es wurde noch nicht vom großen indischen Mathematiker Āryabhaṭa (geb. 476 n. Chr.) verwendet, wohl aber zurzeit seines Schülers Bhaskara I. um das Jahr 520 n. Chr. (zu den Einzelheiten siehe Van der Waerden und Folkerts 1976). Nachrichten über die Entdeckung verbreiteten sich. Ungefähr 150 Jahre später schrieb Severus Sebokht, ein Bischof der nestorianischen Kirche, von seiner Residenz in Keneschra am oberen Euphrat Folgendes:

„Ich will hier nichts über die Wissenschaft der Hindus sagen, die nicht einmal Syrer sind, über ihre scharfsinnigen Entdeckungen in der Wissenschaft der Astronomie, die sogar genialer sind als die der Griechen und der Babylonier, und über ihre eleganten Rechenverfahren, für die mir die Worte fehlen. Ich will nur erwähnen, dass sie mit neun Zeichen auskommen. Wenn diejenigen, die glauben, dass sie, weil sie Griechisch sprechen, an den Grenzen der Wissenschaft angekommen sind, von diesen Dingen gewusst hätten, wären sie, wenn auch ein bisschen spät, vielleicht überzeugt worden, dass es andere gibt, die etwas wissen, nicht nur die Griechen, sondern auch Menschen, die eine andere Sprache sprechen."

Es scheint daher, dass christliche Gelehrte im Mittleren Osten schon wenige Jahre nach Beginn der arabischen Eroberung durch ihre Studien der indischen Astronomie von deren Zahlzeichen wussten. Das Interesse der christlichen Gelehrten an der Astronomie und an Rechenverfahren war vor allem auf die Notwendigkeit zurückzuführen, das Osterdatum berechnen zu können, ein Problem, welches das christliche Interesse an den exakten Wissenschaften im frühen Mittelalter sehr anregte. Die Bestimmung des Osterdatums ist keineswegs trivial, da hierfür der erste Neumond nach dem Frühlingsäquinoktium berechnet werden muss. Selbst der große Mathematiker und Astronom des 19. Jahrhunderts, C. F. Gauß, konnte das Problem nicht vollständig lösen. So nimmt es nicht wunder, dass Severus Sebokht so erfreut war, in den indischen Quellen ein arithmetisches Verfahren zu finden, das die Berechnung vereinfacht.

Die Erwähnung von „neun" anstelle von zehn „Zeichen" lässt sich vielleicht folgendermaßen erklären: Die Null (als kleiner Kreis dargestellt) wurde nicht als eine der Ziffern des Systems angesehen, sondern vielmehr nur als ein Zeichen, das an eine Stelle gesetzt wurde, wenn diese leer war, d. h. wenn keine Ziffer dorthin gehörte. Die Vorstellung, dass die Null eine Zahl darstellt, genauso wie dies bei allen anderen Ziffern der Fall ist, ist ein moderner Gedanke, der dem mittelalterlichen Denken fremd war.

Angesichts dieses Belegs dafür, dass das Zahlsystem der Inder im Jahre 662 n. Chr. bereits so weit vorgedrungen war, mag es überraschen zu erfahren, dass das früheste bisher bekannte arabische Werk, welches das indische System erklärt, eines ist, das im frühen 9. Jahrhundert geschrieben wurde. Dessen Titel kann mit *Das Buch der Addition und Subtraktion mittels des indischen Rechnens* übersetzt werden. Sein Verfasser war Mohammed b. Mūsā al-Khwārizmī, der, geboren um das Jahr 780 n. Chr., sein Buch vermutlich nach 800 n. Chr. schrieb.

Schon in Kap. 1 erwähnten wir, dass al-Khwārizmī, einer der frühesten bedeutenden islamischen Gelehrten, aus Zentralasien kam und kein Araber war. Dies war keineswegs ungewöhnlich. Im Großen und Ganzen war es in der islamischen Kultur nicht ausschlaggebend, woher ein Mann stammte oder welchem Volk er angehörte, welches seine Muttersprache oder (in Grenzen) welches seine Religion war. Vielmehr waren seine Gelehrsamkeit und seine Leistungen in der von ihm gewählten Tätigkeit entscheidend.

Jedoch stellt sich die Frage, woher al-Khwārizmī von der indischen Arithmetik wusste, wenn man bedenkt, dass er weit weg von dem Ort lebte, an dem Bischof Sebokht 150 Jahre zuvor von den indischen Zahlzeichen erfahren hatte. Ohne gedruckte Bücher und moderne Methoden der Kommunikation war es keinesfalls selbstverständlich, dass sich eine Entdeckung auch in benachbarten Regionen verbreitete. So mag es sein, dass al-Khwārizmī nicht in seiner Heimat Khwārazm sondern in Bagdad vom indischen Rechnen erfahren hat. Dort, am Hofe des Kalifen al-Manṣūr, führte um 780 der Besuch einer wissenschaftlichen Delegation aus Sind zur Übersetzung astronomischer Werke aus dem Sanskrit. Erhalten gebliebene Schriften von al-Khwārizmī über Astronomie zeigen, dass er stark von der indischen Astronomie beeinflusst wurde. Es kann sein, dass er durch seine Studien der indischen Astronomie von den indischen Zahlzeichen erfahren hat.

Wie auch immer der Übermittlungsweg an al-Khwārizmī verlaufen ist, so half sein Werk doch, das indische Zahlensystem sowohl in der islamischen Welt als auch im lateinischen Okzident zu verbreiten. Auch wenn seine Abhandlung nicht im arabischen Original erhalten ist (zweifelsohne, weil sie durch spätere, bessere Werke ersetzt wurde), existiert noch eine im 12. Jahrhundert n. Chr. angefertigte lateinische Übersetzung. In der Einleitung wird deutlich, dass das Werk alle arithmetischen Verfahren behandelt, nicht nur die Addition und die Subtraktion, wie es der Titel vermuten lässt. Augenscheinlich kommt al-Khwārizmīs Sprachgebrauch dem heutigen nahe, wenn über ein Kind, das Arithmetik lernt, gesagt wird: „He is learning his sums".[1]

§2 Kushyārs „Arithmetik"

Überblick über „Die Arithmetik"

Wie schon erwähnt, ist al-Khwārizmīs Buch über die Arithmetik nicht erhalten. Eines der frühesten Werke über das indische Zahlensystem, dessen arabischer Text noch existiert, wurde von einem Mann namens Kushyār b. Labbān verfasst, der südlich des Kaspischen Meeres geboren wurde, ungefähr 150 Jahre nachdem al-Khwārizmī sein Werk über die Arithmetik geschrieben hatte. Obwohl Kushyār ein versierter Astronom war, ist nur sehr wenig über sein Leben bekannt, aber trotz dieser Unklarheit über seine Person wissen wir, dass seine Werke einigen Einfluss hatten. Seine Abhandlung über die Arithmetik, deren Titel *Grundlagen des indischen Rechnens* lautet, wurde eines der wichtigsten arithmetischen Lehrwerke der islamischen Welt.

---

[1] Anm. d. Ü.: Im Deutschen wird dieser Zusammenhang nicht angesprochen: Da macht ein Kind seine Rechenaufgaben.

Kushyārs knappe Abhandlung ist eine sorgfältig geschriebene, zweiteilige Einführung in die Arithmetik. Der erste Teil enthält nach einer kurzen Einleitung neun Abschnitte zur dezimalen Arithmetik und beginnt mit „Über das Verständnis der Formen der neun Ziffern". Darin werden die neun Ziffern in der Form, wie sie im Osten üblich ist, angegeben:

١ ٢ ٣ ٤ ٥ ٦ ٧ ٨ ٩

Darüber hinaus wird das Stellenwertsystem erklärt und die Null als Zeichen eingeführt, das an einer Stelle eingefügt werden soll, „wo es keine Zahl gibt". Das arabische Wort für Null, ṣifr, bedeutet „leer". Es ist der Ursprung unseres Wortes „Ziffer", das über das Französische und das Spanische zu uns gelangte. Es ist sogar – über das Italienische – der Ursprung des englischen Wortes „zero".[2]

Die folgenden Abschnitte heißen „Über die Addition", „Über die Subtraktion" – mit einem Halbierungsverfahren in einem eigenen Unterabschnitt –, „Über die Multiplikation", „Über die Ergebnisse der Multiplikation", „Über die Division", „Über die Ergebnisse der Division", „Über die Quadratwurzel" und „Über die Neunerprobe".

Die 16 Abschnitte des zweiten Teils enthalten eine Erläuterung der Arithmetik eines Stellenwertsystems zur Basis 60. Das Buch schließt aber mit einem Abschnitt, der das Ziehen der Kubikwurzel einer Zahl im Dezimalsystem beschreibt. Das System zur Basis 60, Sexagesimalsystem genannt, war für die Astronomen besonders wichtig, weil in diesem System Winkel gemessen und trigonometrische Funktionen tabelliert wurden, und ein einheitlicher Umgang mit ganzen Zahlen und Brüchen machte das Rechnen so viel einfacher (dazu später mehr).

Bei Kushyārs Erklärungen des Dezimalsystems ist zu bedenken, dass er die Arithmetik nicht Menschen erklärt, die mit Stift und Papier rechnen, sondern mit einem Stock (oder einem Finger) auf einem flachen, mit feinem Sand bedeckten Tablett (was wir als „Staubtafel" bezeichnen werden). Weil sich kleine Tafeln bequemer herumtragen lassen als große, ist es wünschenswert, arithmetische Algorithmen zu haben, bei denen es nicht erforderlich ist, dass man mehrere Zahlenreihen aufschreibt. Da es aber andererseits einfach ist, etwas auf der Staubtafel wegzuwischen, stellen Algorithmen, bei denen viel weggewischt werden muss, kein Problem dar. Im Folgenden werden wir sehen, wie die Algorithmen für die fünf Rechenoperationen (Addition, Subtraktion, Multiplikation, Division und Ziehen der Quadratwurzel) gestaltet wurden – und denken dabei an die besondere Situation der Staubtafel.

Im Text seines Buches schreibt Kushyār alle Zahlen als Wörter. Nur wenn er zeigen will, was gerade auf der Staubtafel geschrieben steht, verwendet er die indo-arabischen Ziffern. Ein Grund hierfür mag sein, dass

---

[2] Anm. d. Ü.: Das deutsche Wort „Null" leitet sich vom Italienischen bzw. Lateinischen nulla („nichts") bzw. nulla figura („kein Zeichen") her.

Erklärungen als Text verstanden und dementsprechend die Zahlen, wie jeder andere Text auch, als Wörter geschrieben wurden. Die Beispiele, die auf der Staubtafel geschrieben standen, mögen als Veranschaulichungen angesehen worden sein, so wie eine Figur in einem geometrischen Beweis. Sie wurden hinzugefügt, um zu zeigen, was ein Rechner gerade auf der Staubtafel sehen würde.

Addition

Nach Kushyārs Erklärung sind die zu addierenden Zahlen in zwei Reihen so untereinander zu schreiben, dass Stellen gleicher Wertigkeit in einer Spalte untereinander stehen. Als Beispiel nimmt er die Addition von 839 und 5625, und beginnt, entgegen dem heutigen Verfahren, mit der höchsten Stelle, die in beiden Zahlen vorkommt, in diesem Fall mit den Hundertern. Bei jedem Rechenschritt ersetzt das erhaltene Ergebnis den entsprechenden Teil der oberen Zahl. Abbildung 2.1 zeigt die einzelnen Schritte und beginnt mit 56 + 8 = 64. Ein Pfeil (→) verdeutlicht, dass auf der Staubtafel das Kästchen rechts das Kästchen links ersetzt. So stehen auf der Staubtafel immer nur zwei Zahlen in einer Spalte untereinander und schließlich hat dann das Ergebnis die obere Zahl ersetzt. Entgegen der heute üblichen Methode erhält man mit dem Verfahren, das Kushyār erklärt, das Ergebnis der ganz links stehenden Ziffer als erstes.

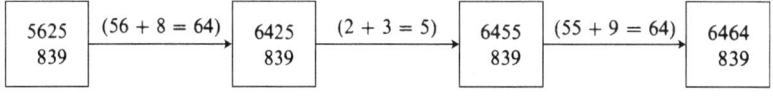

Abb. 2.1.

Subtraktion

Kushyār erklärt dieses Verfahren mit denselben Zahlen und subtrahiert 839 von 5625. Wiederum geht er von links nach rechts vor. Er erklärt, dass, da 8 nicht von 6 subtrahiert werden kann, sie von 56 subtrahiert werden muss. Das ergibt 48. Die 56 in 5625 wird ausgewischt und durch die 48 ersetzt. So erhält Kushyār, indem er sich Stelle um Stelle vorarbeitet, das Ergebnis 4786 (Abb. 2.2). Es gibt kein „Ausleihen" in Kushyārs Verfahren. Er merkt einfach nur an, dass beispielsweise beim letzten Schritt 9 nicht von 5 sub-

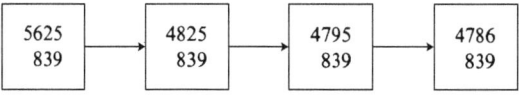

Abb. 2.2.

trahiert werden kann, und deswegen von 95 subtrahiert werden muss. Wie auch bei der Addition arbeitet sich Kushyār von den höheren Stellen zu den niedrigeren vor und bei jedem Schritt erscheint das Teilergebnis als Teil der oberen Zahl.

Kushyārs Verfahren des Halbierens, das er als eine abgewandelte Form der Subtraktion ansieht, gibt Aufschluss über seinen Umgang mit Brüchen. Er beginnt mit 5625 (wie zuvor), diesmal aber rechts (Abb. 2.3). Zunächst ist 5625 niederzuschreiben, dann die Hälfte von 5 zu nehmen, was zweieinhalb ergibt. „Schreibe 2 anstelle der 5 und schreibe darunter $\frac{1}{2}$, was 30 entspricht."

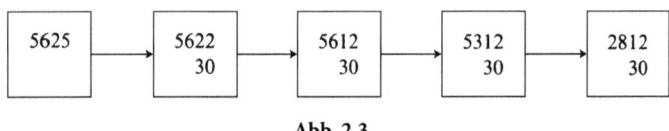

Abb. 2.3.

Für Brüche verwendet er das auf die Babylonier zurückgehende Sexagesimalsystem und das Stellenwertprinzip, um Brüche als Vielfache der Untereinheit $\frac{1}{60}$, $\frac{1}{60^2} = \frac{1}{3600}$ usw. darzustellen. Er erklärt dieses System ausführlicher im zweiten Teil seiner Abhandlung. Hier geht er davon aus, dass der Leser sowohl mit den örtlichen Zahlungsmitteln vertraut ist, bei dem 1 *dirhām* 60 *fulūs* entspricht, als auch mit dem Gradmaß, bei denen 1 Grad 60 Minuten umfasst. Praktisch sagt er seinem Leser: „Wenn Du Dir 5625 als *dirhāms* (oder Grad) vorstellen magst, dann stelle Dir $\frac{5}{2}$ *dirhāms* als 2 *dirhāms* und 30 *fulūs* (oder 2 Grad und 30 Minuten) vor." Die folgenden zwei Schritte seiner Rechnung, wie in Abb. 2.3 dargestellt, dienen dazu, die 2 bei den Zehnern und dann die 6 bei den Hundertern zu halbieren. Zuletzt muss er die 5 bei den Tausendern halbieren. Kushyār wertet die 5, als stünde sie an der nächst niedrigeren Stelle und betrachtet sie als 50 Hunderter. Die Hälfte sind dann folglich 25 Hunderter. Daher addiert er im letzten Schritt 2500 zur Hälfte von 625 und erhält das Ergebnis, das in Abb. 2.3 dargestellt ist.

Multiplikation

Der Algorithmus für die Multiplikation zeugt von einem tiefen Verständnis für die Regeln für das Multiplizieren von Zehnerpotenzen, denn um 243 mit 325 zu multiplizieren, verlangt Kushyār von seinem Leser, die Zahlen so anzuordnen, dass die 3 von 325 direkt über der 3 von 243 steht (Abb. 2.4). Für die gesamte Anordnung benötigt man fünf Spalten, weil Hunderter mit Hundertern multipliziert Zehntausender ergeben ($(N \times 100) \times (M \times 100) = (N \times M \times 10.000)$). Da $3 \times 2 = 6$ ergibt, platziert er die 6 direkt über der 2, d. h. an der Stelle für die Zehntausender. Er merkt zudem an, dass, wäre das erhaltene Produkt zweistellig gewesen (z. B. $3 \times 4 = 12$), die Zehnerstelle des

Produkts in die Spalte links von der 2 hätte eingetragen werden müssen. Das wird auch im nächsten Schritt veranschaulicht, wo er, da 3 × 4 = 12 ergibt, die 2 der 12 direkt über der 4 platziert und die 1 zur 6 addiert und somit 72 erhält. Schließlich wird die obere 3 durch eine 9 = 3 × 3 ersetzt, da er nicht weiter mit der 3 zu multiplizieren braucht.

Nun wird 243 mit der oberen 2 multipliziert. Da dies aber „Zehner" und keine „Hunderter" sind, müssen wir, wenn wir damit fortfahren wollen, die Ergebnisse zur oberen Zeile addieren – jeweils in den Spalten oberhalb der unten stehenden Zahl, 243 also eine Stelle nach rechts verschieben. Denn die Potenzen von zehn, die als Ergebnisse herauskommen, sind um eins niedriger. Wir beginnen also mit der zweiten Zeile von Abb. 2.4 und – wie zuvor – steht die letzte Ziffer der unteren Zahl (3) unter dem aktuellen Multiplikand (2). Da 2 × 2 = 4, ist dann 4 zu 72 zu addieren und wir erhalten 76. Die verbleibenden Schritte der zweiten Zeile werden dem Leser klar sein, wenn er die Schritte in der ersten Reihe verfolgt hat. Wiederum bringt eine Verschiebung nach rechts die richtigen Stellen so untereinander, dass die Ergebnisse an der richtigen Stelle eingetragen werden können. Dies ergibt Reihe 3 in Abb. 2.4. Einzig beim letzten Multiplikationsschritt (beispielsweise beim letzten „5 × 3 = 15") muss man vorsichtig sein: Man addiert nicht die letzte Stelle des Produkts zum letzten Multiplikanden (in diesem Fall 5), sondern verwendet es, um den Multiplikanden zu ersetzen.

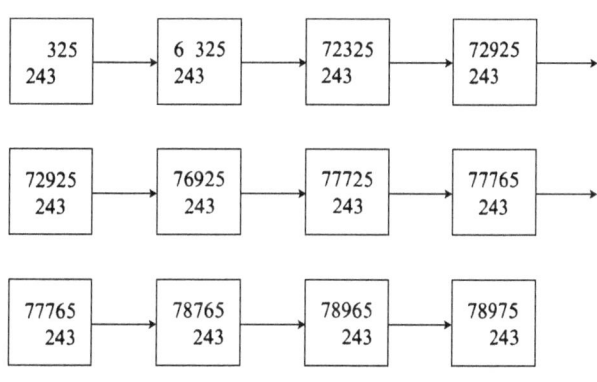

Abb. 2.4.

Division

Diese Operation bereitet Kushyār auch keine größeren Schwierigkeiten als die Multiplikation, wie seine Division von 5625 durch 243 zeigt. In Abb. 2.5 zeigen die ersten drei Schritte, wie 2 × 243 = 486 von 562 subtrahiert wird. Dabei erhält man die erste Ziffer des Quotienten (2) durch Abschätzen, indem man sie oberhalb der Spalte mit der letzten Ziffer des Divisors notiert. In diesem Fall hat „2" die Bedeutung von „20". Diese Positionierung setzt sie automatisch in die richtige Spalte. Der letzte Eintrag ist als

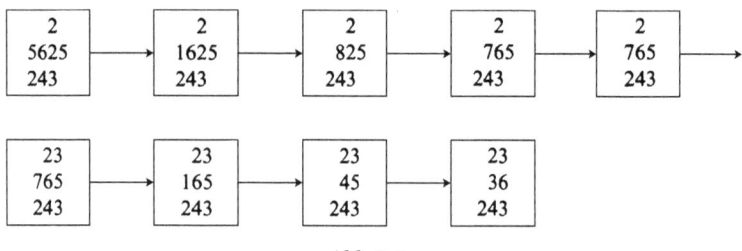

Abb. 2.5.

5625 − 20 × 243 = 765 zu lesen. Nun verschiebt Kushyār den Divisor zur nächsten Spalte, sodass die nächste Spalte des Quotienten richtig ausgerichtet ist. In der zweiten Reihe wird berechnet: 765 − 3 × 243 = 36. So erhält Kushyār, indem er – beginnend mit der vordersten Stelle – Ziffer für Ziffer ausrechnet, den Quotienten (23) und den Rest (36).

Dieses Ergebnis, $23 + \frac{36}{243}$ ist richtig, führt aber auch zur nächsten Frage: „Wie groß ist der Bruch $\frac{36}{243}$?" Schließlich braucht ein Astronom, der Winkel berechnet, oder ein Richter, der den Geldbetrag einer Erbschaft aufteilen will, das Ergebnis in einer brauchbaren Form. Daher gibt es in vielen Arithmetikbüchern ein Standardkapitel, in dem erklärt wird, wie ein Bruch $\frac{a}{b}$ in der Form eines Vielfachen von $\frac{1}{c}$ ausgedrückt werden kann, wobei die Zahl c so gewählt wird, dass sie für das geeignet ist, was zu messen ist. Wenn wir beispielsweise Längen in Fuß und Zoll messen, würden wir $c = 12$ wählen; Kushyār beschäftigt sich weiter damit, dieses Problem für $c = 60$ zu lösen.

Wenn $\frac{36}{243} = \frac{n}{60}$ sein soll, dann muss natürlich $n = 36 \times \frac{60}{243}$ sein. Diese Division ergibt einen Quotienten von 8 und einen Rest von 216. Stellt man sich also den ersten Rest als die *dirhāms* vor, die nach einer Aufteilung von 5625 *dirhāms* auf 243 Menschen übrig bleiben, dann wäre der Anteil jeder Person 23 *dirhāms* und 8 *fulūs*, und 216 *fulūs* bleiben übrig. Oder wir könnten uns die Unterteilung eines Winkels in 243 gleiche Teile vorstellen, dann wäre jeder Teil 23°8′, übrig blieben 216′. Dieses Verfahren, einen Bruch wie $\frac{36}{243}$ mit 60 zu multiplizieren, nannten die islamischen Gelehrten „anheben". Es wurde benutzt, um die Entwicklungen zur Basis 60 der nicht ganzzahligen Teile einer Division zu erhalten. Dies ist so ähnlich, wie wenn wir einen Bruch in Prozent umwandeln.

§3 Die Entdeckung der Dezimalbrüche

Dass wir heute nicht sexagesimale sondern dezimale Brüche verwenden, um den nichtganzzahligen Teil einer Division darzustellen, haben wir – so scheint es nach heutigem Kenntnisstand – der islamischen Welt zu verdanken. Beweise für diese Behauptung finden sich im *Buch der Kapitel über die indische Arithmetik*, das in den Jahren 952–953 n. Chr. von Abū al-Ḥasan al-Uqlīdisī in Damaskus geschrieben wurde. Der Name al-Uqlīdisī weist darauf hin, dass der Verfasser seinen Lebensunterhalt mit dem Abschreiben von Handschriften des Euklid bestritt (Euklid wird arabisch „Uqlīdis" geschrieben). Abgesehen davon ist nichts über das Leben des Mannes bekannt, der wohl als Erster Dezimalbrüche einschließlich des Dezimalpunkts verwendete, und somit der Erste war, der Zahlen so schrieb, wie wir es heute tun. Da al-Uqlīdisī in der Einleitung des Buches nachdrücklich darauf hinweist, welch große Anstrengungen er unternommen hat, die besten Verfahren aller früheren Verfasser zu diesem Thema mit aufzunehmen, bleibt unsicher, ob die Dezimalbrüche seine eigene Entdeckung sind. Aber die Tatsache, dass sie in den indischen Quellen vollständig fehlen, lässt es als ziemlich sicher erscheinen, dass sie eine Entdeckung islamischer Wissenschaftler sind.

Al-Uqlīdisī ist auch stolz darauf, dass er Verfahren gesammelt hat, die mit Tinte auf Papier notiert werden – Algorithmen, welche die Arithmetiker sonst üblicherweise auf der Staubtafel ausgeführt hatten. In seinem *Buch der Kapitel* gibt er folgende Gründe dafür an, dass die Staubtafel zugunsten von Feder und Papier aufgegeben wurde:

„Mancher Mann hasst es, sich mit der Staubtafel in seinen Händen zu zeigen, wenn er diese Rechenkunst (indische Arithmetik) anwenden muss, da er zu befürchten hat, von denen missverstanden zu werden, die sie [die Staubtafel] in seinen Händen sehen. Es schickt sich nicht für ihn, da man sie sonst nur in den Händen von Taugenichtsen sieht, die in den Straßen ihren Lebensunterhalt mit Astrologie bestreiten."

Da die Straßenastrologen anscheinend am Gebrauch der Staubtafel erkannt werden konnten, drängte al-Uqlīdisī auf den Gebrauch von Feder und Papier, um dem Schicksal zu entgehen, für einen bettelnden Wahrsager gehalten zu werden.

Al-Uqlīdisīs Text besteht aus vier Teilen, von denen der erste und der zweite Teil sich mit grundlegender und fortgeschrittener indischer Arithmetik befassen. Die Dezimalbrüche kommen allerdings erst im zweiten Teil vor, und zwar im Abschnitt über das Verdoppeln und Halbieren von Zahlen. Dort stellt er sie als eine von drei Möglichkeiten vor, eine ungerade Zahl zu halbieren. Das erste Verfahren entspricht dem, was Kushyār beschrieben hat, der, um 5625 zu halbieren, angenommen hat, es seien (Winkel-)Grade oder *dirhāms* und das Ergebnis wie in Abb. 2.3 wiedergab. Dort kann die 30 am Ende als *fulūs* oder Minuten verstanden werden. Das zweite Verfahren wird von al-Uqlīdisī als numerisch bezeichnet und folgendermaßen beschrieben:

„... eins – egal an welcher Stelle – zu halbieren, bedeutet, fünf [an der Stelle] davor. Dies erfordert, dass, wenn wir eine ungerade Zahl halbieren, die „Einheit" [d. h. die betreffende Zahl] halbieren und eine fünf an die Stelle davor stellen. Wir setzen über der Stelle für die Einheit ein Zeichen, um diese Stelle hervorzuheben. Der Wert der Stelle, an der die Einheit steht, ist also das Zehnfache des Werts der Stelle davor. Nun kann die fünf halbiert werden, so wie ganze Zahlen halbiert werden. Der Wert der Stelle, an der die Einheit steht, wird beim zweiten Halbieren zum Hundertfachen [der Stelle, die zwei Stellen vor der Einheit steht]. So könnte man unendlich fortfahren."

Wenn al-Uqlīdisī von den Stellen innerhalb einer Zahl von „vor" einer anderen Stelle spricht, bezieht er sich auf die Schreibrichtung des Arabischen, die von rechts nach links läuft. Folglich steht in der Zahl 175 die 5 *vor* der 7. Als Beispiel für seine Erklärungen nennt al-Uqlīdisī das Ergebnis für das 5-malige Halbieren von 19 mit $0\overline{5}9375$ [3], wobei er sagt: „die Stelle der Einheit ist das Hunderttausendfache von dem, was ganz vorne steht".

Abbildung 2.6 zeigt den arabischen Text und die Verwendung des Dezimalkommas in al-Uqlīdisīs Werk (in Form eines kurzen, senkrechten Strichs, der die Stelle für die Einer markiert). Nimmt man die Darstellung der Ziffern (siehe oben) zu Hilfe, kann man ohne große Schwierigkeiten die verschiedenen Zahlen in dem abgebildeten Text identifizieren.

Aus rein mathematischer Sicht erscheint es besonders befriedigend, dass die Dezimalbrüche (komplett mit dem Dezimalkomma) durch analoge Überlegungen zu den bekannten Verfahren erklärt werden. So sah das übliche Verfahren zur Halbierung einer geraden Zahl wie der 34 Folgendes vor: $34 \rightarrow 32 \rightarrow 17$, wobei $\left(\frac{1}{2}\right) \times 3$ gerechnet wurde wie 1 und 5 bei der Stelle davor. Da, wie Kushyār es ausdrücken würde, „die 3 die Zehner der vorangehende 2 darstellt [in der arabischen Schreibrichtung], ist ihre [der drei Zehner] Hälfte 15. Addiert man die 5 zur 2, was Einer sind, er-

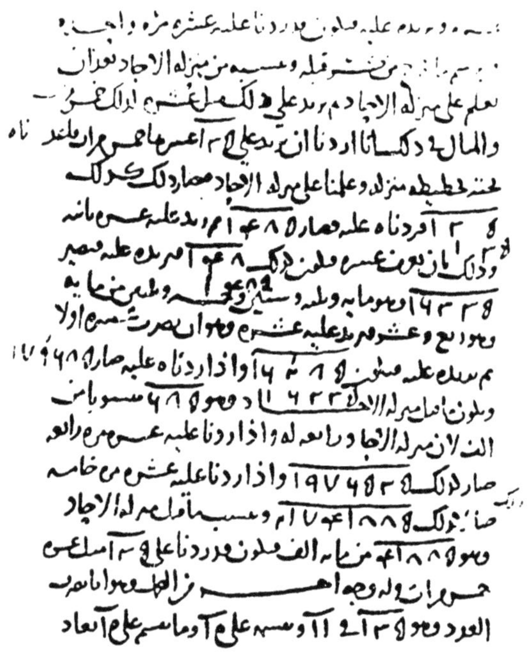

Abb. 2.6.

---

[3] Anm. d. Ü.: Der Strich über der Null ist kein Druckfehler, sondern entspricht hier dem Dezimalkomma.

§3 Die Entdeckung der Dezimalbrüche

hält man 7. Das Ergebnis beträgt 17". Das hier zur Anwendung kommende Prinzip berücksichtigt, dass man bei der Halbierung einer 1 an einer Stelle – wie Zehner, Hunderter usw. – 5 an der vorangehenden Stelle erhält. Was Al-Uqlīdisī bemerkt, ist, dass das gleiche Verfahren auf die Halbierung einer ungeraden Ziffer an der Einerstelle angewendet werden kann und aus einer solch einfachen Beobachtung entwickelte sich ein sehr nützliches mathematisches Werkzeug.

Etwas später verwendete al-Uqlīdisī wiederum Dezimalbrüche, diesmal, um 135 um ein Zehntel seines Werts zu vergrößern, dann das Ergebnis wiederum um ein Zehntel usw. und das ganze fünfmal. So beginnt er, wie in Abb. 2.7 dargestellt, $135 \times \left(1 + \frac{1}{10}\right)^5$ zu rechnen. Er schreibt 135 und darunter noch einmal 135, aber um eine Stelle nach rechts verschoben. Das wäre $\left(\frac{1}{10}\right) \times 135$, daher addiert er es zu 135. In der Summe $135 + \frac{1}{10} \times 135$ markiert er die Stelle der Einer mit einem kleinen, senkrechten Strich oberhalb. Wenn er weitere vier Mal verschoben und addiert hat, erhält er das gewünschte Ergebnis. (Er erwähnt, dass der Wert der kleinsten Stelle ein Hunderttausendstel ist.)

$13\overset{\shortmid}{5} \longrightarrow 14\overset{\shortmid}{8}5 \longrightarrow 16\overset{\shortmid}{3}35 \longrightarrow 17\overset{\shortmid}{9}685 \longrightarrow 197\overset{\shortmid}{6}535 \longrightarrow 217\overset{\shortmid}{4}1885$
135   1485   16335   179685   1976535

Abb. 2.7.

Er gibt auch eine Alternative zu dieser Methode an und zwar wie folgt (wir verwenden das Dezimalkomma anstelle des von al-Uqlīdisī verwendeten senkrechten Strichs):

$$135 \times \left(1 + \frac{1}{10}\right) = \frac{(135 \times 11)}{10} = 148{,}5$$

und

$$148{,}5 \times \left(1 + \frac{1}{10}\right) = \frac{(148{,}5 \times 11)}{10} = 148{,}5 \times \left(\frac{11}{10}\right) + 0{,}5\left(\frac{11}{10}\right)$$
$$162{,}8 + 0{,}55 = 163{,}35 \ .$$

Dies zeigt, dass al-Uqlīdisī nicht nur Dezimalbrüche addieren, sondern sie auch mit ganzen Zahlen multiplizieren konnte, obwohl bei diesem Multiplikationsverfahren unnötigerweise die Zahl in Ganze und Bruchteile aufgeteilt wird.

Weniger als ein halbes Jahrhundert später verwendete ein weiterer muslimischer Verfasser, Abū Manṣūr al-Baghdādī, „der Mann aus Bagdad", Dezimalbrüche – ebenfalls bei einem Problem zur Berechnung der Zehntel. Er schreibt 08 02 17, wofür al-Uqlīdisī 17̍28 notiert hätte. Jedoch notiert er jedes Paar über das vorangehende – in strenger Analogie zu Kushyārs Notation der Sexagesimalbrüche.

Al-Uqlīdisīs Verwendung der Dezimalbrüche hat etwas von einem Ad-hoc-Kunstgriff, unsystematisch und ohne besondere Bezeichnung. Zwei Jahrhunderte später findet man jedoch in den Schriften al-Samaw'als, dessen Werk im Kapitel über die Algebra besprochen wird, die Verwendung der Dezimalbrüche im Zusammenhang mit der Division und dem Wurzelziehen. In seiner Abhandlung aus dem Jahr 1172 führt er sie sorgfältig ein – als Teil einer allgemeinen Methode, Zahlen mit beliebiger Genauigkeit zu approximieren. So verwendet al-Samaw'al die Dezimalbrüche schon eher innerhalb eines Theoriegebäudes denn als reinen Ad-hoc-Kunstgriff, obwohl er immer noch keinen Namen für sie hat und seine Schreibweise der von al-Uqlīdisī unterlegen ist. Weitere Einzelheiten sind in Rashed nachzulesen.

Es war im frühen 15. Jahrhundert, dass die Dezimalbrüche sowohl einen Namen erhielten als auch eine systematische Darstellung. Jamshīd al-Kāshī zeigt seine profunde Kenntnis der Arithmetik der Dezimalbrüche, beispielsweise indem er sie so multipliziert, wie wir es heute noch tun. Ebenfalls im 15. Jahrhundert beschreibt ein byzantinisches Lehrbuch über die Arithmetik eine Darstellungsform als „türkisch", d. h. aus der islamischen Welt stammend, bei der $153\frac{1}{2}$ und $164\frac{1}{4}$ als 153|5 und 164|25 geschrieben werden und ihr Produkt als 2492|375 (siehe Hunger und Vogel 1963).

Es sollte aber mehr als ein Jahrhundert dauern, bis die europäischen Autoren anfingen, die Dezimalbrüche zu verwenden. Ein fähiger Publizist für diese Idee war der flämische Ingenieur Simon Stevin, dessen Buch *La Theinde (Das Zehntel)* im Jahr 1585 erschien.

Seine ungeschickte Schreibweise konnte sich allerdings überhaupt nicht mit der des al-Uqlīdisī messen. So war es einem Schotten, John Napier, überlassen, den Dezimalpunkt wieder neu zu erfinden und Dezimalbrüche in der von ihm erfundenen Logarithmentafel zu verwenden.

§4 Muslimische Sexagesimalarithmetik

Geschichte der Sexagesimalen

Wenngleich es merkwürdig erscheinen mag, dass es fast 500 Jahre gedauert hat (vom 10. bis zum 15. Jahrhundert), um die Dezimalbrüche zu entwickeln, so muss daran erinnert werden, dass den muslimischen Gelehrten schon seit dem 9. Jahrhundert ein vollständiges und zufriedenstellendes Stellenwertsystem zur Verfügung stand, um sowohl ganze Zahlen als auch Brüche darzustellen – es war jedoch nicht dezimal. Vielmehr verwendeten sie das *Sexagesimal*system, bei dem, wie schon erwähnt, 60 die Basis ist. Es entstand aus der Verschmelzung zweier alter Zahlensysteme.

Das erste wurde von den Babyloniern ungefähr 2000 v. Chr. in Mesopotamien verwendet. Wie wir aus den vielen erhaltenen Keilschrifttexten wissen, ist es ein Stellensystem, in dem die aufeinanderfolgenden Stellen einer

§4 Muslimische Sexagesimalarithmetik

Zahl die aufeinanderfolgenden Potenzen (mit positiver und mit negativer Hochzahl) zur Basis 60 darstellen. So wurden ganze Zahlen und Brüche auf einheitliche Weise behandelt. Jedoch verwendeten die Babylonier keine eigenen Ziffern für die Zahlen 1 bis 59, sondern bildeten sie, indem sie den Keil für 1 (𒁹) und 10 (𒌋) wiederholten. Beispielsweise würden die Babylonier die ganzen Zahlen 3, 25, 133 und 3752 wie folgt darstellen:

𒁹𒁹𒁹, 𒎙𒐋, 𒁹𒁹𒌋𒌋𒐖 $(2 \times 60 + 13)$, 𒁹 𒁹𒎙𒐋𒁹𒁹𒁹 $(1 \times 60^2 + 2 \times 60 + 3)$.

Zusätzlich erweiterten sie das System auf die Brüche. Da $\frac{1}{2} = \frac{30}{60}$ ergibt, schrieben sie $\frac{1}{2}$ auch als 30. 𒌍 Da

$$\frac{7}{360} = \frac{70}{3600} = \frac{60}{3600} + \frac{10}{3600} = \frac{1}{60} + \frac{10}{60^2}$$

ergibt, würde es 𒁹𒌋 geschrieben.

Bei der Verwendung dieses Systems waren immer Missverständnisse möglich, da es kein besonderes Zeichen gab, um die Einer zu kennzeichnen (d.h. es gab kein Zeichen wie das heute gebräuchliche Dezimalkomma), und es war nicht üblich, Nullen am Ende einer ganzen Zahl zu schreiben. Deswegen war die Größe einer Zahl nur bis auf einen Faktor mit einer Potenz von 60 festgelegt. So kann 𒁹𒌋 $1\frac{1}{3}$, aber auch 80 darstellen. Ein Schritt hin zu mehr Klarheit erfolgte im späten 4. Jahrhundert v. Chr., zu einer Zeit, als die Nachfolger Alexanders in Babylon regierten. In dieser Zeit begannen in Babylon die Schreiber, Zahlen häufiger mit einem besonderen Symbol zu versehen, um Nullen innerhalb einer Zahl zu kennzeichnen. So war es möglich, 71 so zu schreiben, dass es sich eindeutig von 3611 unterschied (71 wurde als 𒁹𒌋𒁹 und 3611 als 𒁹 ∅ 𒌋𒁹 geschrieben).

Diese Unzulänglichkeiten waren jedoch verhältnismäßig unbedeutend und scheinen den Babyloniern keine größeren Schwierigkeiten bereitet zu haben. Viel bedeutsamer ist, dass 2000 Jahre vor Beginn unserer Zeitrechnung ein Zahlensystem existierte, das so hervorragend für komplexe Berechnungen geeignet war, dass es griechische Astronomen während oder nach dem 2. Jahrhundert v. Chr. für ihre eigenen Berechnungen übernahmen. So benutzte es der Astronom Ptolemaios in der Mitte des 2. Jahrhunderts n. Chr. in seinem griechischen Handbuch der Astronomie *Der Almagest*.

Die Übernahme des Systems durch die hellenistischen Griechen war jedoch eher ein Vorgang des Aufpfropfens als eine „Transplantation". Denn während sie es bei der Notation des Bruchanteils einer Zahl übernahmen, behielten sie ihre eigene Methode bei, den ganzzahligen Anteil der Zahlen darzustellen. Diese Methode ist ein Beispiel für das zweite alte System, auf das wir uns bezogen. In ihm werden die 27 Buchstaben des Alphabets verwendet, um die Zahlen 1, ..., 9; 10, 20, ..., 90; 100, 200, ..., 900 darzustellen. Die Griechen verwendeten die 27 Buchstaben einer archaischen Form des griechischen Alphabets entsprechend dem unten stehenden Schema.

A	B	Γ	Δ	Є	Ϛ	Z	H	Θ
1	2	3	4	5	6	7	8	9
I	K	Λ	M	N	Ξ	O	Π	Q
10	20	30	40	50	60	70	80	90
P	Σ	T	Y	Φ	X	Ψ	Ω	⟩
100	200	300	400	500	600	700	800	900

Dieses ältere Alphabet stammt von dem der Phönizier, einem semitischen Volk, dem wir die Einführung des Alphabets und des Geldes verdanken. Dieses alphabetische System der Nummerierung scheint bei vielen Mittelmeervölkern verbreitet gewesen zu sein. So wurde es nicht nur von den Griechen und den Arabern verwendet, sondern auch von den Hebräern und anderen.

In diesem System wurden Zahlen bis 999 durch eine Buchstabenfolge dargestellt, sodass bei den Griechen 48 und 377 als MH und TOZ geschrieben würden. Wir müssen uns hier jedoch nicht unbedingt mit den Kunstgriffen beschäftigen, die angewandt wurden, um Zahlen größer als 999 darzustellen, sondern was uns interessiert, sind die Brüche. Ein griechischer Astronom, der mit dem babylonischen System vertraut war, erkannte offensichtlich die Möglichkeit, die Keilgruppen, welche die Babylonier als Zahlzeichen verwendeten, durch die Buchstaben des Alphabets zu ersetzen. Demnach wäre $12\frac{1}{3}$ als *IB K* geschrieben worden, um damit $(10+2) + \frac{20}{60}$ auszudrücken.

Die Griechen übernahmen das babylonische Stellenwertsystem jedoch lediglich für die Brüche. So schrieben sie *PMB IB* für $142\frac{1}{5}$ anstelle des folgerichtigeren *B KB IB* (= $2 \times 60 + 22 + \frac{12}{60}$). Die einzige Verbesserung des griechischen Systems war eine leichte Annäherung an eine zifferngestützte Schreibweise der Zahlzeichen, sodass, wo die Babylonier ⋘ für $\frac{1}{3}$ schrieben, die Griechen einfach *K* schreiben konnten.

Die wirkliche Transplantation des babylonischen Systems wurde von islamischen Mathematikern vollzogen, und zwar in ein System, das von den Astronomen so häufig verwendet wurde, dass es schlicht als „Arithmetik der Astronomen" bekannt wurde. Darin werden die 28 Buchstaben des arabischen Alphabets in einer Reihenfolge verwendet, die sich von der Ordnung des Alphabets unterscheidet, in der es geschrieben wurde (und wird). Wenn wir diese Buchstaben entsprechend dem System in Haywood und Nahmad transkribieren, dann ist die Entsprechung der Buchstaben des arabischen Alphabets mit den Zahlen so, wie es in Abb. 2.8 dargestellt ist. (Obwohl sich das System bis zur 1000 – für den 28. Buchstaben – erstreckt, benötigt man in der Arithmetik der Astronomen keinen der Buchstaben jenseits dem *nūn* [50], da keine Zahl größer als 59 werden kann. Zu ergänzen ist noch, dass die „Null", wie bei den Griechen auch, durch ҁ und ⌒ dargestellt wurde, zwei Schreibweisen der gleichen Ziffer.)

Stellt man die arabischen Buchstaben durch die entsprechenden lateinischen wie in Abb. 2.8 dar, würde die Zahl 84 als *a kd* (= $1 \times 60 + 24$) geschrieben werden, und *lb n* stünde für $32\frac{50}{60}$. Diese beiden Beispiele zeigen, wie die Muslime das babylonische System stimmig an ihre eigene Schreibweise angepasst haben und dabei einen bedeutsamen Beitrag zur zifferngestützten Schreibweise leisteten.

Natürlich, es blieb immer noch die Mehrdeutigkeit des Zahlenwerts einer gegebenen Zahl bestehen. *b mh* kann 165 darstellen (= $2 \times 60 + 45$), aber genauso gut auch $2\frac{45}{60}$. Mangels eines Sexagesimalkommas war ein anderer Kunstgriff nötig, um solche Mehrdeutigkeiten zu vermeiden.

Es gab zwei Lösungen für dieses Problem. Die eine bestand darin, jede Stelle zu benennen, sodass die Potenzen von 60 mit nichtnegativer Hochzahl (1, 60, 60^2, ...) „Grad", „erste Erhöhung", „zweite Erhöhung", ... genannt wurden, während die Potenzen von 60 mit negativer Hochzahl ($\frac{1}{60}$, $\frac{1}{60}^2$, $\frac{1}{60}^3$, ...) als „Minuten", „Sekunden", „Tertien", ... bezeichnet wurden. Der Ursprung der Bezeichnung „Grad" liegt in der Astronomie, in der dieser Begriff sich auf die 360 gleichen Teile bezieht, in die der Tierkreis unterteilt wird. Der Begriff „Minuten" ist eine Übersetzung des Arabischen *daqā'iq*, das „fein, klein" bedeutet, woran auch das deutsche *minuziös* erinnert. Die nachfolgenden feinen Teile sind dann natürlich „die zweiten, dritten, usw. feinen Teile". Die andere Lösung bestand darin, nur die letz-

ا	ب	ج	د	ه	و	ز	ح	ط
A	B	G	D	H	W	Z	Ḥ	Ṭ
1	2	3	4	5	6	7	8	9
ى	ك	ل	م	ن	س	ع	ف	ص
I	K	L	M	N	S	ʿ	F	Ṣ
10	20	30	40	50	60	70	80	90
ق	ر	ش	ت	ث	خ	ذ	ض	ظ
Q	R	Sh	T	Th	Kh	Dh	Ḍ	Ẓ
100	200	300	400	500	600	700	800	900
			غ					
			Gh					
			1000					

Abb. 2.8.

te Stelle zu nennen, sodass „b mh Minuten" klar besagt, dass der Wert $2\frac{45}{60}$ gemeint ist.

Nachstehender Überblick zur muslimischen Sexagesimalarithmetik folgt der Darstellung im zweiten Abschnitt in Kushyārs *Grundlagen des indischen Rechnens*. Es ist typisch für die Vielfalt der Zugänge verschiedener muslimischer Gelehrter, dass Kushyār, obwohl er eine in sich stimmige Sexagesimalarithmetik vorlegt, nicht die Buchstaben des Alphabets benutzt, sondern die Formen der indischen Ziffern, wie sie im östlichen Kalifat verwendet wurden. Was manche Verfasser als *ka h mb* ausdrücken würden, schreibt Kushyār wie in Abb. 2.9 dargestellt. Dabei sind die Stellen der Zahlen untereinander geschrieben, um eine Verwechslung mit der indischen Zahl 210.542 zu vermeiden. Jedoch verwendet er diese Ziffern hier (wie auch schon früher) nur, wenn er den Rechenvorgang an sich zeigt. Ansonsten schreibt er alle Zahlen vollständig aus. Um etwas von dieser Eigenheit des Werkes zu vermitteln, werden wir im Folgenden genauso verfahren.

٢١ (21)

٠٥ (05)

٢٢ (42)

Abb. 2.9.

Sexagesimale Addition und Subtraktion

Um die Addition zu veranschaulichen, gibt Kushyār folgendes Beispiel: „Wir möchten fünfundzwanzig Grad, dreiunddreißig Minuten und vierundzwanzig Sekunden zu achtundvierzig Grad, fünfunddreißig Minuten und fünfzehn Sekunden addieren." Er schreibt diese beiden Zahlen in zwei Spalten, die durch eine leere Spalte voneinander getrennt sind. Dabei steht Grad und Grad einander gegenüber, Minuten und Minuten sowie Sekunden und Sekunden (Abb. 2.10). Dann addiert er fünfundzwanzig zu achtundvierzig, Zehner zu Zehner und Einer zu Einer. Danach addiert er dreiunddreißig zu fünfunddreißig und vierundzwanzig zu fünfzehn. Wann immer eine Summe größer als 60 wird, zieht er 60 davon ab, trägt das Ergebnis ein und addiert eins zur Stelle oberhalb. Dies ist der Grund für die darüber stehende „Eins", die im zweiten Teil der Abbildung zu sehen ist.

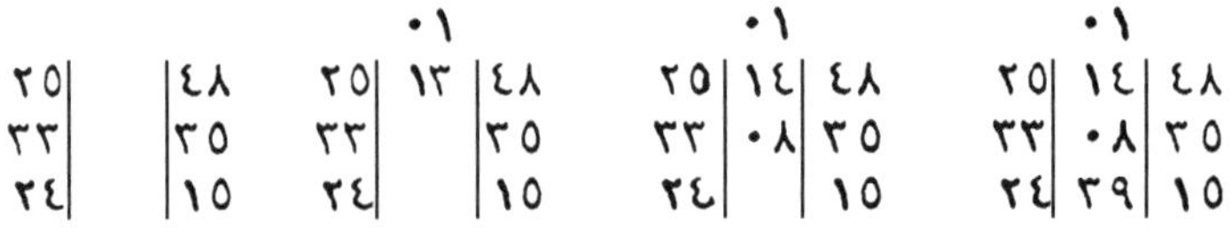

				٠١			٠١			٠١	
٢٥		٤٨	٢٥	١٣	٤٨	٢٥	١٤	٤٨	٢٥	١٤	٤٨
٣٣		٣٥	٣٣		٣٥	٣٣	٠٨	٣٥	٣٣	٠٨	٣٥
٢٤		١٥	٢٤		١٥	٢٤		١٥	٢٤	٣٩	١٥

Abb. 2.10.

Eine Staubtafel, auf der diese Rechenoperationen durchgeführt würden, so wie Kushyār sich es vorstellt, würde nacheinander die aufeinander folgenden Teile von Abb. 2.10 zeigen. Am Ende wäre aber nur noch die letzte Zusammenstellung von Zahlen zu sehen.

Die Subtraktion ist genauso einfach. Sie funktioniert von oben nach unten und bei Bedarf „leiht" man sich eine Eins. Abbildung 2.11 zeigt mit den Zahlen aus dem darüber stehenden Beispiel anstelle der Addition das Subtraktionsverfahren; dabei treten keine ernsthaften Schwierigkeiten auf.

۲٥	۳۳	٤٨		۲٥	۳۳	٤٨		۲٥	۳۳	٤٨
۳۳		۳ ٥		۳۳	•۲	۳ ٥		۳۳	•۱	۳ ٥
۲٤		۱ ٥		۲٤		۱ ٥		۲٤	٥۱	۱ ٥

Abb. 2.11.

Sexagesimale Multiplikation

Multiplikation mittels Ausgleichen

Multiplikation und Division sind jedoch eine andere Sache. Selbst so fähige Mathematiker wie al-Bīrūnī fanden es bequemer, die Sexagesimalzahlen in eine Dezimalzahl umzuwandeln, die Rechnungen mit der Dezimalzahl mithilfe der Regeln der indischen Arithmetik auszuführen und dann das Ergebnis in die Sexagesimalform zurückzuverwandeln. Dieses Verfahren war so allgemein verbreitet, dass es einen eigenen Namen erhielt: „Ausgleichen". Ein Zeitgenosse al-Bīrūnīs, al-Nasawī, löste das Problem der Multiplikation der beiden Sexagesimalzahlen $4°15'20''$ und $6°20'13''$ auf folgende Weise: Zuerst rechnete er beide Faktoren in die kleinste Einheit um:

$$4°15' = (4 \times 60)' + 15' = 255'$$

und

$$255'20'' = (255 \times 60)'' + 20'' = 15.320''.$$

Auf gleiche Weise berechnet er den anderen Faktor zu $22.813''$. Da Bücher, die dieses Verfahren erörtern, auch erklären, wie man Produkte von Zahlen mit verschiedenen Einheiten berechnet, weiß al-Nasawī, dass das Produkt aus Sekunden mal Sekunden die Größenordnung „Quarten" ergibt. Indem er rein dezimal rechnet, erhält er als Produkt $349.495.160$ Quarten. Nun ist es notwendig, die zum Ausgleichen inverse Operation durchzuführen und die Zahl zu einer Sexagesimalzahl „anzuheben", indem man durch 60 teilt. (Wir sahen ein Beispiel hierfür am Ende der Ausführungen zur dezimalen Division im Abschnitt über dezimale Arithmetik.) Somit gilt hier:

$$349.495.160'''' = (5.824.915 \times 60 + 20)'''' = 5.824.915''' + 20''''.$$

Auf gleiche Weise verfährt al-Nasawī schließlich mit den Tertien, dann den Sekunden und zuletzt mit den Minuten und erhält 26°58′1″59‴20⁗.

Dieses wenig elegante Verfahren war zwar weit verbreitet, wurde aber keineswegs ausschließlich benutzt. Obwohl Kushyār diese Methode als eine Möglichkeit in seiner Abhandlung erwähnt, erklärt er auch, wie zwei sexagesimale Zahlen ohne solch eine Umwandlung miteinander multipliziert werden können.

Multiplikationstabellen

Am Anfang des Abschnitts über die sexagesimale Arithmetik beschreibt Kushyār eine sexagesimale Multiplikationstabelle, die aus 59 Spalten besteht, über denen jeweils eine ganze Zahl von 1 bis 59 steht und die jeweils

Tafel 2.1. Teil einer sexagesimalen Multiplikationstabelle. Die Spalte ganz *rechts* ist mit „die Zahl" überschrieben und enthält die Zahlwörter von 1 bis 12. Die folgenden Spalten (von *rechts* nach *links*, so, wie auch die arabische Schrift läuft) sind mit den Zahlen von 13, 14, ..., 18 überschrieben. Die Einträge darunter geben ihre Vielfachen als zweistellige Sexagesimalzahlen an (siehe Abb. 2.12 für die Transliteration und Übersetzung der drei Spalten ganz rechts; Foto mit freundlicher Genehmigung der Ägyptischen Nationalbibliothek)

§4 Muslimische Sexagesimalarithmetik

60 Zeilen umfassen. So enthält beispielsweise die mit 39 überschriebene Spalte in ihren Zeilen die Vielfachen von 39, von 1 × 39 bis zu 60 × 39. Während in Kushyārs Buch solch eine Tabelle nur beschrieben, aber nicht enthalten ist, finden sich Beispiele für solche Tafeln in anderen Abhandlungen (siehe King 1974 und Tafel 2.1). Die Spalte ganz rechts auf jeder Seite ist mit „die Zahl" überschrieben und enthält die Buchstaben der Zahlen, normalerweise von 1 bis 30 auf der rechten und von 31 bis 60 auf der linken Seite. Die darauf folgenden Spalten (von rechts nach links, so, wie auch die arabische Schrift läuft) sind mit den Buchstaben der Zahlen von 1 bis 60 überschrieben. (Selbstverständlich erscheint aus Platzgründen nur eine gewisse Anzahl davon auf einer Seite.) Jede Spalte enthält, wie oben erwähnt, die ersten 60 Vielfachen der ganzen Zahl, die oberhalb der Spalte steht. Allgemein benötigt man zwei sexagesimale Stellen, um diese Vielfachen darzustellen. Beispielsweise würde das Produkt von 13 (*ig*) und 8 (*ḥ*) mit der zweistelligen Zahl geschrieben, die wir mit *a md* transliterieren würden. Die ersten zwölf Zeilen der drei Spalten ganz rechts in Tafel 2.1 sind in Abb. 2.12 transliteriert und übersetzt. Die achte Zeile unterhalb der Überschrift steht für 8 × 13 = 1 44 (104) und 8 × 14 = 1 52 (112). (Dabei verwenden wir die Konvention: $n\ m; r\ s$ steht für $n \times 60 + m + \frac{r}{60} + \frac{s}{60^2}$. Eine andere, ebenfalls gebräuchliche Schreibweise trennt die sexagesimalen Stellen mittels Kommata $n, m; r, s$). Ein außergewöhnliches Beispiel einer Multiplikationstabelle wurde um das Jahr 1600 erstellt, möglicherweise von einem türkischen Astronomen. Sie gibt die ersten 60 Vielfachen für jede zweistellige sexagesimale Zahl von 00 01 bis 59 59 an, sodass man in der Tabelle direkt Produkte wie 14 34 × 19 = 4 36 46 finden kann. Die Tabelle enthält 212.400 Einträge und füllt ein Büchlein von 90 Seiten. Andere Astronomen fanden es zweifelsohne praktischer, we-

ID	IG	Al-ʿadad	14	13	die Zahl
ID –	IG –	A	14 0	13 0	1
KḤ –	KW –	B	28 0	26 0	2
MḄ –	LṬ –	G	42 0	39 0	3
NW –	NḄ –	D	56 0	52 0	4
A I	A H	H	1 10	1 5	5
A KD	A IH	W	1 24	1 18	6
A LḤ	A LA	Z	1 38	1 31	7
A TB*	A MD	Ḥ	1 52	1 44	8
B W	A NZ	Ṭ	2 6	1 57	9
B K	B I	I	2 20	2 10	10
B LD	B KG	IA	2 34	2 23	11
B MḤ	B LW	IB	2 48	2 36	12

* Kopistenfehler für NB

Abb. 2.12.

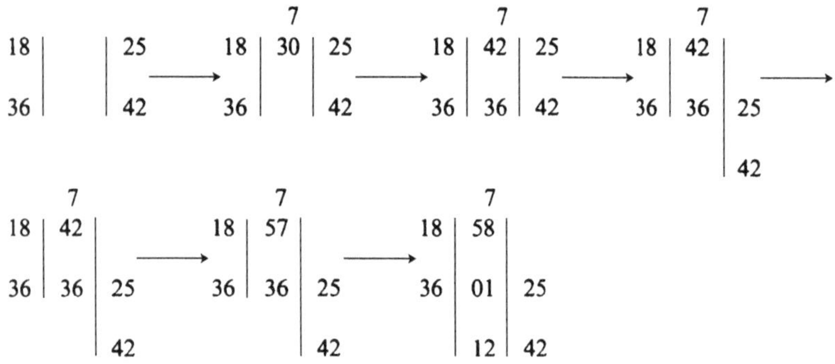

```
              7              7              7              7
18  │   25   18  │  30  25   18 │ 42 │ 25   18 │ 42 │
    │          →              →              →              →
36  │   42   36  │      42   36 │    │ 42   36 │ 36 │ 42   36 │ 36 │ 25
                                                              │ 42 │

      7              7              7
18 │ 42 │      18 │ 57 │      18 │ 58 │
   →              →
36 │ 36 │ 25   36 │ 36 │ 25   36 │ 01 │ 25
   │ 42 │         │    │ 42      │ 12 │ 42
```

Abb. 2.13.

niger umfangreiche Tabellen zu benutzen und berechneten weitere benötigte Produkte mit einem der Algorithmen, die wir nun beschreiben werden.

Der erste Algorithmus unterscheidet sich nur geringfügig von der Methode, die Kushyār für die Multiplikation zweier Dezimalzahlen verwendet. Im Fall von Sexagesimalzahlen werden die Zahlen senkrecht statt waagerecht geschrieben, mit einer leeren Spalte dazwischen, die das Produkt aufnehmen soll. Kushyārs Verfahren für das Produkt aus 25°42′ und 18°36′ ist in Abb. 2.13 dargestellt.

Verfahren der sexagesimalen Multiplikation

Die ersten beiden Schritte, führt Kushyār aus, erfolgen mithilfe der Multiplikationstabelle für 18, und da die 30 aus dem ersten Schritt und die 12 aus dem zweiten von gleicher Größenordnung sind, müssen sie im Produkt addiert werden, sodass 30 durch 42 ersetzt wird.

In den beiden letzten Schritten, in denen 36 erst mit 25, dann mit 42 multipliziert wird, muss das Ergebnis zu der Spalte mit dem Endergebnis addiert werden, jedoch um eine Stelle nach unten verschoben, da 36 eine Stelle niedriger ist als 18.

Da das Produkt aus Minuten mal Minuten Sekunden ergibt, ist das Endergebnis $7^1 58° 1′ 12″$ (d. h. „7 erste Erhöhung, 58 Grad, 1 Minute und 12 Sekunden").

Eine sowohl im Islam als auch im Westen verbreitete Methode für die Multiplikation von Dezimalzahlen ist in Abb. 2.14 anhand eines Beispiels aus Jamshīd al-Kāshīs *Der Schlüssel des Rechnens* dargestellt. Die Aufgabe besteht darin, 13 09 51 20 Minuten mit 38 40 15 24 Tertien zu multiplizieren. Da die maximale Anzahl der Stellen vier ist, wird ein Quadrat in ein Gitter von 16 Unterquadraten unterteilt und diese wiederum sind jeweils in zwei gleichgroße Dreiecke unterteilt, so wie in Abb. 2.14 dargestellt. An die beiden Seiten, die sich an der Ecke oben schneiden, werden

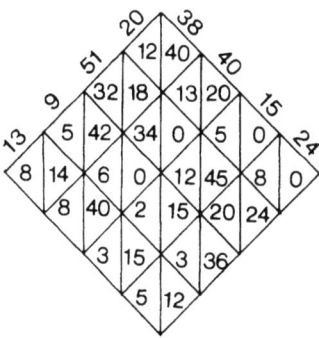

Abb. 2.14. Die Gelosia-Methode für die Multiplikation, wie sie al-Kāshī beschreibt. Sie wird sowohl für die Multiplikation von Dezimalzahlen als auch von Sexagesimalzahlen verwendet, hier ein Beispiel für die sexagesimale Multiplikation. Das Endergebnis (zur Basis 60) erhält man, wenn man die acht Spalten des Quadrats addiert

die beiden Faktoren geschrieben, und zwar so, dass die höchste Stelle des einen und die niedrigste Stelle des anderen Faktors an der oberen Ecke stehen. Dann wird in jedes Quadrat das Produkt derjenigen beiden Zahlen eingetragen, die an den zugehörigen äußeren Quadratseiten stehen, und zwar so, dass wenn das Produkt aus zwei Ziffern besteht, die Ziffer der höheren Stelle links, die der niedrigeren Stelle rechts in das Quadrat eingetragen werden. Da beispielsweise 38 × 13 = 8 14 ergibt, wird die 8 in die linke Hälfte des Quadrats ganz links und die 14 in die rechte Hälfte eingetragen. Sind alle 16 Produkte ausgerechnet, kommt man zum Endergebnis, indem man alle Zahlen in jeder der acht Spalten addiert und die Summen darunter schreibt. Da Minuten mal Tertien die Größenordnung von Quarten haben, ist die niedrigste Größenordnung des Produkts die Quarte.

Obwohl es einen gewissen Arbeitsaufwand erfordert, das Gitter vorzubereiten, ist es dann ganz einfach, das Raster mithilfe einer Multiplikationstabelle auszufüllen. Die einzige Rechenarbeit besteht in der Addition der Einträge in den Spalten. Zudem können die Quadrate in jeder beliebigen Reihenfolge ausgefüllt werden, da das Gitter verhindert, dass etwas in Unordnung gerät.

Dieses Beispiel ist zwar al-Kāshīs *Der Schlüssel des Rechnens* entnommen, ein Beweis für die Gültigkeit dieses Verfahrens fehlt aber in der Quelle. Er ist allerdings recht einfach, wenn man bedenkt, dass das, was in der linken Hälfte eines Quadrats eingetragen wird, genau dem entspricht, was im heute üblichen Verfahren übertragen und zum nächsten Produkt addiert wird. Das Raster sorgt automatisch für das Übertragen. Der Unterschied besteht lediglich darin, dass die Überträge erst am Ende, nachdem alle Multiplikationen durchgeführt sind, addiert werden, anstatt es bereits während des Rechnens zu tun, wie wir es gewöhnt sind.

Sexagesimale Division

Zum Abschluss sei noch Kushyārs Methode für die sexagesimale Division vorgestellt, die analog zu der für die Multiplikation verläuft. Um $49°36'$ durch $12°25'$ zu dividieren, ordnet Kushyār folglich drei Spalten an und fährt wie in Abb. 2.15 fort:

$$49 - 3 \times 12 = 13 \quad \text{und} \quad 13\,36 - 3 \times 25 = 13\,36 - 1\,15 = 12\,21,$$

sodass jede Ziffer des Divisors mit dem Quotienten (dieser wird durch Ausprobieren ermittelt, wie wir es ja auch tun) multipliziert wird. Das Ergebnis wird von dem Teil des Dividenden abgezogen, der darüber (oder auf gleicher Höhe) steht. Danach wird der Divisor um eins nach unten verschoben, damit die nächste Ziffer des Quotienten, wenn sie in gleicher Höhe wie die oberste Stelle des Divisors eingetragen wird, die richtige Größenordnung hat (in diesem Fall „Minuten"). Nach dem dritten Schritt kommt man zu der Frage „$12°25'$ mal wie viele Minuten ergibt etwas, das nicht größer ist als $12°21'$?". Die Antwort lautet „59 Minuten". Die letzten beiden Schritte in Abb. 2.15 zeigen die abschließende Ausarbeitung. Wiederum gilt die allgemeine Regel, dass das Produkt einer Ziffer des Quotienten mit einer Ziffer des Divisors von der Ziffer des Dividenden abgezogen wird, die rechts und oberhalb (oder auf gleicher Höhe) steht.

```
03 | 49 | 12        03 | 13 | 12        03 | 12 | 12        03 | 12
   | 36 | 25   →       | 36 | 25   →       | 21 | 25   →       | 21 | 12
                                                                    | 25   →

03 | 12                  03 | 00              03 | 00
59 | 21 | 12       →     59 | 33 | 12   →     59 | 08 | 12
        | 25                      | 25                | 25 | 25
```

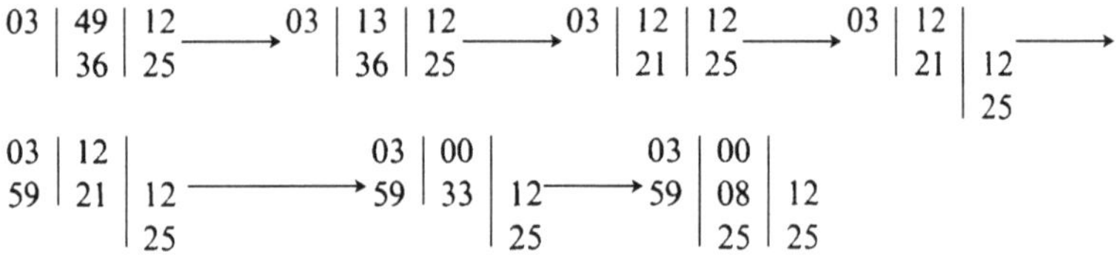

Abb. 2.15.

Auf diese Weise kommt Kushyār zum Ergebnis $3°59'$ und sagt „Wenn wir eine größere Genauigkeit wünschen, dann setzen wir den Divisor eine weitere Stelle nach unten." Das Verfahren kann somit so lange weitergeführt werden, bis die gewünschte Anzahl sexagesimaler Stellen erreicht ist. Kushyār merkt noch an, dass er seinem Buch eine Tabelle mit „den Ergebnissen der Division" beigefügt hat, d. h. Angaben zu der Größenordnung, die man erhält, wenn eine Zahl einer Größenordnung (z. B. „erste Erhöhung") durch eine Zahl einer anderen Größenordnung (z. B. Tertien) dividiert wird. Kushyār beendet sein Kapitel mit der Erörterung der Frage, wie Quadratwurzeln im sexagesimalen System berechnet werden können, ein Verfahren, das von einiger Bedeutung für die Astronomen ist.

In der muslimischen Welt war also ein konsistentes System sexagesimaler Arithmetik weit verbreitet, das eine einheitliche Behandlung sowohl der ganzen Zahlen als auch der Brüche erlaubte. Das System wurde durch spezielle Tafeln unterstützt und ermöglichte den Zugang zu allen arithmetischen Verfahren, was mindestens genauso zufriedenstellend war wie das (anfangs) weniger entwickelte System der Dezimalbrüche.

§5 Quadratwurzeln

Einleitung

Im Folgenden werden wir nicht mehr den Ausführungen von Kushyār über das Wurzelziehen folgen, sondern uns mit denen in Jamshīd al-Kāshīs Buch *Der Schlüssel des Rechnens* beschäftigen, von dem wir bereits berichteten, dass er es zwei Jahre vor seinem Tod 1429 in Samarkand verfasste. Es ist ein Handbuch der elementaren Mathematik, schließt Arithmetik, Algebra und die Vermessungsgeometrie ein und enthält eine umfassende Behandlung der Dezimalbrüche, eine Tabelle mit Binominalkoeffizienten sowie Algorithmen für das Ziehen von Wurzeln höherer Ordnung. Beispielsweise werden wir weiter unten sehen, wie er die fünfte Wurzel aus einer Zahl im Billionenbereich, nämlich 44.240.899.506.197, zieht.

Die folgende Liste mit den Überschriften der fünf Hauptkapitel aus *Der Schlüssel des Rechnens* verdeutlicht die Unterschiede zu Kushyārs Werk: 1) Über die Arithmetik ganzer Zahlen, 2) Über die Arithmetik der Brüche (einschließlich der Dezimalbrüche), 3) Über die Arithmetik der Astronomen (sexagesimal), 4) Über die Vermessung von ebenen und räumlichen Figuren und 5) Über die Lösung von Problemen durch Algebra.

Näherungsweise Bestimmung von Quadratwurzeln

Zunächst schauen wir uns an, wie al-Kāshī die Quadratwurzel aus 331.781 zieht. Seine Methode unterscheidet sich nicht von der von Kushyār, aber anders als Kushyār schreibt al-Kāshī für Menschen, die mit Feder und Papier arbeiten. (Es geschah in Samarkand, dass gegen Ende des 8. Jahrhunderts die Araber durch chinesische Kriegsgefangene zum ersten Mal etwas über die Papierherstellung erfuhren. Und wegen seines Überflusses an Frischwasser blieb Samarkand über Jahrhunderte ein Zentrum der Papierherstellung.) Daher wird bei dem Verfahren, wie es al-Kāshī erläutert, keiner der Zwischenschritte ausgelöscht. Al-Kāshī unterteilt zunächst die Ziffern des Radikanten, 331.781, von rechts beginnend, in Zweiergruppen (von ihm als „Zyklen" bezeichnet). (So wird 331.781 unterteilt in 33 17 81.) Wie al-Kāshī erklärt, sind die Zweiergruppen deshalb wichtig, weil die Quadratwurzeln der Zahlen 1, 100, 10.000... ganzzahlig sind (im Gegensatz zu denen von 10, 1000, ...). Denn die erste Zweiergruppe (81) gibt die Anzahl der Einer an, die zweite (17) die Anzahl der Hunderter, die dritte (33) die Anzahl der Zehntausender usw. Dann zieht er Linien, eine oberhalb des Radikanten und jeweils eine, um die Zweiergruppen voneinander zu trennen. Zu Beginn sieht daher sein Papier wie in Abb. 2.16a aus.

Um die erste der drei Ziffern für die Wurzel zu erhalten, sucht er die größte Zahl n, sodass n^2 kleiner als 33 ist. Da $5^2 = 25$ und $6^2 = 36$ ergibt, nimmt er $n = 5$, was sowohl oberhalb als auch etwas weiter unterhalb der 33 notiert wird (unterhalb der letzten 3) – wie in Abb. 2.16b.

Nun subtrahiert er 25 von 33 und erhält 8, was er unterhalb der 33 notiert. Außerdem zieht er eine Linie unter die 33 um anzuzeigen, dass er mit dieser fertig ist. (Auf der Staubtafel würde die 33 ausgewischt und durch die 8 ersetzt.) Nun verdoppelt er den Teil der Wurzel, den er berechnet hat (5), und schreibt das Ergebnis (10) über die untere 5, aber um eine Stelle nach rechts verschoben – wie in Abb. 2.16c. (Auf der Staubtafel wäre nur die obere 5, die mittleren 8 17 81 und die untere 10 der Abb. 2.16c zu sehen.) In diesem Stadium hat al-Kāshī eine vorläufige Lösung (5) ganz oben und eine verdoppelte vorläufige Lösung (10) unten.

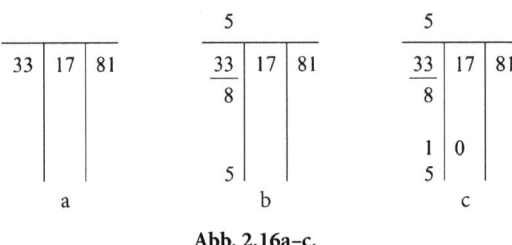

Abb. 2.16a–c.

Als nächstes versucht al-Kāshī, den größten Wert für x zu finden, sodass gilt $(100+x) \times x \leq 817$. Durch Ausprobieren erhält er $x = 7$. Er schreibt die 7 einmal über die 7 der 17 und noch einmal neben die 10 unten. Dann berechnet er $(100 + 7) \times 7 = 749$ und subtrahiert das Ergebnis von 817, um so zu Abb. 2.17a zu kommen. Nun beginnt das Verfahren wieder von vorne: Er verdoppelt die letzte Stelle von 107 und erhält 114. Dies notiert er oberhalb der 107, aber um eine Stelle nach rechts verschoben, wie es in Abb. 2.17b dargestellt ist. Wieder hat er eine vorläufige Lösung (57) ganz oben und eine verdoppelte vorläufige Lösung (114) unten. Erneut fragt er: Was ist der größte Wert für x, sodass $(1140 + x) \times x \leq 6881$ ist? Eine versuchsweise Division von 688 durch 114 lässt $x = 6$ vermuten. Da es funktioniert, wird, nachdem 1146×6 von 6881 subtrahiert wurde, die letzte Stelle von 1146 verdoppelt, um wie in Abb. 2.17c 1146 zu 1152 (= 1146 + 6) abzuändern. (Auf der Staubtafel wäre oben 576 zu sehen, in der Mitte 5 und unten 1152.)

Auf diese Weise erhält al-Kāshī die Quadratwurzel (576) als vorläufige Lösung und verdoppelt diese unten (1152). Schließlich zählt er zu 1152 eins dazu und erhält 1153. Zum Schluss dividiert er den Rest, die in der Mitte stehende 5, durch die 1153 und erhält als Näherungswert für die Quadrat-

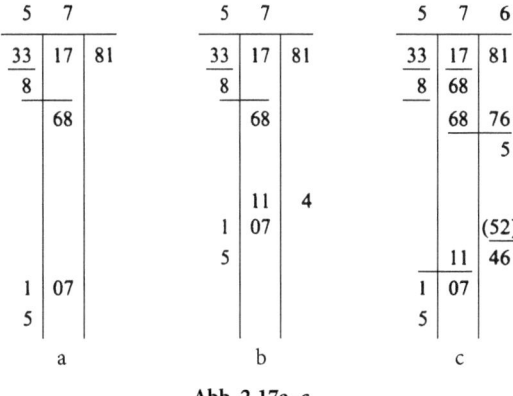

Abb. 2.17a–c.

wurzel aus 331.781 die Zahl $576\frac{5}{1153}$ ($\approx$ 576,00434). Eine Kontrollrechnung zeigt, dass das Quadrat der letztgenannten Zahl 331.780,996 ist, sodass al-Kāshīs Ergebnis dem exakten Wert sehr nahe kommt.

Begründung für das Näherungsverfahren

Jetzt stellen sich zwei Fragen: 1) Welche ist die Begründung für al-Kāshīs Vorgehen hinsichtlich des ganzzahligen Teils der Wurzel und 2) welche für den Bruchteil? Wir werden mit der zweiten Frage beginnen.

Begründung für den Bruchteil

Tatsächlich ist der Zähler des Bruchs, 5, ist gleich $331.781 - (576)^2$, und der Nenner, 1153, ist gleich $577^2 - 576^2$, weil 1153 um eins größer ist als „zweimal die vorläufige Lösung", d. h.

$$1153 = 1 + 2 \times 576 = (1 + 576)^2 - 576^2.$$

Demnach ist der Bruchteil der Lösung, $\frac{5}{1153}$, lediglich durch *lineare Interpolation* zustande gekommen, d. i. $\frac{331.781 - 576^2}{577^2 - 576^2}$, eine Technik, die schon lange bekannt war, bevor Ptolemaios sie in der ersten Hälfte des 2. Jahrhunderts n. Chr. im *Almagest* verwendete.

Um dieses Verfahren zu verstehen und es zu begründen – wie ein Astronom im Mittelalter es getan hätte – stelle man sich eine Tabelle mit Quadratwurzeln vor, bei der in einer Spalte die Folge der Quadratzahlen von 1^2 bis 1000^2 steht, und daneben, in einer zweiten Spalte, die ersten 1000 ganzen Zahlen, wie in Abb. 2.18.

Will man dann $\sqrt{6}$ bestimmen, wäre die einfachste Vorgehensweise, festzustellen, dass aus $4 < 6 < 9$ die Ungleichung $2 < \sqrt{6} < 3$ folgt. Da außerdem $6 - 4 = 2$ und $9 - 4 = 5$ gilt, liegt 6 genau bei $\frac{2}{5}$ der Strecke

N	√N
1	1
4	2
9	3
331,776	576
332,929	577
1,000,000	1,000

Abb. 2.18.

zwischen 9 und 4. Also liegt $\sqrt{6}$ auch ungefähr bei $\frac{2}{5}$ der Strecke zwischen $\sqrt{4}$ = 2 und $\sqrt{9}$ = 3, sodass näherungsweise gilt $\sqrt{6} = 2\frac{2}{5}$.

Der Leser wird erkennen, dass dieser Gedankengang auf der Annahme beruht, dass $\sqrt{x}$ proportional zu x ist, oder dass, modern ausgedrückt, $f(x) = \sqrt{x}$ eine lineare Funktion ist, deren Graph eine Gerade bildet. Obwohl das nicht stimmt, zeigt ein Blick auf den Graphen von $f(x)$ in Abb. 2.19, dass er fast linear ist, wenn $x > 1$ und man ein nicht zu großes Intervall $[a, b]$ betrachtet. So kann man beispielsweise die Gerade, die durch die Punkte (16|4) und (25|5) geht, kaum vom Graphen zwischen diesen beiden Punkten unterscheiden. Dies erklärt, warum diese Methode eine solch gute Näherung für den Bruchteil von $\sqrt{331.781}$ ergibt. Die Tabelle zeigt 576^2 = 331.776 < 331.781 < 332.929 = 577^2. Da $331.781 - 576^2 = 5$ und $577^2 - 576^2 = 1153$ gilt, schließen wir, dass, da N = 331.781 bei $\frac{5}{1153}$ der Strecke zwischen 576^2 und 577^2 liegt, die Quadratwurzel ebenfalls etwa bei $\frac{5}{1153}$ der Strecke zwischen 576 und 577 liegt, also $\sqrt{331.781} = 576\frac{5}{1153}$ ist.

Die lineare Interpolation war eines der antiken und mittelalterlichen Standardverfahren, das als „zwischen den Zeilen lesen" (von Tabellen) bezeichnet wurde. Aber wir möchten betonen, dass der Begriff „lineare Interpolation" moderne Vorstellungen widerspiegelt. Die Entdecker dieses Näherungsverfahrens hatten keinerlei Vorstellung von einer Geraden als Graph einer Funktionsgleichung. Die antike und mittelalterliche Vorstel-

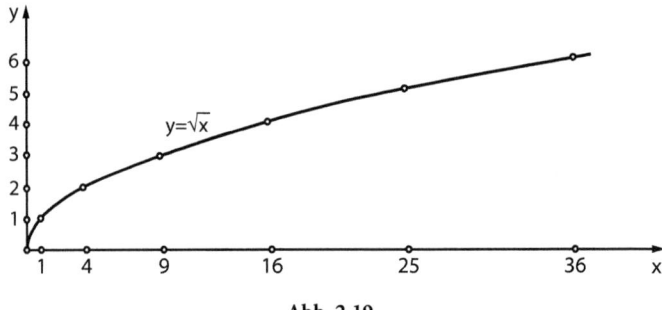

Abb. 2.19.

lung war schlicht die, dass man annahm, dass in einer Tabelle, in der ein Wert von x und ein Wert von y einander zugeordnet sind, die Änderung von y nach y' sich gleichmäßig auch auf die Änderung von x nach x' aufteilt.

Begründung für den ganzzahligen Teil

Bezüglich des ganzzahligen Teils von $\sqrt{N}$ weiß al-Kāshī, dass für $N = abcdef$ die größte ganze Zahl r mit $r^2 \leq N$ halb so viele Stellen wie N hat, in diesem Fall also drei. (Indem man gegebenenfalls $a = 0$ setzt, können wir annehmen, dass N eine gerade Anzahl von Ziffern hat.) Entsprechend teilt er N in Zweiergruppen auf (die er als Zyklen bezeichnet) $N = abcdef$, womit $N = ab \times 100^2 + cd \times 10^2 + ef$ gemeint ist.

Al-Kāshīs erster Schritt ist es, die größte Zahl A zu finden, sodass gilt $A^2 \leq ab$. A ist eine einstellige Zahl, da ab zweistellig ist und 10^2 drei Ziffern hat. Ein solches A wird die erste Ziffer der Wurzel aus der Zahl sein, wie der Leser selbst überprüfen möge.

Sein nächster Schritt besteht darin, die Differenz

$$\Delta_1 = N - (A \times 100)^2 = (ab - A^2) \times 100^2 + cd \times 10^2 + ef$$

zu berechnen und dann die nächste Stelle zu finden, d. h. das größtmögliche B, sodass gilt

$$\Delta_2 = N - (A \times 100 + B \times 10)^2 \geq 0.$$

Hierzu wendet er die grundlegende Gleichung $(X+Y)^2 = X^2 + (2X+Y)Y$ an, um Δ_2 zu $N - (A \times 100)^2 - (2A \times 100 + B \times 10)B \times 10 = \Delta_1 - (2A \times 10 + B)B \times 100$ umzuformen. Der Ausdruck $2A \times 10 + B$ entspricht formal der Anweisung al-Kāshīs, A, die vorher bestimmte Ziffer der Wurzel, zu verdoppeln, und dann die Stelle (B) daneben zu stellen. Wie al-Kāshī sagt, ist diese nächste Ziffer möglichst groß zu wählen, sodass das Produkt $(2A \times 10 + B)B \times 100$ nicht größer wird als die vorher bestimmte Differenz Δ_1. Die Multiplikation von $2A$ mit 1000 anstelle von 10.000 spiegelt sich in seiner Verschiebung um eine Stelle nach rechts wieder. Natürlich erwähnt al-Kāshī nie die Potenzen von 10, da sie durch die Positionierung automatisch berücksichtigt werden.

Die Vorgehensweise sollte nun klar sein. Nachdem wir B so groß wie möglich bestimmt haben, sodass $(A \times 100 + B \times 10)^2 \leq N$ erfüllt ist, wählen wir jetzt C so groß wie möglich, sodass $0 \leq N - (A \times 100 + B \times 10 + C)^2$ gilt, wobei $(X+Y)^2$ dieses Mal mit $X = (A \times 100 + B \times 10)$ und $Y = C$ nach der Regel $(X+Y)^2 = X^2 + (2X+Y)Y$ umgeformt wird. Diese Gleichung oder ihre alternative Darstellung $(X+Y)^2 - X^2 = (2X+Y)Y$ ist die Grundlage für den Algorithmus zur Ermittlung der Quadratwurzel. Al-Kāshīs Verfahren hat den Vorteil, dass bei der Bestimmung von $N - (X+Y)^2$ der Teil $N - X^2$ bereits im vorhergehenden Schritt berechnet wurde.

§6 Al-Kāshīs Ziehen einer fünften Wurzel

Einleitung

Im Folgenden sind die ersten Schritte dargestellt, wie al-Kāshī die fünfte Wurzel von 44.240.899.506.197 zieht – eine Zahl im Billionenbereich. Das Ziehen höherer Wurzeln gelang ʿUmar al-Khayyāmī zufolge erstmals muslimischen Gelehrten. Er schreibt in seiner *Algebra*:

„Von den Indern haben wir Methoden zur Bestimmung von Quadrat- und Kubikwurzeln übernommen, die auf der Kenntnis von Beispielen beruhen, nämlich auf der Kenntnis der Quadratzahlen der neun Zahlen $1^2, 2^2, 3^2$ usw. und ihrer jeweiligen Produkte, z. B. 2×3 usw. Wir haben eine Abhandlung über den Beweis der Gültigkeit dieser Methoden verfasst und gezeigt, dass sie die Bedingungen erfüllen. Zusätzlich haben wir ihre Aufgabentypen erweitert, nämlich indem wir die Wurzeln vierten, fünften, sechsten Grades bestimmten und bis zu jedem beliebigem Grad. Niemand hat diesen Schritt vor uns getan. Die Beweise hierzu sind rein arithmetisch und stützen sich auf die Arithmetik der *Elemente*."

ʿUmar war nicht der erste und auch nicht der letzte Mathematiker, der fälschlicherweise annahm, er sei der Entdecker eines Verfahrens gewesen. In diesem konkreten Fall wissen wir, dass Abū al-Wafāʾ, der über 100 Jahre vor ʿUmar, im späten 10. Jahrhundert, lebte, ein Werk mit dem Titel *Über die Berechnung von dritten und vierten Wurzeln und der Wurzeln, die aus beiden zusammengesetzt sind* verfasste. Es ist natürlich auch möglich, dass ʿUmar Abū al-Wafāʾs Abhandlung nicht gekannt hat, oder dass Abū al-Wafāʾ nur darauf hinwies, dass $\sqrt[4]{N} = \sqrt{\sqrt{N}}$, und, da $\sqrt[3]{N}$ schon von den Indern her bekannt war, konnten Wurzeln wie beispielsweise die zwölfte, $\sqrt[12]{N} = \sqrt[4]{\sqrt[3]{N}}$, mit den bekannten Verfahren berechnet werden. Demnach könnte es durchaus sein, dass Abū al-Wafāʾs Werk weniger innovativ war als das von ʿUmar.

Vorarbeiten

Wie auch immer es gewesen sein mag – keines der beiden Werke, weder ʿUmars noch Abū al-Wafāʾs, sind erhalten. Deswegen werden wir al-Kāshīs Methode aus dem Band III seines Buches *Schlüssel des Rechnens* analysieren. Zu Beginn fordert er den Leser auf, die Zahl oben auf das Blatt zu schreiben und sie in Zyklen zu unterteilen, hier also aufeinanderfolgende Gruppen mit fünf Ziffern – von rechts beginnend. Dies geschieht, weil die Potenzen von 10 mit einer ganzzahligen fünften Wurzel die Potenzen $1, 10^5$, 10^{10} usw. sind. Danach zieht al-Kāshī doppelte Linien zwischen den Zyklen und einfache Linien zwischen den einzelnen Ziffern, die von oben nach unten über das ganze Papier laufen. Danach zieht er eine Linie oberhalb der Zahl, auf der er die Ziffern der Wurzel notieren will.

Als nächstes unterteilt er den Bereich unterhalb der Zahl durch horizontale Linien in fünf breite Streifen. Der obere Streifen enthält die Zahl, die Worte „Zeile für die Zahl" werden daran an den Rand geschrieben. Der

Zeile für das Ergebnis			
Zeile für die Zahl	4 4 2 4	0 8 9 9 5	0 6 1 9 7
Zeile für das quadrierte Quadrat (4. Potenz)			
Zeile für die 3. Potenz			
Zeile für das Quadrat (2. Potenz)			
Zeile für die Wurzel (1. Potenz)			

Abb. 2.20.

Streifen darunter wird „Zeile für das quadrierte Quadrat" (die vierte Potenz) genannt. Nachdem dieser Vorgang beendet ist, sieht das Blatt wie in Abb. 2.20 aus und alles ist vorbereitet. Es scheint im algorithmischen Sinne dieses Verfahrens nicht zu weit hergeholt, die Zellen in Abb. 2.20 als Speicherplätze in einem Computerspeicher aufzufassen. Abbildung 2.21 zeigt unter Berücksichtigung dieser Tatsache ein für das Verständnis möglicherweise hilfreiches Flussdiagramm für das Verfahren des Wurzelziehens.

Das Verfahren für die ersten beiden Stellen

Al-Kāshī fährt nun folgendermaßen fort: Die größte ganze Zahl, a, deren fünfte Potenz nicht größer ist als 4424, ist 5. Deswegen trägt er 5 in der „Zeile für das Ergebnis" (oberhalb des ersten Zyklus) und an das untere Ende der „Zeile für die Wurzel" ein. Als Nächstes notiert er $5^2 (= 25)$ an das untere Ende der „Zeile für das Quadrat", $5^3 (= 125)$ an das untere Ende der der „Zeile für die dritte Potenz" und $5^4 (= 625)$ an das untere Ende der „Zeile für das quadrierte Quadrat". Abschließend schreibt er in die „Zeile für die Zahl" $4424 - 5^5 = 1299$ (aufgrund ihrer Position stellt diese Zahl 1299×10^{10} dar).

Danach beginnt er mit dem Vorgang „einmal nach oben bis zur Zeile für das quadrierte Quadrat", indem er den letzten Eintrag in der „Zeile für die Wurzel" (5) zur kürzlich ermittelten Stelle der Wurzel (5) addiert und die Summe (10) in der „Zeile für die Wurzel" oberhalb der 5 notiert. Dann multipliziert er diese Summe mit 5 ($10 \times 5 = 50$) und notiert das Produkt in der „Zeile für das Quadrat" oberhalb der $5^2 (= 25)$. Danach addiert er beides und erhält $75 = 5^2 + 50$. Dies multipliziert er mit 5 und notiert das Produkt ($75 \times 5 = 375$) oberhalb der $5^3 (= 125)$ in der „Zeile für die dritte Potenz". Dies wiederum addiert er und erhält $500 = 5^3 + 75 \times 5$. Dann

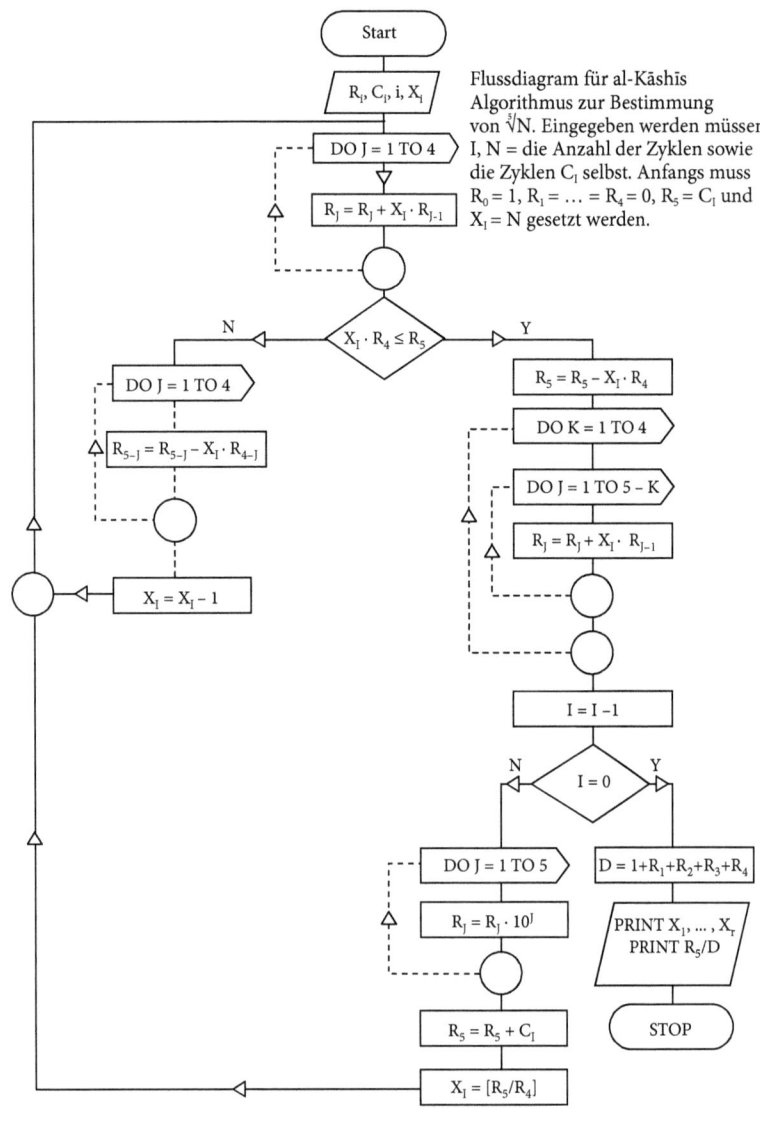

Abb. 2.21.

multipliziert er die Summe mit 5 und notiert 500 × 5 (= 2500) oberhalb der 5^4 (= 625) in der „Zeile für das quadrierte Quadrat". Zum Schluss addiert er dies und erhält 3125 = 5^4 + 500 × 5. (Die Linien innerhalb der einzelnen Streifen bedeuten für die unteren vier Streifen, dass alle Zahlen, die darunter stehen, auf einer Staubtafel ausgewischt würden, und für den Streifen ganz oben, dass die darüber stehenden Zahlen gelöscht würden.)

§6 Al-Kāshīs Ziehen einer fünften Wurzel   61

Nun beginnt er mit der 10 in der „Zeile für die Wurzel" und wiederholt das obige Verfahren bis zur „Zeile für die dritte Potenz" (10 + 5 = 15 usw.), dann mit der 15 zur „Zeile für das Quadrat" (15+5 = 20 usw.). Zum Schluss kommt 20 + 5 = 25 in die „Zeile für die Wurzel".

So erhält man alle Zahlen der ersten Spalte. Dann wird 3125 (in der „Zeile für das quadrierte Quadrat") um eine Stelle nach rechts verschoben, 1250 (in der „Zeile für die dritte Potenz") um zwei Stellen, 250 (in der „Zeile für das Quadrat") um drei Stellen und zum Schluss 25 (in der „Zeile für die Wurzel") um vier Stellen. Er setzt diese „25" an das untere Ende der nächsten Spalte (unterhalb des Zyklus 08995) wie in Abb. 2.22.

Nunmehr sucht er die Ziffer b, die größtmögliche 1-stellige Zahl, für die gilt, dass $f(b) \leq 129.908.995 = D$ ist, wobei:

$$f(b) = b\left(\left(\left(b \times 25b + 250 \times 10^2\right)b + 1250 \times 10^3\right)b + 3125 \times 10^4\right),$$

dabei steht die Schreibweise „25b" für 250 + b.

Es stellt sich heraus, dass $f(4) = 146.665.024$ zu groß ist, und da $f(3) = 105.695.493 < D$, schließt al-Kāshī daraus, dass 3 der gewünsch-

Zeile für das Ergebnis	5		
Zeile für die Zahl	4424 3125 1299	08995 = D	06197
Zeile für das quadrierte Quadrat (4. Potenz)	312 3125 2500 625	5 ← Letzter Schritt nach oben bis zur Zeile für das quadrierte Quadrat	
Zeile für die 3. Potenz	12 1250 750 500 375 125	50 ← Dritter Schritt nach oben bis zur Zeile für das quadrierte Quadrat	
Zeile für das Quadrat (2. Potenz)	250 100 150 75 75 50 25	250 ← Zweiter Schritt nach oben bis zur Zeile für das quadrierte Quadrat	
Zeile für die Wurzel (1. Potenz)	25 20 15 10 5	← Beginn „Erster Schritt nach oben bis zur Zeile für das quadrierte Quadrat" 25	

Abb. 2.22.

te Wert für b ist. (Dieses Standardverfahren der numerischen Analysis zur Bestimmung des Funktionswerts eines Polynoms wird vielfach als Horner-Schema bezeichnet.)

Begründung des Verfahrens

Der Leser kann leicht mithilfe eines Taschenrechners überprüfen, dass $530^5 < N$ gilt, während $540^5 > N$ gilt. Damit hat al-Kāshī die nächste Ziffer der fünften Wurzel ermittelt. Die Frage: „Wie?" wird durch Hinweis auf die analoge Formel zum Ziehen der Quadratwurzel beantwortet. Bezeichnet man mit $\binom{n}{k}$ den Binominalkoeffizienten „n über k", der die Anzahl an Möglichkeiten beschreibt, k Objekte aus einer Menge von n Objekten auszuwählen, dann kann der Binomische Lehrsatz für den Grad zwei folgendermaßen geschrieben werden

$$(A+B)^2 - A^2 = \left(\binom{2}{2}B + \binom{2}{1}A\right)B .$$

Auf höhere Potenzen angewendet ergeben sich die Formeln:

$$(A+B)^3 - A^3 = \left(\left(\binom{3}{3}B + \binom{3}{2}A\right)B + \binom{3}{1}A^2\right)B$$

$$(A+B)^4 - A^4 = \left(\left(\left(\binom{4}{4}B + \binom{4}{3}A\right)B + \binom{4}{2}A^2\right)B + \binom{4}{1}A^3\right)B$$

$$(A+B)^5 - A^5 = \left(\left(\left(\binom{5}{5}B + \binom{5}{4}A\right)B + \binom{5}{3}A^2\right)B \right.$$
$$\left. + \binom{5}{2}A^3\right)B + \binom{5}{1}A^4\right)B .$$

Die Zahlen $\binom{n}{k}$ sind in Abb. 2.23 in der Gestalt eines Dreiecks angeordnet. Man beachte, dass jede Zeile dieses Dreiecks mit einer 1 beginnt und endet, und dass eine Zahl in einer beliebigen Zeile, die größer als 1 ist, genau die Summe der beiden Zahlen ist, die rechts und links in der Zeile darüber stehen. (So ist in der vierten Zeile die „3" die Summe aus 1 und 2 in der Zeile darüber.) Beginnt man die Zeilennummerierung mit 0 und vereinbart $\binom{0}{0} = 1$, dann gilt für alle k, n mit $0 \leq k \leq n$, $\binom{n}{k}$ steht in Zeile n an

```
              1
            1   1
          1   2   1
        1   3   3   1
      1   4   6   4   1
    1   5  10  10   5   1
  1   6  15  20  15   6   1
1   7  21  35  35  21   7   1
```

Abb. 2.23.

§6 Al-Kāshīs Ziehen einer fünften Wurzel

k-ter Stelle. Die Regel zur Erzeugung dieses Dreiecks entspricht der grundlegenden Beziehung

$$\binom{n}{k} = \binom{n-1}{k} + \binom{n-1}{k-1}.$$

Dieses Dreieck wird nach dem französischen Mathematiker des frühen 17. Jahrhunderts Blaise Pascal als „Pascal'sches Dreieck" bezeichnet. In seiner 1665 veröffentlichten Abhandlung *Traité du Triangle Arithmétique* machte er die Mathematiker auf die besonderen Eigenschaften des Dreiecks aufmerksam. Eigentlich wäre es gerechtfertigter, dieses Dreieck als al-Karajīs Dreieck zu bezeichnen. Denn al-Karajī wies schon um das Jahr 1000 n. Chr. die Mathematiker der islamischen Welt auf die bemerkenswerten Eigenschaften dieses Zahlendreiecks hin (siehe auch Kap. 4 über Algebra).

Setzen wir die Werte für $\binom{5}{k}$ in $(A+B)^2 - A^5$ ein, dann erhalten wir die Gleichung

$$(A+B)^5 - A^5 = \left(\left(\left((B+5A)B + 10A^2\right)B + 10A^3\right)B + 5A^4\right)B.$$

In unserem Fall sind $A = 5 \times 10^2$ und $B = b \times 10$, und setzt man diese Werte für A und B ein, ergibt die rechte Seite dieses Ausdrucks

$$10^5 \left(\left(\left((b + \mathbf{25} \times 10)b + \mathbf{250} \times 10^2\right)b + \mathbf{1250} \times 10^3\right)b + \mathbf{3125} \times 10^4\right)b,$$

wobei die fettgedruckten Zahlen genau diejenigen sind, die in der oben stehenden Funktion f vorkamen.

Um nachvollziehen zu können, wie al-Kāshī den Binominalkoeffizienten berechnet, teile man eine Seite in vier horizontale Streifen. Anstatt jedoch die Einträge innerhalb eines Streifens untereinander zu schreiben, notiere man sie in Zeilen von links nach rechts. Dann fülle man die Seite folgendermaßen aus:

1. Schreibe die ersten vier Potenzen von 1 in die Spalte ganz links, und zwar jede in einen Streifen.
2. Wenn eine Spalte ausgefüllt ist, beginne man mit der nächsten Spalte, indem man in der untersten Reihe 1 zu dem Eintrag der links davon stehenden Spalte addiert.
3. Wenn man eine Spalte bis zu einer gegebenen Zeile ausgefüllt hat, dann trägt man in die nächste Zeile dieser Spalte die Summe aus dem Eintrag der aktuellen Zeile und dem Eintrag der vorangehenden Spalte der nächsten Zeile ein.
4. Jede Spalte nach der zweiten enthält eine Zeile weniger als die Spalte zu ihrer Linken.

Diese Anweisungen führen zu Abb. 2.24, in der die Spalten gerade gleich der Diagonalen des Pascal'schen Dreiecks sind, die nach rechts abfallen – von den Einsen am Anfang einmal abgesehen.

```
1  5
1  4  10
1  3   6  10
1  2   3   4   5
```
Abb. 2.24.

Natürlich möchte al-Kāshī nicht nur die Binominalkoeffizienten $\binom{5}{k}$ bestimmen, sondern auch die Werte $5\binom{5}{4} = 25$, $5^2\binom{5}{3} = 250$, $5^3\binom{5}{2} = 1250$ und $5^4\binom{5}{1} = 3125$. So entsteht eine Figur wie in Abb. 2.24, wobei diesmal aber zu berücksichtigen ist:

1. Trage die aufsteigenden Potenzen von fünf in der ersten Spalte ein.
2. Addiere in der untersten Zeile jeweils 5 anstelle von 1.
3. Immer wenn wir eine Zahl nach oben übernehmen, um sie zu addieren, wird sie zuvor mit 5 multipliziert.

Dies ergibt Abb. 2.25, in der die jeweils letzten Einträge in den Zeilen genau die Koeffizienten sind, die im Funktionsterm von f oben fett gedruckt waren.

```
625  3125
125   500  1250
 25    75   150   250
  5    10    15    20   25
```
Abb. 2.25.

Ein Punkt bleibt jedoch noch zu klären. Die Zahlen, mit denen al-Kāshī rechnen muss, sind nicht die gerade genannten, sondern vielmehr 25×10^6, 250×10^7, 1250×10^8 und 3125×10^9. Um diese Zahlen im Schema darzustellen, muss al-Kāshī die 25 um vier Stellen nach rechts verschieben, die 250 um drei, die 1250 um zwei und die 3125 um eine. Denn da, wo sie stehen, müssten sie mit 10^{10} multipliziert werden, während in $f(b)25$ lediglich mit 10^6 multipliziert wird. Da $10 - 6 = 4$, muss al-Kāshī die 25 vier Plätze nach rechts verschieben, sodass sie für 25×10^6 steht usw. Dies mag als Erklärung für das Warum genügen. Al-Kāshī hat b nach dem beschriebenen Verfahren ermittelt und $f(b)$ von D subtrahiert. So bleibt noch $D' = N - (A+B)^5$.

Die restlichen Schritte

Abbildung 2.26 zeigt den nächsten Teil des Algorithmus, nachdem die 3 sowohl in der „Zeile für das Ergebnis" als auch neben der 25 in der „Zeile für die Wurzel" notiert wurde (wo sie die Zahl 253 ergeben). Die Zahlen in Klammern auf der rechten Seite zeigen, wie mithilfe des Algorithmus $f(b)$ schrittweise berechnet wird. So wird 253 mit 3 multipliziert, um 759

§6 Al-Kāshīs Ziehen einer fünften Wurzel 65

Zeile für das Ergebnis	5	3	
Zeile für die Zahl	1 2 9 9 1 0 5 6 2 4 3	0 8 9 9 5 9 5 4 9 3 = f(3) 1 3 5 0 2 = D'	0 6 1 9 7
Zeile für das quadrierte Quadrat (4. Potenz)	3 9 3 9 4 4 2 3 5 2 3 9 3 1 2	4 5 2 4 0 5 2 4 0 5 2 0 5 7 4 3 1 8 3 1 8 1 8 3 1 5 } Vierter Schritt bei der Berechnung von f(3)	5
Zeile für die 3. Potenz	1 4 1 4 1 3 1 2	1 4 8 8 7 8 8 7 7 0 8 1 9 1 2 0 6 8 5 8 7 9 5 8 1 2 7 2 7 7 7 7 2 7 7 5 0 } Dritter Schritt bei der Berechnung von f(3)	7 0
Zeile für das Quadrat (2. Potenz)		2 8 2 8 0 9 0 7 8 6 2 7 3 0 4 7 7 7 2 6 5 2 7 7 6 8 2 5 7 5 9 7 5 9 2 5 0 } Zweiter Schritt bei der Berechnung von f(3)	0 9 0
Zeile für die Wurzel (1. Potenz)		2 6 5 2 6 2 9 6 2 5 3 } Beginn der Berechnung von f(3)	2 6 5

Abb. 2.26.

zu erhalten, was dann direkt oberhalb der 25.000 notiert (wobei die letzten beiden Nullen nicht dargestellt sind) und zu dieser Zahl addiert wird, sodass man 25.759 erhält. Dies wird dann mit 3 multipliziert, oberhalb der 1.250.000 notiert und zu dieser Zahl addiert, sodass man 1.327.277 erhält. Schließlich wird dies mit 3 multipliziert, und das Produkt zu den 31.250.000 in der Zeile darüber addiert. Diese Summe wird zum Schluss mit 3 multipliziert, und das Produkt, d. i. $f(3)$, wird von 129.908.995 in der „Zeile für die Zahl" subtrahiert. Die Differenz, D', ist $D - f(3)$.

Als nächstes beginnt al-Kāshī das Verfahren „einmal nach oben bis zur Zeile für das quadrierte Quadrat" (mit $253+3 = 256$ usw.), dann bis zur Zeile für die dritte Potenz (mit $256 + 3 = 259$), dann zur Zeile für das Quadrat ($259+3 = 262$). Schließlich notiert er in der Zeile für die Zahl $265 = 262+3$.

Hier wird natürlich immer mit drei statt mit fünf multipliziert. Die Zahlen ganz oben in den Streifen werden dann so verschoben, dass sie die Konstanten im Polynom ergeben:

$$g(c) = \Big(\big(\big(c \times 265c + 28.090 \times 10^2\big)c + 1.488.770 \times 10^3\big)c + 39.452.40510^4\Big)c \,.$$

Die nächste Ziffer, c, muss einer zu b vollständig analogen Bedingung genügen, d. h. es muss die größte einstellige Zahl sein, sodass $g(c)$ nicht größer ist als $24.213.502 \times 10^5$. Al-Kāshī findet $c = 6$.

Die in Klammern gesetzten Zeilen in Abb. 2.27 beschreiben die Berechnung der Terme von $g(6)$ und D'', der letzten Differenz. Zum Schluss führt al-Kāshī das Verfahren nach oben „bis zur Zeile für das quadrierte

Zeile für das Ergebnis	5	3	6	
Zeile für die Zahl	2 4 2 {2 4 2	1 3 5 0 2 1 3 5 0 2	0 6 1 9 7 0 6 1 7 6 2 1	$= D''$
Zeile für das quadrierte Quadrat (4. Potenz)	4 1 ⎧ 4 0 ⎨ ⎩ 3 9	2 6 9 4 9 9 1 3 6 5 3 5 5 8 3 9 0 3 4 3 4 5 2 4 0	5 8 0 8 0 9 0 3 8 4 6 7 6 9 6 1 7 6 9 6 5 0 0 0 0	→ Letzter Schritt hin zum quadrierten Quadrat → Summe der beiden darunter stehenden Zeilen × 6
Zeile für die 3. Potenz		1 5 3 9 9 1 7 1 1 5 2 2 7 1 7 0 ⎡1 5 0 5 7 ⎨ 1 6 9 ⎣1 4 8 8 7	0 6 5 6 0 4 1 4 9 6 6 5 0 6 4 4 5 4 4 8 1 9 6 1 6 4 9 6 1 6 7 0	→ Letzter Schritt hin zur dritten Potenz → Dritter Schritt hin zum quadrierten Quadrat → Summe der beiden darunter stehenden Zeilen × 6
Zeile für das Quadrat (2. Potenz)		2 8 2 8 2 8 ⎧2 8 ⎨ ⎩2 8	7 2 9 6 0 1 6 0 4 4 5 6 9 1 6 1 6 0 0 8 4 0 9 0 8 1 5 9 7 2 2 4 9 3 6 1 5 9 3 6 0 9 0	→ Zweiter Schritt hin zur Zeile für die dritte Potenz → Zweiter Schritt hin zum quadrierten Quadrat → Summe der beiden darunter stehenden Zeilen
Zeile für die Wurzel (1. Potenz)			2 6 8 0 2 6 7 4 2 6 6 8 2 6 6 2 {2 6 5 6	× 6 → Erster Schritt hin zur Zeile für die dritte Potenz → Erster Schritt hin zum quadrierten Quadrat → Beginn der Berechnung von $g(c)$

Abb. 2.27.

Quadrat" usw. durch. Der Leser sollte nun in der Lage sein, den einzelnen Schritten in Abb. 2.27 zu folgen.

Der Bruchteil der Wurzel

Damit hat al-Kāshī die Berechnung des ganzzahligen Teils der fünften Wurzel aus einer 14-stelligen Zahl abgeschlossen. Er hatte die Dezimalbrüche vollkommen im Griff und zweifelsohne hätte er nun wiederum verschieben und das Rechenverfahren fortsetzen können, um auch die folgenden Dezimalstellen der fünften Wurzel zu ermitteln. Auch al-Khwārizmī gibt in seiner Abhandlung über die Arithmetik – wie der Übersetzer ins Lateinische, Johannes von Sevilla (um 1140) berichtet, ein Beispiel für das Ziehen von $\sqrt{2}$, indem er rechnet:

$$\sqrt{2} = \frac{\sqrt{2.000.000}}{1000} \approx \frac{1414}{1000},$$

ein Rechenverfahren, das al-Kāshī ebenfalls empfiehlt. So kann man sogar ohne Dezimalbrüche jeden gewünschten Genauigkeitsgrad erreichen.

Al-Kāshī addiert jedoch die obersten Zahlen eines jeden Streifens und erhöht die Summe um eins, d. h. errechnet

$$\begin{array}{r} 412.694.958.080 \\ 1.539.906.560 \\ 2.872.960 \\ 2680 \\ +1 \\ \hline 414.237.740.281 \end{array}$$

und stellt fest, dass die fünfte Wurzel aus der gegebenen Zahl $536 + \frac{21}{414.237.740.281}$ ist.

Die von Al-Kāshī angewandte Rechenregel zur Bestimmung des Bruchteils beruht auf der Näherung

$$(n^k + r)^{\frac{1}{k}} \approx n + \frac{r}{(n+1)^k - n^k},$$

wobei er ausdrücklich

$$(n+1)^k - n^k = \binom{n}{1} n^{k-1} + \binom{n}{2} n^{k-2} + \ldots + 1$$

rechnet.

Dies ist natürlich nichts anderes als die oben bereits angesprochene lineare Interpolation. Denn von n^k aus geht man r Einheiten bis $n^k + r$ von den insgesamt $(n+1)^k - n^k$ Einheiten zwischen zwei aufeinander folgenden k-ten Potenzen, sodass bei der linearen Interpolation der k-ten Wurzel aus

$n^k + r$, also $(n^k + r)^{\frac{1}{k}}$, der entsprechende Anteil $\frac{r}{[(n+1)^k - n^k]}$ zwischen den beiden k-ten Wurzeln n und $n + 1$ zugeordnet wird.

Abbildung 2.28 ist eine Reproduktion einer Seite aus der Druckfassung von al-Kāshīs *Schlüssel des Rechnens*, der die gesamte, soeben erläuterte Berechnung zeigt. Für den Leser wird es hilfreich sein, wenn er die Zahlen in der Abbildung identifiziert und dem Rechenverfahren vom ersten „einmal nach oben bis zur Zeile für das quadrierte Quadrat" an folgt.

§7 Die islamische Dimension: Probleme der Erbteilung

Al-Khwārizmī beschäftigt sich in der ersten Hälfte seines Buches über die Algebra mit den Lösungen der verschiedenen Typen von Gleichungen und mit dem Nachweis der Gültigkeit seiner Methoden. Die zweite Hälfte enthält Beispiele, wie die Wissenschaften der Arithmetik und der Algebra auf Probleme angewendet werden können, die sich aus den Anforderungen des muslimischen Erbrechts ergeben.

Wenn eine Person stirbt, die nicht einem Fremden etwas vererbt, dann können die Erbteile der natürlichen Erben mithilfe der Bruchrechnung bestimmt werden. Die Berechnung dieser Erbteile war als *'ilm al-farā'iḍ* bekannt. Zwei Beispiele aus al-Khwārizmīs Werk sollen hier die Anwendung der Arithmetik verdeutlichen.

Erste Erbteilungsaufgabe

Das folgende Problem ist recht einfach:

Beispiel 1. Eine Frau stirbt und hinterlässt einen Ehemann, einen Sohn und drei Töchter. Aufgabe ist es nun, die Vermögensanteile zu berechnen, die jeder Erbe erhalten soll.

In diesem Fall sagt das Gesetz, dass der Ehemann $\frac{1}{4}$ des Vermögens erhält, und ein Sohn doppelt soviel wie eine Tochter. (Es sollte darauf hingewiesen werden, dass aus der Sicht der Frauen das islamische Erbrecht eine bemerkenswerte Verbesserung gegenüber den vorislamischen Gegebenheiten auf der Arabischen Halbinsel darstellte.)

Al-Khwārizmī teilt den Rest des Vermögens, nachdem er den Anteil des Ehemanns abgezogen hat, (also $\frac{3}{4}$) in fünf Teile, zwei für den Sohn und je einen für die Töchter. Da das kleinste gemeinsame Vielfache von fünf und vier zwanzig ist, wird das Vermögen in zwanzig gleiche Teile geteilt. Davon erhält der Ehemann fünf, der Sohn sechs und jede der Töchter drei.

Zweite Erbteilungsaufgabe

Dieses Beispiel ist etwas komplizierter und zeigt, wie Stammbrüche verwendet wurden, um komplexere Brüche zu beschreiben.

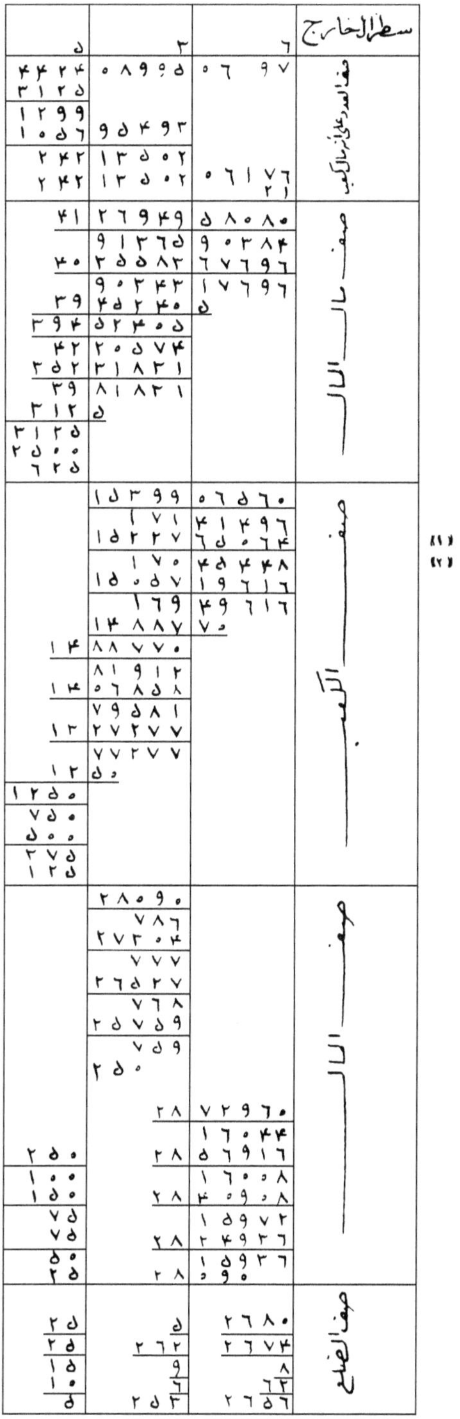

Abb. 2.28.

Beispiel 2. Eine Frau stirbt und hinterlässt einen Ehemann, einen Sohn und drei Töchter. Sie vermacht aber auch einem Fremden $\frac{1}{8} + \frac{1}{7}$ ihres Vermögens. Berechnen Sie den Anteil jedes Erben.

Das Gesetz sagt, dass ohne Zustimmung der natürlichen Erben kein Erbteil größer als $\frac{1}{3}$ sein darf. (Diese Bestimmung verursacht immer wieder Probleme. Denn sie besagt, dass, wenn einige Erben zustimmen und andere nicht, diejenigen, die zustimmen, *pro rata parte*, ihren Anteil an dem, das über das Drittel hinausgeht, bezahlen müssen.)

Im vorliegenden Fall treten jedoch keine Schwierigkeiten auf, da $\frac{1}{8} + \frac{1}{7} \leq \frac{1}{3}$. Hier greift nun allerdings eine weitere Bestimmung, nämlich dass ein Erbteil ausbezahlt werden muss, bevor die anderen Anteile berechnet werden.

Wie auch im oben stehenden Problem ist hier der kleinste gemeinsame Nenner für die rechtlichen Anteile ihrer Verwandten gleich 20. Als Restvermögen nach Abzug des Erbteils für den Fremden ($\frac{1}{8} + \frac{1}{7} = \frac{15}{56}$) bleiben $\frac{41}{56}$. Demnach beträgt das Verhältnis des Anteils für den Fremden zu dem der Familie $\left(\frac{15}{56}\right) : \left(\frac{41}{56}\right) = 15 : 41$. Demnach würde der Fremde vom Gesamtvermögen 15 Teile im Vergleich zu 41 Teilen der natürlichen Erben erhalten. Multipliziert man beide Zahlen mit 20, um die Berechnung der Erbteile zu vereinfachen, ergibt sich bei einem Gesamtanteil aus $20 \times (15 + 41) = 20 \times 56 = 1120$ Anteile der Fremde $20 \times 15 = 300$ und die Erben gemeinsam $20 \times 41 = 820$. Von diesen Anteilen erhält der Ehemann $\frac{1}{4}$, also 205, der Sohn $\frac{6}{20}$, also 246 und jede der Töchter 123.

Über die Berechung der zakāt

Ein anderes Beispiel für die Anwendung der Arithmetik in der islamischen Konfession betrifft die Berechnung der *zakāt*, der Anteile für die Gemeinschaft aus privatem Vermögen. Diese wird jedes Jahr mit einem bestimmten Satz entrichtet. Das folgende Problem, das der *Ergänzung zur Arithmetik* des im 11. Jahrhundert lebenden Mathematikers Abū Manṣūr al-Baghdādī entnommen ist, zeigt die schrittweise Verminderung eines Geldbetrags, da die *zakāt* drei Jahre lang entrichtet wird. Seine Behandlung der Bruchteile eines *dirhām* erinnert an Kushyārs Umgang mit Brüchen. In unserer Darstellung umschreiben wir den Sachverhalt ein wenig und folgen der Übersetzung in Saidan (1987): „Wir möchten den *zakāt* für 7568 *dirhām* entrichten, dem Betrag, den al-Khwārizmī in seinem Werk nennt." (Der *dirhām* wurde in 60 *fulūs* unterteilt, der Plural von *fils*, siehe Tafel 2.2.)

Der Anteil für den *zakāt* beträgt ein *dirhām* von 40, aber al-Baghdādī dividiert nicht 7586 durch 40, wie es Kushyār in seinem Algorithmus beschreibt. Vielmehr berechnet er den Gesamtbeitrag Stelle für Stelle wie folgt:

„Von der Einer-Stelle ziehen wir 1 ab, die wir zu 40 machen, und ziehen 6 von den 40 ab. Diese 6 ist der *zakāt*-Beitrag in 6 *dirhām*s, und er ist 6 Teile (der 40 Teile) eines *dirhām*, in den wir ihn unterteilt

§7 Die islamische Dimension: Probleme der Erbteilung

Tafel 2.2. Vorder- und Rückseite zweier Münzen aus der mittelalterlichen islamischen Welt. Auf der *rechten Seite* ein *fils* aus Damaskus, geprägt im Jahr 87 A. H. (Anno Hijra). Auf der Vorderseite ist Kalif al-Walīd (aus der Umayyadendynastie) und die *shahāda* (das muslimische Glaubensbekenntnis: „Es gibt keinen Gott außer Allah und Mohammed ist der Gesandte Allahs.") genannt. Auf der *linken Seite* ein *dirhām* aus der Madīnat al-Salām (Bagdad), ausgegeben 334 A. H. Auf Vorder- und Rückseite sind die Buyidenherrscher Muʿizz al-Dawla und ʿImād al-Dawla genannt sowie der Kalif al-Muṭīʿ. (Mit freundlicher Genehmigung der American Numismatic Society, New York.)

hatten. Demnach verbleiben von den 40 noch 34 Teile. Diese notieren wir unter der Fünf, die an der Einer-Stelle verblieben ist [wie in Abb. 2.29a].

Nun müssen wir $\frac{1}{40}$ von den 80, die an der Zehner-Stelle stehen, berechnen und erhalten 2. Diese subtrahieren wir von der Fünf an der Einer-Stelle. [Übrig bleibt, was in Abb. 2.29b dargestellt ist.]

An der 100er-Stelle stehen 500, von dem der *zakāt*-Beitrag $12\frac{1}{2}$ ist. Die Hälfte von den 40 Teilen, in den wir den *dirhām* geteilt haben, ist 20. Wenn wir dies von 34 subtrahieren, bleiben 14 Teile übrig. Ebenso verbleiben 71 aus 83 minus 12, sodass sich nun das [in Abb. 2.29c Abgebildete] ergibt.

Schließlich ergibt $\frac{1}{40}$ von den 7000, die wir von der 1000er-Stelle erhalten, 175. Wenn wir dies von 571 subtrahieren, verbleiben 396. [So ergibt die Lösung das, was in Abb. 2.29d dargestellt ist.]"

Al-Baghdādī berechnet dies für zwei weitere Jahre, nach denen eine Anzahl von *dirhām* verbleibt, die in Abb. 2.29e dargestellt ist, wobei die 14 die Bedeutung von $\frac{14}{(40)^3}$ *dirhām*s hat. (Der Steuereintreiber wird bis auf den allerletzten *fils* genau bezahlt!)

Selbstverständlich werden *dirhām*s in 60 *fulūs* unterteilt, und nicht in 40. So müssen für die Berechnung der *zakāt* die Brüche zur Basis 40,

```
7586    7585    7583    7571    7396    7031
          34      34      14      14       6
                                            8
                                           14

 (a)     (b)     (c)     (d)     (e)
```

Abb. 2.29.

die eingangs ganz praktisch waren, nun in sexagesimale Brüche umgewandelt werden. Hier weist al-Baghdādī auf einen Flüchtigkeitsfehler bei al-Khwārizmī hin, der seine Quelle für diese Aufgabe ist. Offenbar sagt al-Khwārizmī, dass, wenn man jeden Bruchteil (d. h. für 6, 8 und 14) um die Hälfte erhöht, diese zu sexagesimalen Teilen, d. h. zu Minuten, Sekunden und Tertien, werden. Dies stimmt natürlich für die 6, weil gilt

$$\frac{6}{40} = 6 \times \left(\frac{3}{2}\right) : \left(40 \times \frac{3}{2}\right) = \frac{9}{60}.$$

Aber es ist falsch für die anderen Bruchteile. Al-Baghdādī gibt die richtige Rechenvorschrift an.

Ohne Frage ist ʿilm al-farāʾiḍ ein wichtiges Thema für Muslime. Aber um einschätzen zu können, welchen Stellenwert die Mathematik innerhalb dieser Disziplin hat, soll hier noch ein mahnender Hinweis wiedergegeben werden, den der große muslimische Historiker des 14. Jahrhunderts aus Tunis, Ibn Khaldūn, verfasste:

„Religionsgelehrte in den muslimischen Städten haben ihr viel Beachtung geschenkt. Einige Verfasser sind geneigt, die mathematische Seite der Disziplin zu übertreiben und Aufgaben zu stellen, zu deren Lösung verschiedene Zweige der Arithmetik wie der Algebra, die Verwendung von Wurzeln oder ähnlicher Dinge benötigt werden. Das ist in Erbschaftsangelegenheiten von keinem praktischen Nutzen, da sie von ausgefallenen und seltenen Fällen handeln. (Übersetzung in Rosenthal.)"

Übungen

1. Verwenden Sie Kushyārs Verfahren zur Addition und Subtraktion von 12.431 und 987 und dokumentieren Sie die einzelnen Schritte so wie im Text.
2. Versuchen Sie, einen Algorithmus zur Halbierung einer Zahl zu entwickeln, der mit der höchsten Stelle beginnt. Was sind Ihrer Meinung nach die Gründe dafür, dass die muslimischen Rechner mit der niedrigsten Stelle begannen?
3. Verwenden Sie ein dem „Anheben" nachempfundenes Verfahren, um eine dezimale Erweiterung von $\frac{243}{7}$ zu erhalten.
4. Verwenden Sie Kushyārs Verfahren, um 46 mit 243 zu multiplizieren.
5. Verwenden Sie Kushyārs Divisionsverfahren, um 243 durch 7 zu dividieren. Danach verwenden Sie das Verfahren des „Anhebens" zur Ermittlung einer dreistelligen sexagesimalen Näherung von $\frac{5}{7}$.
6. Wenden Sie das Verfahren des „Anhebens" auf die Ermittlung einer dreistelligen dezimalen Näherung von $\frac{5}{7}$ an.
7. Entwickeln Sie ein Verfahren zur Konvertierung dezimaler in sexagesimale ganze Zahlen. Machen Sie das Gleiche für Brüche. Danach machen Sie das Gleiche, diesmal von sexagesimal nach dezimal.
8. Nennen sie einige mögliche Werte für KE MB H, auch mit Bruchzahlen.

§7 Die islamische Dimension: Probleme der Erbteilung

9. Addieren, subtrahieren und multiplizieren Sie die beiden sexagesimalen Zahlen 36,24 und 15,45. Dividieren Sie 2,6,15,0 durch 8,20.
10. Verwenden Sie das Gitterverfahren, um 2468 mit 9753 zu multiplizieren.
11. Für A und N wie sie im Abschnitt über Quadratwurzeln eingeführt sind, zeigen Sie, dass $((A+1) \times 100)^2 > N$ gilt, aber $(A \times 100)^2 < N$. Schließen Sie hieraus, dass A die erste Stelle der Wurzel ist.
12. Wenden Sie al-Kāshīs Verfahren einschließlich der linearen Interpolation an, um $\sqrt{20.000}$ zu finden.
13. Stirbt ein Mann, ohne Kinder zu hinterlassen, erhält seine Mutter $\frac{1}{6}$ und seine Witwe $\frac{1}{4}$ seines Vermögens. Hat er Brüder oder Schwestern, ist der Anteil eines Bruders jeweils doppelt so groß wie der einer Schwester. Berechnen Sie Erbschaftsanteile, wenn ein Mann ohne Kinder stirbt, aber eine Witwe, eine Mutter, einen Bruder und zwei Schwestern hinterlässt und einem Fremden $\frac{1}{9}$ seines Vermögens vermacht.
14. Geben Sie eine Rechenregel an, um die übrigen Brüche zur Basis 40 in al-Baghdādīs Beispiel in sexagesimale Brüche zu konvertieren. Verallgemeinern Sie dies zu einer Rechenvorschrift zur Konvertierung von Brüchen zur Basis n in Brüche zur Basis m.
15. Zeigen Sie, dass für jede einzelne Ziffer b gilt

$$f(b) = (5 \times 10^2 + b \times 10)^5 - (5 \times 10^2)^5$$

und schlussfolgern Sie, dass b die gewünschte zweite Ziffer der fünften Wurzel ist. Dabei ist f die Funktion in unseren Ausführungen über al-Kāshīs Ziehen der fünften Wurzel.
16. Al-Kāshīs Verfahren zur Bestimmung des Werts von $f(b)$ regt dazu an, ein beliebiges Polynom

$$g(x) = a_n x^n + a_{n-1} x^{n-1} + \ldots + a_1 x + a_0$$

in

$$g(x) = (\ldots((a_n x + a_{n-1})x + a_{n-2})x + \ldots + a_1)x + a_0$$

umzuformen, wobei die anfänglichen drei Pünktchen Klammern anzeigen, jene in der Mitte Zwischenterme.
- Bestimmen Sie $g(2)$ für $g(x) = 5x^3 - 3x^2 + 7x + 6$ mithilfe dieses Verfahrens.
- Wenn sowohl Addition als auch Multiplikation jeweils als eigene Rechenoperation gezählt werden, wie viele Rechenoperationen sind dann nötig, um $g(x)$ mit dieser Formel zu bestimmen? Wie viele Rechenschritte sind beim sonst üblichen Verfahren notwendig? Welches benötigt weniger Rechenzeit?

17. Zeigen Sie, dass die Summe $412.694.958.080 + \ldots + 1$, die in al-Kāshīs Ziehen der fünften Wurzel genannt ist, gleich $537^5 - 536^5$ ist.
18. Wenden Sie al-Baghdādīs Verfahren und Schreibweise an (wie in Abb. 2.29), um Einzelheiten der *zakāt*-Berechnung für die Jahre zwei und drei zu erhalten.

Literatur

Dakhel, Abdul Kader: *al-Kāshī on Root Extraction* (Sources and Studies in the History of the Exact Sciences. Edited by W. A. Hijab and E. S. Kennedy, Bd. 2). American University of Beirut Press: Beirut 1960

Folkerts, M. (unter Mitarbeit von P. Kunitzsch): Die älteste lateinische Schrift über das indische Rechnen nach al-Khwārizmī (Edition, Übersetzung und Kommentar). Verlag der Bayerischen Akademie der Wissenschaften: München 1997

Hunger, H.; Vogel, K.: *Ein byzantinisches Rechenbuch des 15. Jahrhunderts*. Hermann Böhlaus Nachf.: Wien 1963

Ibn Labbān, Kushyār: *Principles of Hindu Reckoning* (transl. and comm. M. Levey and M. Petruck). University of Wisconsin Press: Madison and Milwaukee, Wisconsin 1965

Al-Kāshī: *Miftah al-Hisab* (edition, notes and translation by Nabulsi Nader). University of Damascus Press: Malibu 1977. (Dies ist das Werk al-Kāshīs, dessen Titel wir mit *Schlüssel des Rechnens* übersetzt haben; Abb. 2.28 wurde aus diesem Buch mit freundlicher Genehmigung der Herausgeber entnommen)

King, D. A.: „On Medieval Multiplication Tables". *Historia Mathematica* 1 (1974): 317–332 und King, D. A.: „Supplementary Notes on Medieval Islamic Multiplication Tables". *Historia Mathematica* 6 (1979): 405–417

Rashed, R.: „L'extraction de la racine $n^{\text{ième}}$ et l'invention des fractions décimales. XIe–XIIe siècles". *Archive for History of Exact Sciences* 18:3 (1978): 191–243

Rosenthal, F. (Übers.): *Ibn Khaldūn: The Muqqadimah. An Introduction to History* (Bollingen Series). Princeton University Press: Princeton, New Jersey 1958 (insb. Abschnitt 12 in Kapitel 6). (Auszüge in: Ibn Khaldūn: *Ausgewählte Abschnitte aus der Muqaddima*. Aus dem Arabischen übersetzt von Annemarie Schimmel. Mohr: Tübingen 1951)

Saidan, A. S.: „The Arithmetic of Abū'l-Wafā'". *Isis* 65 (1974): 367–375

Saidan, A. S.: „The *Takmila fi'l-Ḥisāb* by al-Baghdādī". In: King, D. A.; Saliba, G. A. (Hg.): *From Deferent to Equant: A Volume of Studies in the History of Science in the Ancient and Medieval Near East in Honor of E. S. Kennedy* (Annals of the New York Academy of Science 500). New York 1987, 437–443

Al-Uqlīdisī, Abu l-Ḥasan: *The Arithmetic of al-Uqlīdisī* (transl. and comm. A. S. Saidan) Reidel: München 1978

Waerden, B. L. van der; Folkerts, M.: *Written Numerals*. The Open University Press: Leipzig 1976.

Kapitel 3
Geometrische Konstruktionen in der Islamischen Welt

§1 Euklidische Konstruktionen

Dass geometrische Konstruktionen für die griechischen Geometer der Antike von besonderem Interesse waren, wird schon aus der Tatsache deutlich, dass Euklid zwei der dreizehn Bücher seiner *Elemente* einer Darstellung der geometrischen Konstruktionen widmet, die bis zu seiner Zeit durchgeführt werden konnten. In Buch (I und) IV erklärt Euklid, wie man ein gleichseitiges Dreieck und ein Quadrat und wie man das regelmäßige Fünf-, Sechs-, Acht-, Zehn- und 15-Eck konstruiert. In Buch XIII stellt er dar, wie regelmäßige Polyeder konstruiert werden, nämlich Tetraeder, Würfel, Oktaeder, Dodekaeder und Ikosaeder – die vier, sechs, acht, zwölf und 20 Flächen haben.

Vieles von dem, was heute an euklidischer Geometrie in unseren Schulen gelehrt wird, handelt von der Dreiecks- und Kreisgeometrie, bei denen Lineal (ohne Skaleneinteilung) und Zirkel für die Konstruktion benutzt werden. Das erste Werkzeug wird verwendet, um zwei Punkte durch eine Strecke zu verbinden oder um eine Strecke zu verlängern, das zweite, um einen Kreis um einen beliebigen Mittelpunkt zu schlagen, der durch einen gegebenen Punkt verläuft. Die Möglichkeit, Punkte zu verbinden oder Strecken zu verlängern, wird in den Postulaten 1 und 2 der *Elemente* gefordert, beliebige Kreise zu zeichnen, in Postulat 3. Vielleicht werden aus diesem Grund Lineal und Zirkel als „euklidische Werkzeuge" bezeichnet.

Dabei ist sorgfältig zwischen einem Lineal ohne und mit Skaleneinteilung zu unterscheiden. Denn anders als bei einem Lineal mit Skaleneinteilung wird nicht vorausgesetzt, dass es parallele Kanten oder Markierungen irgendwelcher Art hat. Ebenso handelt es sich bei dem Zirkel, den Euklid zum Zeichnen von Kreisen voraussetzt, nicht um den heute gebräuchlichen, starren Zirkel, der auf einem festen Abstand eingestellt bleibt und für die Übertragung von Längen benutzt werden kann. Es ist vielmehr ein Zirkel, der, einmal aufs Papier gesetzt, einen Kreis um einen gegebenen Mittelpunkt durch irgendeinen beliebigen Punkt zeichnet, aber man kann damit keine Längen übertragen. Aus diesem Grund ist er als Klappzirkel bezeichnet worden, denn seine beiden Schenkel fallen wieder zusammen, wenn sie von der Zeichenebene genommen werden.

Das Erste, was Euklid in den *Elementen* zeigt, ist, dass auch mit diesem Klappzirkel Längen übertragen werden können, und zur Einführung in dieses Kapitel über die Geometrie werden wir die wesentlichen Gedanken von Euklids Beweis angeben. Dies ist die erste systematische Abhandlung einer Theorie des Konstruierens, in der gezeigt wird, wie Konstruktionen mit einem bestimmten Werkzeug auch mithilfe eines anderen (scheinbar) schwächeren Werkzeugs durchgeführt werden können.

In Buch I, Proposition 1 löst Euklid folgende Aufgabe: Über einer gegebenen Stecke AB soll ein gleichseitiges Dreieck ABG konstruiert werden (Abb. 3.1). Die Eigenschaften des Zirkels erlauben es Euklid, die Kreise mit dem Radius AB um die Mittelpunkte A und B zu zeichnen. Wenn sie sich in G schneiden, so gilt AG = AB = BG, sodass $\Delta(ABG)$ gleichseitig ist.

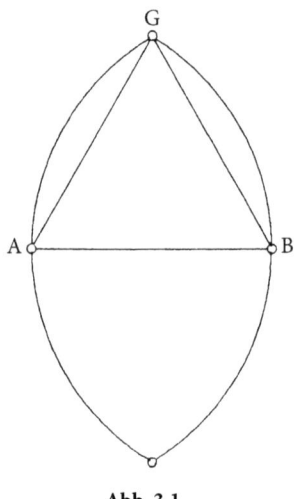

Abb. 3.1.

In Proposition 2 zeigt Euklid, wie von einem Punkt D aus eine Strecke DW gezeichnet wird, die gleich lang ist wie die gegebene Strecke AB (Abb. 3.2). Er sagt, man zeichne zuerst die Strecke BD und konstruiere entsprechend Proposition 1 das gleichseitige Dreieck BDG. Dann zeichne man einen Kreis um den Mittelpunkt B mit Radius BA. Dieser Kreis schneide die Verlängerung von GB in E. Dann gilt DW = GW − GD = GE − GB = BE = AB, was verlangt war.

Nach dem Beweis dieser beiden Propositionen schließt Euklid seine Darstellung mit Proposition 3, in der er zeigt, wie auf einer gegebenen Strecke DE eine Strecke abgetragen werden kann, die in einem Punkt Z beginnt

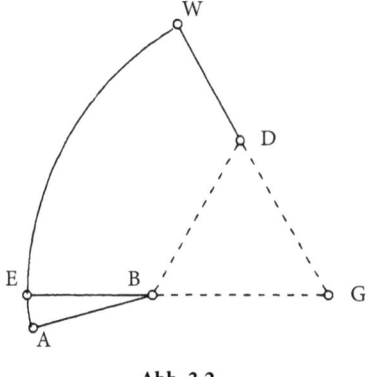

Abb. 3.2.

und genauso lang wie sein soll wie eine gegebene Strecke AB (Abb. 3.3). Gemäß Proposition 2 kann er eine Strecke ZF konstruieren, die gleich lang ist wie AB. Der Kreis um den Mittelpunkt Z mit Radius ZF schneidet die Strecke DE (eventuell nach Verlängerung der Linie) in Punkt G. Radius ZG hat somit die gleiche Länge wie AB. Mithilfe dieser Proposition ist Euklid in der Lage, eine gegebene Länge von irgendeinem Punkt zu irgendeinem anderen Punkt zu übertragen. Damit hat er auch gezeigt, dass mit dem Klappzirkel die gleichen Operationen durchgeführt werden können wie mit einem modernen Zirkel.

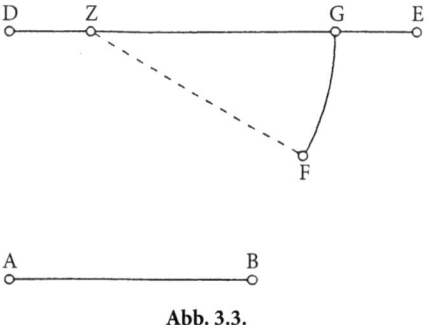

Abb. 3.3.

Der Leser wird zweifelsohne bemerkt haben, dass diese Beweise ohne praktischen Nutzen sind. Die Griechen wussten ebenso wie wir, wie man die zwei Schenkel eines Zirkels in einer bestimmten Lage fixieren kann, warum also quält sich Euklid mit einem weniger leistungsfähigen Werkzeug? Die Begründung ist, dass es eines der Anliegen Euklids war, möglichst sparsam mit den vorausgesetzten Annahmen umzugehen. Dieses Anliegen ist eher eine Frage des Geschmacks denn einer logischen Notwendigkeit, aber es war charakteristisch für die Mathematiker seit der Zeit der griechischen Geometer. Wir werden sehen, dass es ein Anliegen war, das die islamischen Geometer teilten. Weitere grundlegende Konstruktionen in den *Elementen* sind folgende: eine Senkrechte zu einer gegebenen Geraden durch einen gegebenen Punkt zeichnen (d. h. ein Lot von einem Punkt auf eine Gerade fällen), eine Strecke in beliebig viele, gleich große Abschnitte unterteilen, einen Winkel halbieren und die Tangente an einen gegebenen Kreis zeichnen, die durch einen gegebenen Punkt außerhalb des Kreises verläuft. Diese dürften dem Leser bekannt sein.

§2 Griechische Quellen der islamischen Geometrie

In der islamischen Welt waren die Gelehrten seit dem späten 8. Jahrhundert dank der Übersetzungen, die in Bagdad im Auftrag der Kalifen Hārūn al-Rashīd und al-Maʾmūn hergestellt worden waren, mit den *Elementen* vertraut. Die zahlreichen überlieferten arabischen Ausgaben und Kommentare bezeugen den immensen Einfluss von Euklids *Elementen* auf die islamische Mathematik, denn sie waren einer der grundlegenden Texte, die jeder Schüler der Mathematik und der Astronomie zu lesen hatte.

Euklid muss sich jedoch seinen Ehrenplatz in der islamischen Mathematik mit einem anderen Mathematiker teilen, nämlich mit Archimedes, dessen Abhandlung *Über Kugel und Zylinder* bei den muslimischen Mathematikern große Bewunderung hervorrief und sie zu einigen ihrer besten Werke anregte. Im Vorwort seines Buches erwähnt Archimedes, dass er entdeckt hat, wie man die Fläche eines Parabelsegments berechnen kann. Da eine Abhandlung diesen Inhalts in der muslimischen Welt nicht bekannt war, spornte dieser Hinweis Thābit b. Qurra und seinen Enkel Ibrāhīm b. Sinān zu einer schließlich erfolgreichen Suche nach Beweisen für das Ergebnis des Archimedes an. Zusätzlich stellte er im zweiten Teil seines Werks die Aufgabe, eine Kugel mithilfe einer Ebene in einem bestimmten Zahlenverhältnis zu teilen; dies gab besondere Anregungen für Untersuchungen über Algebra und Kegelschnitte. Eine weitere Abhandlung, die von arabischen Quellen Archimedes zugeschrieben wurde, im Griechischen aber unbekannt ist, trägt den Titel *Über das Einbeschreiben eines regelmäßigen Siebenecks in einem Kreis*. Es wurde von Thābit b. Qurra ins Arabische übertragen, der auch alle anderen in mittelalterlichem Arabisch erhaltenen archimedischen Werke übersetzte oder ihre schon vorhandenen Übersetzungen nochmals überarbeitete. In diesem Werk wird das Problem der Konstruktion eines regelmäßigen Vielecks aufgegriffen, das sich bei Euklid nicht findet, nämlich die Konstruktion des regelmäßigen Siebenecks, das erste bis dahin ungelöste Problem nach Euklids Konstruktion von Vielecken mit drei, vier, fünf und sechs Seiten. Die Existenz einer ausführlichen Literatur zu den Werken des Archimedes lässt erkennen, dass diese die zweite Säule islamischer Geometrie darstellten.

Die dritte Säule, auf der die geometrischen Forschungen im Islam beruhten, war die *Konika*, ein um 200 v. Chr. von Apollonios von Perge verfasstes Werk in acht Büchern (Kapiteln). Apollonios' Werk ist schwierig und in den letzten Büchern behandelt er anspruchsvolle Themen wie den kleinstmöglichen Abstand eines Punktes von einem Kegel. So nimmt es nicht wunder, dass lediglich die ersten vier Bücher in griechischer Sprache überlebten. Offensichtlich waren die übrigen vier Bücher für die Gelehrten der Spätantike entweder zu speziell oder zu kompliziert. Es ist bezeichnend für die Fähigkeiten der muslimischen Geometer, dass sieben Bücher in arabischer Sprache überlebten und der Bibliograf al-Nadīm berichtet, dass im 10. Jahrhundert sogar noch Teile des achten Buches vorhanden waren. Dieses Werk war nicht nur Grundlage für äußerst anspruchsvolle Forschungen in der Geometrie und der Optik – und sogar in der Algebra, wie wir in den Werken von ʿUmar al-Khayyāmī sehen werden – sondern es regte auch einen der fähigsten muslimischen Gelehrten, Ibn al-Haytham, zu dem Versuch an, das achte Buch zu rekonstruieren.

Abb. 3.4. Diese pakistanische Briefmarke erinnert an die grundlegenden Beiträge Ibn al-Haythams zur Optik, die in seinem großartigen Werk *Optik* (Kitāb al-Manaẓir) erhalten sind

Obwohl Schüler die grundlegenden euklidischen Konstruktionen während der Schulzeit kennenlernen, begegnen sie den elementaren Eigenschaften der Kegelschnitte meist erst in den Analysiskursen der Anfangssemester an der Universität, und dann mit einem völlig anderen Ansatz als dem, den die muslimischen Verfasser wählten. Daher soll die Zusammenfassung einiger grundlegender Ideen aus dem Buch des Apollonios das notwendige Hintergrundwissen zum Verständnis der folgenden Abschnitte bereitstellen.

§3 Apollonios' Theorie der Kegelschnitte

Die Oberfläche eines Doppelkegels wird von Geraden gebildet, die durch Punkte eines Kreises, des sogenannten Grundkreises, sowie durch einen festen Punkt außerhalb der Ebene des Grundkreises verlaufen (Abb. 3.5). Die Geraden werden als *erzeugende Geraden* bezeichnet, der feste Punkt als Kegel*spitze*. Eine Gerade, die durch die Spitze des Kegels und den Mittelpunkt des Grundkreises verläuft, wird als *Achse* bezeichnet. Ein *Kegel* ist ein Körper, der durch denjenigen Teil der Oberfläche eines Doppelkegels begrenzt wird, der zwischen Spitze und Grundkreis liegt.

Sowohl Euklid als auch Archimedes schrieben schon vor Apollonios über Kegelschnitte, aber in ihren Abhandlungen beschäftigten sie sich nur mit Kegelschnitten des sogenannten geraden Kreiskegels, dessen Achse senkrecht zum Grundkreis steht. Der gerade Kreiskegel wurde dann von einer Ebene senkrecht zu einer erzeugenden Gerade geschnitten. Auf diese Weise erhielt man einen ebenen Schnitt; die Art des Schnitts war abhängig vom Winkel an der Spitze des Kegels. In der antiken Welt waren Kegelschnitte demnach ebene Figuren, wohingegen wir die Begrenzungslinien dieser Flächen betrachten und Kegelschnitte als Kurven ansehen.

Apollonios verallgemeinerte dieses Verfahren zur Erzeugung von Kegelschnitten, indem er ebene Schnitte eines beliebigen Doppelkegels betrachtete, dessen Achse auch schräg zum Grundkreis stehen konnte. Er zeigte, dass, vom Kreis abgesehen, nur die drei bekannten Kegelschnitte entstehen können.

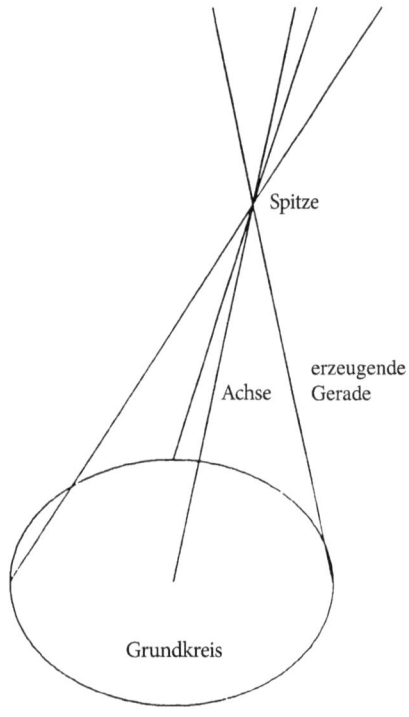

Abb. 3.5.

§3 Apollonios' Theorie der Kegelschnitte

Am Anfang seiner *Konika* benutzt Apollonios die Tatsache, dass es sich bei diesen Figuren um Schnitte eines Kegels handelt, nur um ihre charakteristischen Eigenschaften, „Symptome" genannt, herauszustellen; und in den folgenden Kapiteln der acht Bücher beweist er alles mithilfe dieser „Symptome". Da wir uns im Folgenden nur mit Parabel und Hyperbel befassen werden, beschränken wir uns bei der Untersuchung der „Symptome" auf diese beiden Kegelschnitte.

Apollonios zufolge ist die Parabel die Schnittlinie eines Kegels mit einer Ebene, wenn die Ebene parallel zu einer erzeugenden Geraden des Kegels verläuft. Die Hyperbel ist eine der beiden Schnittlinien, die entstehen, wenn die Ebene beide Teile eines Doppelkegels schneidet. Bei beiden Kegelschnitten wird eine Strecke, die zwei Punkte miteinander verbindet, als Sehne bezeichnet. Apollonios zeigte, dass die Mittelpunkte aller Sehnen, die parallel zu einer gegebenen Sehne sind, auf einer Geraden liegen, und dass, wenn diese Gerade den Kegelschnitt in A schneidet, die Tangente durch A parallel zu allen diesen Sehnen ist. Die Gerade wird als *Durchmesser* des Schnitts bezeichnet, der Schnittpunkt eines Durchmessers mit dem Kegelschnitt als *Scheitelpunkt*. Die Halbsehnen auf einer Seite des Durchmessers werden als *Ordinaten* der Durchmesser bezeichnet. Sind die Ordinaten senkrecht zum

Begriff	Definition	Abb. 3.6
Sehne	Strecke, die zwei Punkte eines Kegelschnitts miteinander verbindet	FE, YZ, UV
Durchmesser	Gerade, auf der die Mittelpunkte aller Sehnen liegen, die parallel zu einer vorgegebenen Sehne verlaufen	AB
Scheitelpunkt	Schnittpunkt eines Durchmessers mit der Kurve	
Ordinate	Länge der Halbsehnen auf einer Seite des Durchmessers	XY
Achse	Durchmesser, falls die Sehnen senkrecht zum Durchmesser verlaufen	CD

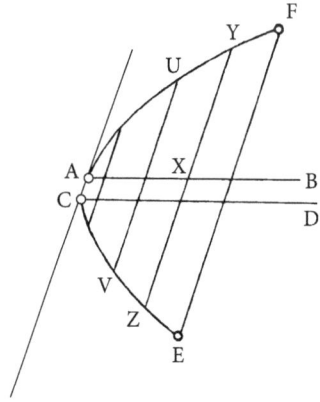

Abb. 3.6.

Durchmesser, dann gibt es nur einen solchen Durchmesser, der dann als *Achse* bezeichnet wird. Zur Veranschaulichung haben wir dies in Abb. 3.6 für eine Parabel zusammengestellt, wobei FE eine Sehne ist, YZ und UV sind parallel zu FE und AB ist der Durchmesser, der durch die Mittelpunkte dieser Sehnen geht. XY ist eine typische Ordinate zum Durchmesser AB, die Strecke CD ist die Achse.

Charakteristische Eigenschaften der Parabel

Im Falle der Parabel sind alle Durchmesser parallel zur Achse CD. AB sei ein gegebener Durchmesser, X ein beliebiger Punkt auf AB und XY die Ordinate über X. Apollonios zeigte (Abb. 3.6), dass es zum Durchmesser AB eine zugehörige Strecke p gibt, sodass bei einem Rechteck, das flächengleich ist zum Quadrat über XY und dessen eine Seite genauso lang ist wie AX, die andere Seite genau die Länge p hat. Diese Strecke p wird *Parameter zum Durchmesser AB* genannt (oder *latus rectum*). Setzt man AX = x und AY = y, dann wird das Apollonische „Symptom" zur modernen Gleichung $p \times x = y^2$. Apollonios beschrieb dies mit dem griechischen Ausdruck *paraballetai*; dementsprechend nannte er diesen Kegelschnitt *parabolē*. Hiervon leitet sich unser Wort „Parabel" ab. (Das Wort *paraballetai* bedeutet wörtlich „es wird entlang gelegt" und bezieht sich auf das Rechteck, das genau zum Parameter passt.)

Charakteristische Eigenschaften der Hyperbel

Hier hat die Kurve einen Mittelpunkt, der in der Mitte zwischen den Scheitelpunkten der beiden Kegelschnitte liegt (Abb. 3.7). Jede Linie durch diesen Mittelpunkt ist ein Durchmesser und der Mittelpunkt halbiert die Teilstrecke eines Durchmessers zwischen den beiden Hyperbel-Ästen. C und C′ seien die Endpunkte der Teilstrecke eines Durchmessers zwischen den beiden Ästen, a = CC′ werde Transversale genannt (oder *latus transversum*). Apollonios beweist, dass es zu a eine Strecke p mit folgender Eigenschaft gibt: Bei einem Rechteck, das flächengleich ist zum Quadrat über einer Ordinate XY und dessen eine Seite genauso lang ist wie CX, ist die andere Seite größer als p. Darüber hinaus ist das Rechteck (in Abb. 3.7 schraffiert), das aus dem Betrag dieser Seite größer p und CX gebildet wird, ähnlich zum Rechteck mit den Seiten a und p. Somit genügt die andere Seite s der Verhältnisgleichung $s : \text{CX} = p : a$ bzw. $s = \frac{p}{a} \times \text{CX}$.

Um zu erkennen, was das „Symptom" für die Hyperbel geometrisch bedeutet, sei C′ das andere Ende des Durchmessers und CP der Parameter. Außerdem schneide die Senkrechte zu CX durch X die Gerade C′P in E. Dann ergibt sich aus dem „Symptom" des Apollonios, dass die Fläche des Rechtecks mit den Seiten CX und XE gleich (XY)² ist. (Die Seite p wird als Parameter bezeichnet.) Denn das griechische Wort für „es geht darüber hinaus" ist „hyperballetai". Apollonios bezeichnet diesen Fall als *hyperbolē*.

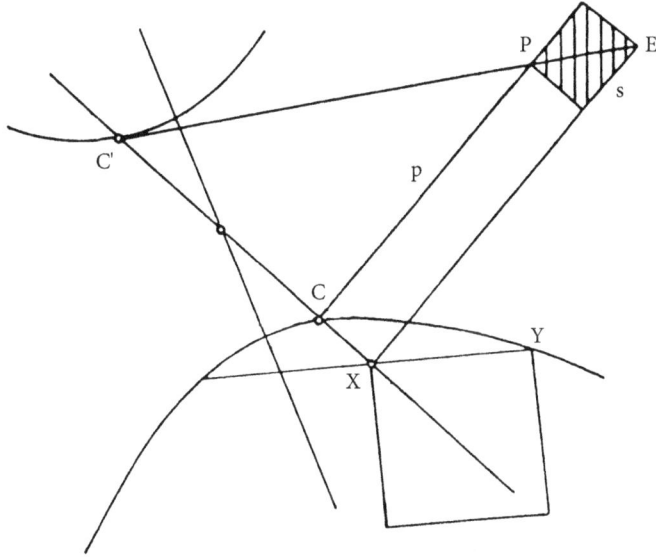

Abb. 3.7.

Hiervon leitet sich der Begriff „Hyperbel" ab. Wenn wir wiederum CX = x und XY = y setzen, wird das „Symptom" zu

$$y^2 = (p+s)x = px + \frac{p}{a}x^2,$$

was der modernen Formel für die Hyperbel entspricht. Für $p = a$ wird aus dem schraffierten Rechteck in Abb. 3.7 ein Quadrat. Diesen Fall nutzt Abū Sahl al-Kūhī in seiner Analyse (siehe unten).

Die oben genannten Eigenschaften der Kegelschnitte waren wohl kaum Entdeckungen des Apollonius, da sie bereits Archimedes bekannt waren. Aber einer der Beiträge des Apollonios war es, – nachdem er gezeigt hatte, dass die „Symptome" die Kegelschnitte charakterisieren – die in den „Symptomen" festgestellten Verhältnisse verwendet und die Kegelschnitte als Parabel, Hyperbel und Ellipse bezeichnet zu haben („Ellipse" von *elleipsis*, „zu kurz ausfallen").

§4 Abū Sahl über das regelmäßige Siebeneck

Konstruktion des regelmäßigen Siebenecks durch Archimedes

Sowohl in der griechischen als auch in der islamischen Welt wurden Kegelschnitte (mit Ausnahme des Kreises) vor allem für geometrische Konstruktionen, für die Gestaltung von Brennspiegeln und für die Theorie der Sonnenuhren verwendet. Ellipsen wurden im frühen 17. Jahrhundert durch J. Kepler zur Modellierung von Planetenbahnen in der Astronomie eingeführt. Die Verwendung von Kegelschnitten in geometrischen Konstruktionen geschah in der ersten Hälfte des 4. Jahrhunderts v. Chr. durch Menaichmos, der Kegelschnitte erfand und sie dazu verwendete, um einen Würfel zu konstruieren, dessen Volumen doppelt so groß ist wie das Volumen eines gegebenen Würfels. Ist die Seitenlänge des gegebenen Würfels a und die des gesuchten Würfels b, dann gilt $b^3 = 2a^3$ bzw. $b = \sqrt[3]{2}a$. Die eigentliche Aufgabe besteht also darin, eine Strecke der Länge a zu einer der Länge $\sqrt[3]{2}a$ zu verlängern. (Aufgrund der Theorie über die Lösbarkeit von Gleichungen durch E. Galois, einem französischen Mathematiker des 19. Jahrhunderts, wissen wir, dass dies nicht mit Zirkel und Lineal (ohne Skaleneinteilung) gelöst werden kann. Jedoch erkannten sowohl die griechischen als auch die muslimischen Geometer, dass diese und viele andere Konstruktionen mithilfe der Kegelschnitte bewältigt werden können.)

Ungeachtet dessen bleibt eine Konstruktion ungewöhnlich und unerklärlich. Dies war ein Hilfssatz über die Konstruktion eines regelmäßigen Siebenecks, die Archimedes zugeschrieben wird. Die Konstruktion war so rätselhaft, dass der muslimische Mathematiker Abū al-Jūd mit einiger Berechtigung anmerkte, dass „ihre Ausführung schwieriger und ihr Beweis abwegiger ist als das, für das sie als Prämisse dienen soll".

Archimedes beginnt mit dem Quadrat ABDG und seiner Diagonalen BG (Abb. 3.8). Dann dreht er ein Lineal um Punkt D, sodass es die Diagonale BG, die Seite AG und die verlängerte Seite BA in den Punkten T, E bzw. Z so schneidet, dass das Dreieck AEZ die gleiche Fläche hat wie das Dreieck DTG. Zum Schluss zeichnet er die Strecke KTL parallel zu AG. Dann beweist er, dass K und A die Strecke BZ so teilen, dass aus den drei Strecken BK, KA und AZ ein Dreieck gebildet werden kann, und dass gilt $BA \times BK = ZA^2$ und $KZ \times KA = KB^2$. Dann wird das Dreieck KHA gezeichnet, für das gilt KH = KB und AH = AZ, sowie ein Kreis BHZ durch B, H, Z. Archimedes beweist, dass der Bogen BH ein Siebtel des Kreisumfangs beträgt.

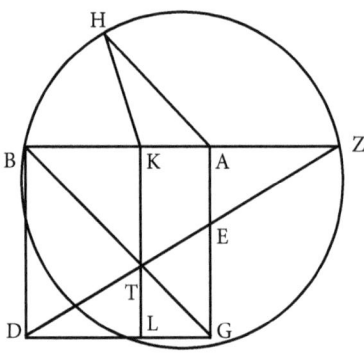

Abb. 3.8.

Aus der griechischen und islamischen Mathematik ist keine andere derartige Konstruktion bekannt. Ihre Einzigartigkeit ist ein Gütesiegel für die Arbeit des Archimedes. Trotz all ihrer Eleganz wirft sie jedoch, wie Abū al-Jūd andeutete, so viele Probleme auf, wie sie löst. Denn dreht man das Lineal um Punkt D so, dass es AG näher bei A schneidet, kann das Dreieck AEZ beliebig klein werden, während sich die Fläche des Dreiecks DTG der einem Viertel des Quadrats nähert. Nähert man andererseits das Lineal dem Punkt G, dann wird das Dreieck AEZ beliebig groß und das Dreieck DTG beliebig klein. Daher gibt es eine Zwischenlage, bei der die Flächen der beiden Dreiecke gleich groß sind, und Archimedes' Verfahren ist, wenn man so will, zwar ein Existenzbeweis, aber kaum eine Konstruktion. So blieb das Problem fast 1200 Jahre lang ein – konstruktiv gesehen – ungelöstes Problem.

Abū Sahls Analyse

In der zweiten Hälfte des 10. Jahrhunderts versammelte sich in Bagdad und der umgebenden Region eine Gruppe außergewöhnlicher Wissenschaftler aus dem gesamten östlichen Teil der islamischen Welt unter der Schirmherrschaft einer Reihe von Königen aus der Familie der Buyiden. Der herausragendste dieser Könige war ʿAḍud al-Dawla („Der starke Arm des Staates") und einer der führenden Wissenschaftler an seinem Hof war Abū Sahl al-Kūhī, der aus dem Bergland („kūh" ist das persische Wort für „Berg") südlich des Kaspischen Meeres stammte. Folgt man den Angaben des Biografen al-Bayhaqī, der über ein Jahrhundert später lebte, so war Abū Sahl ursprünglich ein Jongleur von Glasflaschen auf dem Markt in Bagdad, bevor er das Jonglieren zugunsten naturwissenschaftlicher Studien und Forschungen aufgab. Vielleicht waren es seine Erfahrungen als Jongleur, die sein Interesse an Schwerpunkten weckten, denn in seinen Briefen sind einige der tiefsinnigsten Sätze über Schwerpunkte seit der Zeit des Archimedes enthalten. Tatsächlich kannte Abū Sahl die Werke des Archimedes gut und er schrieb einen Kommentar zu der in Buch II enthaltenen Abhandlung *Über Kugel und Zylinder*. Darin erklärt er, wie mithilfe der Kegelschnitte die Aufgabe gelöst werden kann, eine Kugel zu konstruieren, deren Kugelabschnitt das gleiche Volumen hat wie ein gegebener Kugelabschnitt und bei der die Oberfläche des Kugelabschnitts genauso groß ist wie die Oberfläche des Kugelabschnitts einer zweiten Kugel. Außerdem verfasste er eine Abhandlung über den „vollkommenen Zirkel", ein Instrument, mit dem Kegelschnitte gezeichnet werden können. Hierzu passend und aufgrund seiner Erfahrungen mit Kegelschnitten sah sich Abū Sahl das Problem, ein regelmäßiges Siebeneck zu konstruieren, genauer an und erkannte, dass eine Lösung bei den Kegelschnitten zu finden sein müsste. Angeregt durch den Beweis des Archimedes ging er die Lösung an. Wenn er die Konstruktion des Siebenecks als ein Problem bezeichnet, das vor ihm noch kein Geometer zu lösen in der Lage war, „nicht einmal Archimedes", bezieht er sich zweifelsohne auf das eigentliche Problem, nämlich eine Konstruktion tatsächlich anzugeben, wonach das Verfahren des Archimedes verlangt.

Abū Sahls Vorgehen besteht zunächst darin, das Problem zu *analysieren*, d. h. anzunehmen, dass das Siebeneck bereits konstruiert worden ist und rückwärts zu schließen – mithilfe einer Kette von Schlussfolgerungen, welche gültige Umkehrschlüsse zulassen. Eine solche Analyse ist ein altes Verfahren, das Proklos – eine möglicherweise unsichere Quelle – Plato zuschreibt. Bei diesem Verfahren nimmt der Mathematiker als gegeben an, was erst noch zu beweisen ist, und schließt dann von da aus zurück, bis er bei den Voraussetzungen angekommen ist. Wenn die Kette der Schlussfolgerungen umgekehrt werden kann, hat er die *Synthese*, also den Beweis dessen gefunden, was ausgehend von der Voraussetzung gefordert war. Abū Sahl verwendet die Methode der Analyse, um eine Reihe von Konstruktionen zu finden, die der Konstruktion des regelmäßigen Siebenecks gleichwertig sind. Viele Geometer des späten 10. Jahrhunderts glaubten, dass die vollständige Lösung einer Aufgabe sowohl der Analyse als auch der Synthese bedürfe, und Ibrāhīm b. Sinān (mit dem wir uns weiter unten in diesem Kapitel beschäftigen) schrieb eine Abhandlung über diese beiden Methoden.

Im Folgenden werden wir lediglich die Analyse vorstellen, wie sie sich in einer von Abū Sahl verfassten und König ʿAḍud al-Dawla gewidmeten Abhandlung findet, d. h. wir werden die Reihe der Konstruktionen nachvollziehen, durch die Abū Sahl das Problem, ein regelmäßiges Siebeneck zu konstruieren, auf die Konstruktion zweier Kegelschnitte zurückführte. Hiermit hat er gezeigt, wie eine sonderbare Konstruktion, die in keine Theorie passt, sich in die Theorie der Kegelschnitte einfügt. Durch solch eine Zusammenführung grundverschiedener mathematischer Verfahren entsteht eigentlicher mathematischer Fortschritt.

Erster Reduktionsschritt: Vom Siebeneck zum Dreieck

Angenommen, wir sind in der Lage, im Kreis ABG die Seite BG eines regelmäßigen Siebenecks zu konstruieren (Abb. 3.9), und es gilt $\overarc{AB} = 2\overarc{BG}$. Dann ist $\overarc{ABG} = 3\overarc{BG}$, und, da $\overarc{BG}$ ein Siebtel des Gesamtumfangs ist,

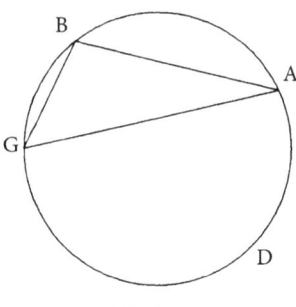

Abb. 3.9.

gilt: $\widehat{ADG}$ = 4$\widehat{BG}$. Folgt man VI, 33 der *Elemente* des Euklid, dann stehen die Winkel des Dreiecks ABG auf einer Kreislinie im gleichen Verhältnis wie die Bögen, die ihnen gegenüberliegen, sodass gilt ∡ B = 4∡ A mit ∡ G = 2∡ A. So wird die Konstruktion auf die Aufgabe reduziert, ein Dreieck zu konstruieren, dessen Winkel im Verhältnis 4 : 2 : 1 stehen.

Zweiter Reduktionsschritt: Vom Dreieck zur Teilung einer Strecke

ABG sei ein Dreieck, für das gilt ∡ B = 2∡ G = 4∡ A (Abb. 3.10). Die Seite BG wird in beide Richtungen bis D und E verlängert, sodass gilt DG = GA und EB = BA. Vervollständige das Dreieck AED. (Im Folgenden bezeichnen ∡ A, ∡ B und ∡ G die Winkel des Dreiecks ABG an den zugehörigen Ecken, auf weitere Winkel wird eindeutig Bezug genommen.) Die Beweisidee ist nun, zu zeigen, dass gilt ∡ A = ∡ D, sodass die beiden Dreiecke ABG und DBA zueinander ähnlich sind, und dann zu zeigen, dass gilt ∡ BAE = ∡ G, sodass die beiden Dreiecke AEB und GEA ebenfalls zueinander ähnlich sind. Wenn dies bewiesen ist, gilt aufgrund der ersten Ähnlichkeit DB/BA = AB/BG und aufgrund der zweiten GE/AE = AE/BE. Daraus folgt, dass

$$BA^2 = DB \times BG \quad \text{und} \quad EA^2 = GE \times EB.$$

Da jedoch auch AB = BE und ∡ E = ∡ BAE = ∡ G, so gilt auch EA = AG = GD. So wird die zweite Gleichung oben zu GD^2 = GE × EB, und die erste

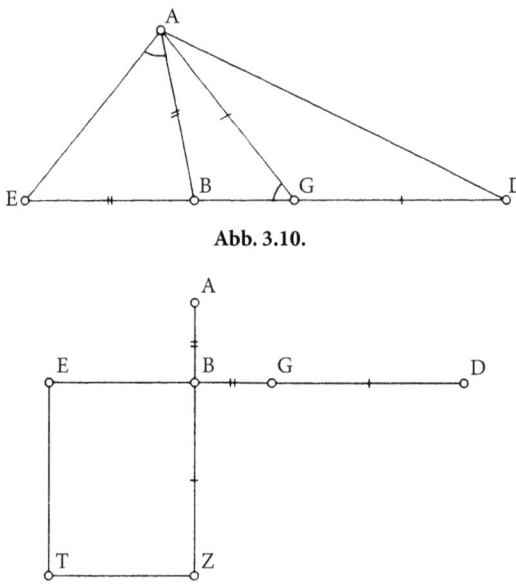

Abb. 3.10.

Abb. 3.11.

zu $BE^2 = DB \times BG$, da $BA = BE$. Und wenn wir dann gezeigt haben, dass ∡ A = ∡ D und ∡ BAE = ∡ G, dann ist auch gezeigt, dass die Konstruktion eines regelmäßigen Siebenecks damit gleichbedeutend ist, eine Strecke ED durch zwei Punkte B und G so zu teilen, dass gilt

$$GE \times EB = GD^2 \quad (3.1)$$

und

$$DB \times BG = BE^2 \; . \quad (3.2)$$

Bezüglich der Winkel ist festzuhalten: ∡ BGA ist der Außenwinkel des gleichschenkligen Dreiecks AGD, bei dem AG = GD ist, sodass ∡ BGA = ∡ DAG + ∡ D = 2∡ D. Da aber vorgegeben war, dass ∡ BGA = 2∡ A, folgt, dass ∡ A = ∡ D. Im zweiten Fall ist B der Außenwinkel des gleichschenkligen Dreiecks ABE, sodass ∡ B = 2∡ BAE während gleichzeitig gilt: ∡ B = 2∡ G, sodass folgt ∡ BAE = ∡ G.

Dritter Reduktionsschritt: Von der geteilten Strecke zum Kegelschnitt

ED sei eine Strecke, die durch die Punkte B und G so unterteilt wird, dass die Bedingungen (3.1) und (3.2) oben erfüllt sind. Dann zeichne man ABZ senkrecht zu ED, sodass gilt AB = BG und BZ = GD und vervollständige das Rechteck BZTE. Dann gilt $ZA \times AB = DB \times BG = BE^2$, und da AB = BG und BE = TZ, können wir auch schreiben; $ZA \times BG = TZ^2$, was bedeutet, dass der Punkt T auf einer Parabel liegt, deren Scheitel A und deren Parameter BG ist.

Andererseits ist $GE \times EB = GD^2$ (Gl. 3.1) und auch GD = BZ = ET, sodass gilt $GE \times EB = ET^2$, was bedeutet, dass T auf einer Hyperbel mit dem Scheitelpunkt B liegt, deren Transversale und Parameter genauso lang sind wie die Strecke BG.

Diese Analyse hat nun zu zwei Kegelschnitten geführt – einer Parabel und einer Hyperbel –, die beide durch die Teilung von ED in B und G bestimmt sind. Der Schnittpunkt T dieser beiden Kegelschnitte bestimmt die Länge von ET und TZ und dies liefert die gesuchten beiden Strecken GD = ET und EB = TZ mit der Eigenschaft, dass die Strecke EBGD in B und G so geteilt wird, dass (3.1) und (3.2) erfüllt sind. Ist mit BG nun eine Seite eines zu konstruierenden Siebenecks gegeben, kann daraus die Strecke EBGD, dann das Dreieck ABG und schließlich das Siebeneck konstruiert werden. Hat man einmal ein Siebeneck in einem Kreis konstruiert, kann es durch Ähnlichkeitsüberlegungen in jedem anderen Kreis konstruiert werden.

Abū Sahl gab sich nicht der Illusion hin, dass die Kegelschnitte mit Lineal und Zirkel konstruiert werden könnten. Wie schon erwähnt, verfasste er eine Abhandlung, in der er ein Instrument, den „vollkommenen Zirkel", beschreibt, mit dem man Kegelschnitte zeichnen könnte. Die Kernaussage seiner Abhandlung ist jedoch, dass, wenn man die nächsthöhere Klasse von Kurven oberhalb von Geraden und Kreisen zeichnen kann, nämlich die Kegelschnitte, dann kann man auch die Seite eines regelmäßigen Siebenecks in einen Kreis konstruieren. Viele Jahrhunderte nach Abū Sahl begannen Mathematiker nach Descartes' Entdeckung der analytischen Geometrie, Kurven nach dem Grad des algebraischen Ausdrucks zu klassifizieren – also „quadratisch", „kubisch" usw. In der antiken Welt wurden Probleme jedoch als *eben*, *räumlich* oder *kurvenförmig* bezeichnet, je nachdem, ob es möglich war, sie mithilfe von Geraden oder Kreisen, Kegelschnitten oder noch komplizierteren Verfahren zu lösen. In diesem Zusammenhang mag Abū Sahls Beweis als Beispiel angesehen werden, dass die Konstruktion eines regelmäßigen Siebenecks zu einer Zwischenklasse von Problemen gehört, zu deren Lösung im schlimmsten Fall *räumliche* Kurven gefordert waren. Daher beschränkt er sowohl den Schwierigkeitsgrad der Aufgabe als auch die zur Lösung notwendigen Mittel und stellt die Aufgabe in den Kontext der bekannten mathematischen Theorie der Kegelschnitte.

§5 Die Konstruktion des regelmäßigen Neunecks

neúsis-Konstruktionen

Die Konstruktion des regelmäßigen Neunecks, d. h. eines Vielecks mit neun gleichlangen Seiten, stellt einen Spezialfall der Winkeldreiteilung dar. Denn der Mittelpunktswinkel eines Neunecks beträgt 360°/9 = 120°/3 (Abb. 3.12). Aber 120° beträgt auch der Mittelpunktswinkel eines gleichseitigen, in einen Kreis eingeschriebenen Dreiecks. So kann das gleichseitige Neuneck konstruiert werden, indem dieser Winkel dreigeteilt wird. Dies war den alten Griechen wohlbekannt. Pappos von Alexandria gibt drei Verfahren zur Winkeldreiteilung an, die alle drei Kegelschnitte verwenden. Die einzige antike Methode, die anscheinend an die muslimischen

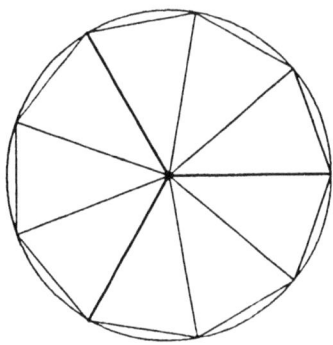

Abb. 3.12.

Gelehrten weitergegeben wurde, ist wohl in den Arbeiten Thābit b. Qurras und in denen seines Kollegen und Förderers Aḥmad b. Mūsā b. Shākir zu finden. Jedoch scheint die griechische Abhandlung, auf der die beiden aufbauten, verloren gegangen zu sein. Denn gegen Ende des 10. Jahrhunderts schrieb der Geometer ʿAbd al-Jalīl al-Sijzī, der als jüngerer Zeitgenosse zusammen mit Abū Sahl al-Kūhī in Schiras 969–970 an Sonnenbeobachtungen teilnahm: „Es war für keinen der Alten möglich, dieses Problem [Winkeldreiteilung] zu lösen, obwohl sie es sich sehr wünschten ..."
Was al-Sijzī damit sagen will, wird später deutlich, wenn er sich auf „ein anderes Lemma eines der Alten [zur Winkeldreiteilung]" bezieht, „das ein Lineal und bewegliche Geometrie [d. h. *neúsis*-Konstruktionen[1]] verwendet, das wir aber mit starrer Geometrie lösen müssen". Al-Sijzī wusste also von alten Verfahren zur Dreiteilung des Winkels, aber sie waren von einer Art, die er als „bewegliche Geometrie" bezeichnete. Al-Sijzī bezog sich mit dem Ausdruck „bewegliche Geometrie" auf Konstruktionen, die Apollonios und andere griechische Autoren mit *neúsis* (von *neúein*, „sich hinneigen") bezeichneten. In einer *neúsis*-Konstruktion sind zwei Kurven gegeben, normalerweise Geraden oder Kreisbögen, ein Punkt P, der auf keiner der beiden Kurven liegt, und eine Strecke AB. Die Aufgabe ist nun, eine Strecke CD = AB zu konstruieren, sodass ein Endpunkt auf einer der gegebenen Kurven liegt, der andere auf der anderen, und zwar so, dass sich CD zu P hinneigt; d. h. würde man die Strecke verlängern, ginge sie durch P (Abb. 3.13a).

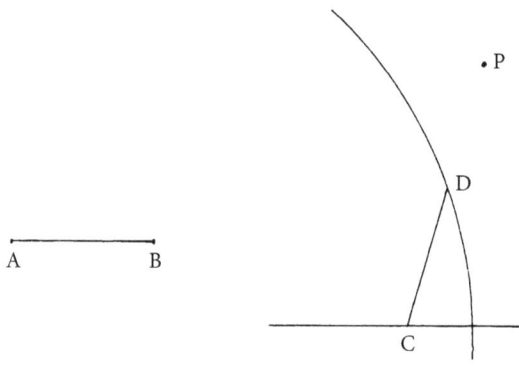

Abb. 3.13a.

Eine *neúsis*-Konstruktion wurde von Hippokrates von Chios im frühen 4. Jahrhundert v. Chr. verwendet, um die Flächen der Möndchen zu bestimmen. Später verwendete Archimedes *neúsis*-Konstruktionen, um Sätze über die Spirale zu beweisen. Außerdem findet man *neúsis*-Konstruktionen,

---

[1] Anm. d. Ü: *neúsis*-Konstruktionen werden im Deutschen gelegentlich auch als Einschiebungskonstruktionen oder auch Papierstreifenkonstruktionen bezeichnet.

in arabischen Manuskripten Archimedes zugeschrieben, zur Dreiteilung des Winkels und zur Konstruktion des regelmäßigen Siebenecks – und alle Konstruktionen ohne weiteren Kommentar. Dies mag daran liegen, dass er diese Konstruktionen für ebenso legitim hielt wie alle anderen. Auf jeden Fall wussten Geometer schon lange vor seiner Zeit, wie solche Konstruktionen mithilfe von Kegelschnitten durchgeführt werden konnten und Apollonios, ein jüngerer Zeitgenosse des Archimedes, verfasste ein zweiteiliges Buch über *neúsis*-Konstruktionen, die allein mit Zirkel und Lineal durchgeführt werden konnten.

Starre versus bewegliche Geometrie

Im 10. Jahrhundert jedoch hielten es einige Geometer nicht mehr für vertretbar, *neúsis*-Konstruktionen als unabhängige Operationen anzusehen, und sie versuchten, andere Lösungen für Probleme zu finden, die ihre Vorgänger mithilfe von *neúsis* bewältigt hatten. Al-Sijzīs Lösung für das Problem der Winkeldreiteilung scheint auf die muslimischen Geometer zurückzugehen. Er bezieht sich auf sein Hauptlemma mit „das Lemma des Abū Sahl al-Kūhī"; außerdem erscheint die ganze Dreiteilung auch in Abū Sahls Werk, sodass es ziemlich sicher scheint, dass diese Dreiteilung eine weitere Entdeckung des talentierten Geometers aus der Region südlich des Kaspischen Meeres ist. Da Abū Sahl und al-Sijzī die Jahre 669–670 zusammen in Schiras verbrachten, ist es möglich, dass al-Sijzī zu dieser Zeit etwas über die Dreiteilung erfahren hat.

Abū Sahls Winkeldreiteilung

Die Winkeldreiteilung gemäß der Methode des Abū Sahl beruht auf der Lösung des folgenden Problems: Gegeben sei der Halbkreis AZD, AD sei sein Durchmesser, H sein Mittelpunkt (Abb. 3.13b). Gegeben sei auch der Winkel ABG. Gesucht ist ein Punkt E auf dem Durchmesser, sodass EZ parallel BG ist und damit $EZ^2 = EH \times ED$.

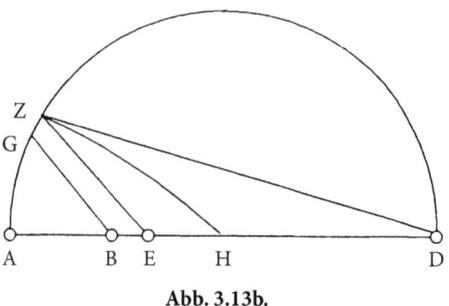

Abb. 3.13b.

Konstruktion. Zuerst wird über AH als Durchmesser die Hyperbel HZL konstruiert, deren Parameter und Transversale beide gleich AH sind, sodass der Winkel, den die Ordinate und der Durchmesser einschließen, gleich ABG ist. (Apollonios erläutert diese Konstruktion in seiner *Konika*, Buch I, *propositiones* 54 und 55 und wir werden weiter unten eine praktische Methode zur Konstruktion einer solchen Hyperbel kennenlernen, die auf Ibrāhīm b. Sinān zurückgeführt wird.) Diese Hyperbel schneide den Halbkreis in Z. Man zeichne EZ und BG. Wegen der Verhältnisgleichungen der Hyperbel gilt

$$EH \times \frac{ED}{EZ^2} = \frac{\text{Transversale}(= AH)}{\text{Parameter}(= AH)},$$

sodass gilt

$$EZ^2 = EH \times ED.$$

Damit ist das Problem gelöst.

Um nun einen beliebigen spitzen Winkel mithilfe von al-Kūhīs Verfahren dreizuteilen, wird die Seite AB bis D verlängert, wobei die Länge von BD beliebig gewählt werden kann (Abb. 3.14). Zeichne über dem Durchmesser AD den Halbkreis AGZD mit dem Mittelpunkt H. Zeichne EZ parallel zu BG, wobei E, wie oben, so gewählt wird, dass $EH \times ED = EZ^2$. Dann zeichne ZH und ZD sowie BT parallel zu ZH. Dann gilt $\sphericalangle ABT = 2\sphericalangle TBG$. Und weiterhin gilt $\sphericalangle ABG = \sphericalangle ABT + \sphericalangle TBG = 2\sphericalangle TBG + \sphericalangle TBG = 3\sphericalangle TBG$. Somit haben wir den gegebenen Winkel ABG dreigeteilt.

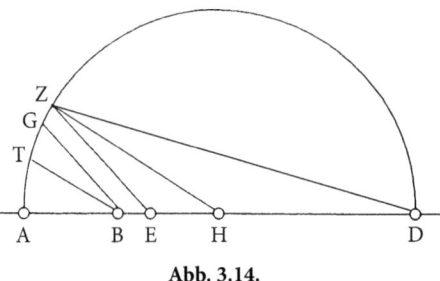

Abb. 3.14.

Um das Vorstehende zu beweisen, beachte man, dass aus der Bedingung $EH \times ED = EZ^2$, die der Punkt E erfüllt, folgt, dass $ED/EZ = EZ/EH$ ist. Da die beiden Dreiecke HEZ und ZED den Winkel bei E gemeinsam haben und die Seiten, die diesen Winkel einschließen, proportional sind, folgt, dass sie (die Dreiecke) ähnlich sind, sodass $\sphericalangle EZH = \sphericalangle D$. Die zwei Seiten ZH und HD des Dreiecks ZHD sind gleich, sodass gilt $\sphericalangle HZD = \sphericalangle D$ und damit auch $\sphericalangle EZH = \sphericalangle HZD$. Nun ist $\sphericalangle EHZ$ der Außenwinkel des Dreiecks ZHD, sodass gilt $\sphericalangle EHZ = \sphericalangle HZD + \sphericalangle D = 2\sphericalangle HZD$. Da jedoch $\sphericalangle BEZ$ der Außenwinkel des Dreiecks ZEH ist, folgt, dass $\sphericalangle BEZ = \sphericalangle EZH + \sphericalangle EHZ =$

∢ HZD + 2∢ HZD = 3∢ HZD. Damit ist ∢ EHZ = $\frac{2}{3}$ ∢ ABG, und da BT parallel zu ZH ist, gilt auch ∢ ABT = $\frac{2}{3}$ ∢ ABG, d. i. ∢ TBG = $\frac{1}{3}$ ∢ ABG.

§6 Konstruktion der Kegelschnitte

Das Leben Ibrāhīm b. Sināns

Die Kegelschnitte wurden nicht nur für theoretische Zwecke benötigt. In der Tat hatten schon die Griechen erkannt, dass, wenn die Sonne während des Tages ihre Kreisbahn am Himmel zieht, die Strahlen, die über die Spitze eines vertikalen, in die Erde gesteckten Stabes gehen, einen Doppelkegel bilden. Da die Horizontebene beide Teile dieses Kegels schneidet, muss der Schnitt des Kegels mit der Horizontebene eine Hyperbel auf einer horizontalen Oberfläche ergeben (siehe Tafel 3.1). Deswegen war es für Instrumentenbauer nützlich zu wissen, wie man Hyperbeln konstruiert, denn es war notwendig, sie auf Sonnenuhren einzugravieren oder einzuritzen. Zweifelsohne hatten die Handwerker hierfür ihre eigenen Tricks, und vielleicht haben auch nur wenige Handwerker jemals in ein Buch geschaut, in dem erklärt wird, wie man eine Hyperbel zeichnet. Wie auch immer die Beziehung zwischen Theorie und Praxis ausgesehen hat, solche Abhandlungen wurden verfasst – eine davon von einem Enkel Thābit b. Qurras, Ibrāhīm b. Sinān. Obwohl er wegen eines Lebertumors bereits im Alter von 37 Jahren im Jahr 946 n. Chr. starb, sichern die Arbeiten, die erhalten blieben, seinen Ruf als bedeutende Persönlichkeit der Mathematikgeschichte. Seine Arbeit über die Flächenbestimmung eines Parabelsegments ist das schnörkelloseste, was aus der Zeit vor der Renaissance überliefert ist. (Er berichtet, dass er diesen Beweis entwickelt hat, um den wissenschaftlichen Ruf seiner Familie zu retten, als er von Anschuldigungen hörte, dass das Verfahren seines Großvaters zu umständlich sei.) Auf eines seiner Werke haben wir bereits oben hingewiesen, nämlich das mit dem Titel *Über das Verfahren der Analyse und der Synthese bei geometrischen Aufgaben*. Daher war Ibrāhīm b. Sinān ein weiterer Wissenschaftler des 10. Jahrhunderts, der sich nicht nur mit speziellen Problemen, sondern auch mit vollständigen Verfahren und Theorien beschäftigte. In seiner Abhandlung über Sonnenuhren geht er hinsichtlich der Konstruktion aller möglichen Sonnenuhren nach einem einzigen, einheitlichen Verfahren vor. Es zeigt in erfrischender Weise eine erfolgreiche Herangehensweise an Probleme, an denen seine Vorgänger gescheitert waren.

Im folgenden Abschnitt beschäftigen wir uns besonders mit einem anderen seiner Werke, *Über das Zeichnen der drei Kegelschnitte*. Dieses Werk enthält eine sorgfältige Erörterung mit Beweisen, wie die Parabel und die Ellipse gezeichnet werden können sowie drei Verfahren, um die Hyperbel zu zeichnen. Möglicherweise werden deswegen mehrere Verfahren für die Hyperbel genannt, weil sie von größtem Interesse für die Instrumenten-

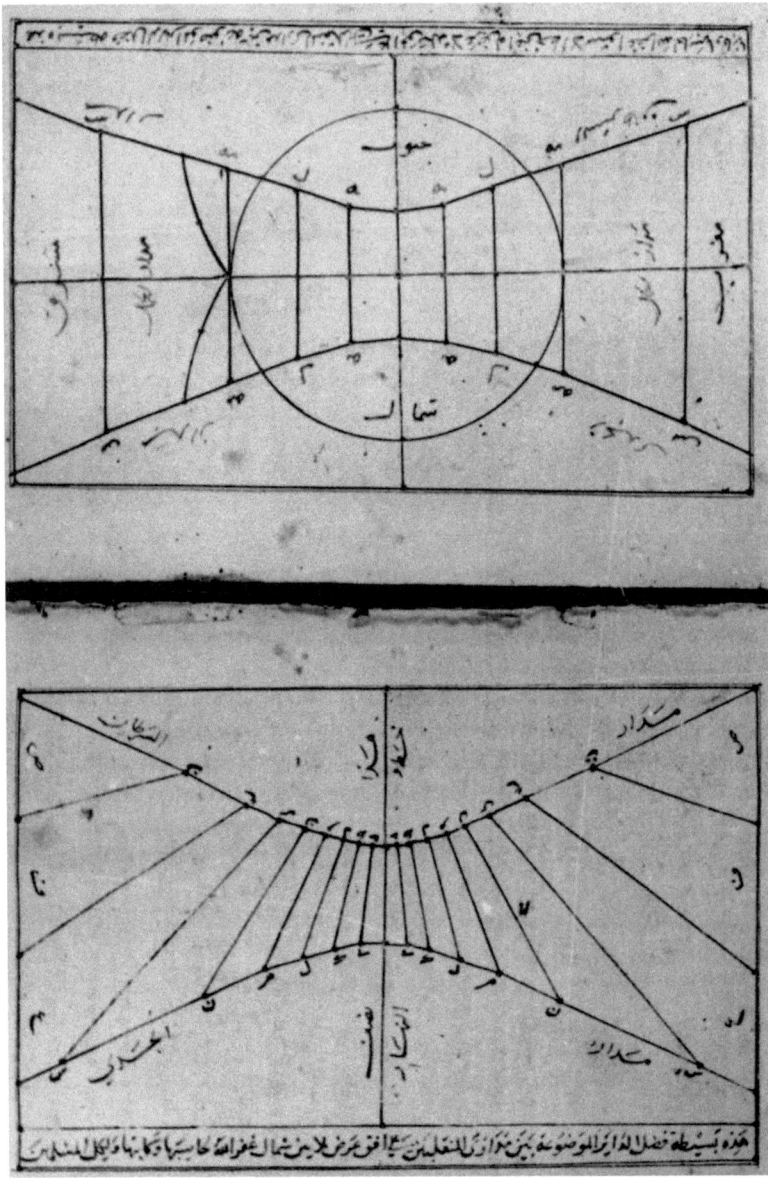

Tafel 3.1. Diagramme für den Breitengrad von Kairo und eine universell einsetzbare Sonnenuhr – aus einer Abhandlung aus dem Ägypten des 15. Jahrhunderts über die Theorie der Sonnenuhren von al-Karādīsī, einem *muwaqqit*. (Ein *muwaqqit* ist eine Person, welche die Zeiten für das muslimische Gebet bestimmt.) Die beiden Hyperbeln geben den Weg des Schattenzeigers (*miqyās*) für den Zeitpunkt der Sonnenwenden an. (Aus: MS Kairo Dār al-Kutub Riyāḍa 892. Mit freundlicher Genehmigung der Ägyptischen Nationalbibliothek)

bauer waren, obwohl diese häufig numerischen Tabellen den Vorzug vor geometrischen Konstruktionen gaben. Aus diesem Werk werden wir zwei Punkte vorstellen: einmal die Konstruktion der Parabel, welche für den Bau von Brennspiegeln benötigt wird und zum anderen eines der drei Verfahren zum Zeichnen der Hyperbel.

Ibrāhīm b. Sinān über die Parabel

Ibrāhīms Verfahren ist das folgende: Auf einer Geraden AG (Abb. 3.15) markiere eine Strecke AB und konstruiere BE senkrecht zu AB. Nun wähle auf BG so viele Punkte H, D, Z, ... wie gewünscht. Zeichne beginnend mit dem Punkt H einen Halbkreis mit dem Durchmesser AH; die Senkrechte BE schneide den Halbkreis in T. Durch T zeichne eine Parallele zur Strecke AB und durch H eine Parallele zu BE. Beide Geraden schneiden sich in K.

Im nächsten Schritt wird ein Halbkreis mit dem Durchmesser AD gezeichnet, der BE in I schneidet. Wie im vorigen Schritt werden nun Parallelen zu AG und BE durch I bzw. D gezeichnet, die sich in L schneiden. Führe die gleiche Konstruktion auch mit den verbliebenen Punkten Z durch, ..., um die jeweils zugehörigen Punkte zu finden. Dann liegen die Punkte B, K, L, M, ... auf einer Parabel mit Scheitelpunkt B, Achse BG und Parameter AB. Verlängert man KH, LD, MZ, ... und wählt man K', L', M', ..., sodass KH = HK', LD = DL', MZ = ZM', ... dann liegen auch diese auf der Parabel.

Ibrāhīm führt den Beweis, dass K auf der beschriebenen Parabel liegt, wie folgt: Angenommen, die Parabel geht nicht durch K, sondern durch

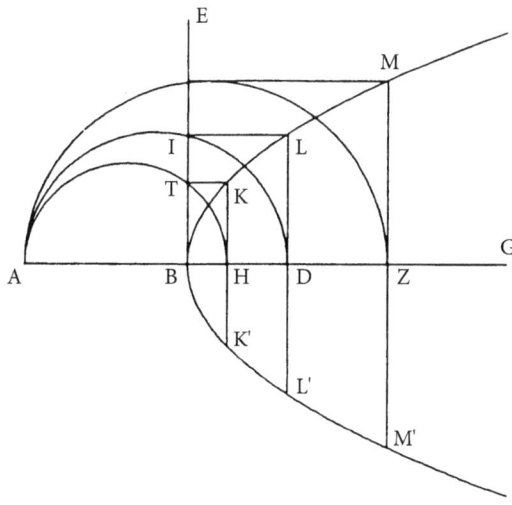

Abb. 3.15.

einen anderen Punkt auf KH, zum Beispiel durch N. Dann gilt $NH^2 = AB \times BH$ entsprechend der charakteristischen Eigenschaft einer Parabel (*symptoma*). Andererseits folgt gemäß Euklid II, 14, da TB senkrecht zum Durchmesser des Halbkreises ATH ist, dass $TB^2 = AB \times BH$. Außerdem ist nach Konstruktion TBHK ein Parallelogramm, sodass gilt TB = KH. Folglich ist $KH^2 = TB^2 = AB \times BH = NH^2$, also KH = NH, was ein Widerspruch ist. Somit liegt K auf der beschriebenen Parabel. Der gleiche Beweis mit entsprechender Änderung der Bezeichnungen für die Punkte funktioniert auch mit L, M, ..., sodass hiermit die Gültigkeit der Konstruktion gezeigt ist.

Der Leser, der Ibrāhīms Verfahren ausprobieren möchte, kann sich die Arbeit erleichtern, indem er Halbkreise mit beliebigem Durchmesser durch A zeichnet, ohne vorher die Durchmesser festzulegen. Das erspart die Halbierung der Strecke AH usw. Übrigens beschreibt der deutsche Mathematiker Johannes Werner (1468–1522) dasselbe Konstruktionsverfahren für eine Parabel wie Ibrāhīm b. Sinān.

Ibrāhīm b. Sinān über die Hyperbel

Dies ist zwar nur eines von drei von Ibrāhīm b. Sinān angegebenen Verfahren (siehe auch oben), aber sicherlich dasjenige, was am einfachsten durchzuführen ist. Über einer Strecke AB (Abb. 3.16) zeichne einen Halbkreis und verlängere den Durchmesser AB über B hinaus. Wähle auf der bei B liegenden einen Hälfte des Halbkreises die Punkte G, D, H, ... und konstruiere zu jedem dieser Punkte die Tangenten des Halbkreises GZ, DT, HI, ... Diese Tangenten schneiden den verlängerten Durchmesser in Z, T, I, ... Durch diese Punkte zeichne die Parallelen ZK, TL, IM, ... die mit der Strecke AB einen beliebigen Winkel einschließen. Trägt man auf diesen Geraden (auf der gleichen Seite von AB) die Strecken ZK = GZ, TL = DT, IM = HI, ... ab, dann liegen die Punkte K, L, M, ... auf einer Hyperbel.

Denn, da die Geraden GZ, DT, HI, ... Tangenten eines Kreises sind, folgt gemäß Euklid III, 36, dass $GZ^2 = ZB \times ZA$, $DT^2 = TB \times TA$, $HI^2 = IB \times IA$, ... und da KZ = ZG, etc. folgt, dass $KZ^2 = ZB \times ZA$, $LT^2 = TB \times TA$ und $MI^2 = IB \times IA$.

Entsprechend der oben angegebenen charakteristischen Eigenschaft der Hyperbel (*symptoma*) besagen diese Beziehungen, dass die Punkte B, K, L,

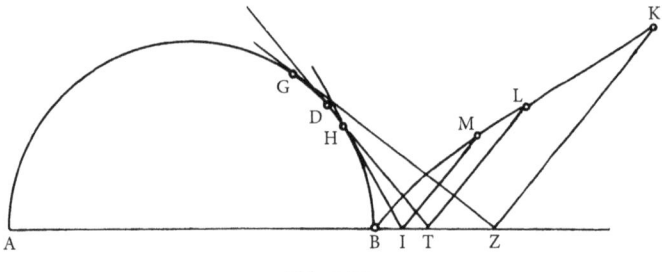

Abb. 3.16.

M, … auf einer Hyperbel mit Durchmesser AB liegen, deren Ordinaten alle mit dem Durchmesser einen Winkel bilden, der gleich dem Winkel ∢ KZG ist und deren Parameter und Transversale beide gleich AB sind. Auch hier kann der restliche Teil des einen Astes der Hyperbel einfach dadurch konstruiert werden, dass KZ, LT, MI, … über AB hinaus um die gleiche Länge bis zu K′, L′, M′, … verlängert werden.

§7 Die islamische Dimension: Geometrie mit einem eingerosteten Zirkel

Ein Erscheinungsbild der islamischen Kultur, das Außenstehende schon immer beeindruckt hat, sind die kunstvollen geometrischen Muster, die, ausgeführt in Holz, Keramik oder als Mosaik, in der gesamten islamischen Welt im Überfluss zu finden sind. Beispielsweise werden die mit besonderer Regelmäßigkeit ausgeführten Fliesenarbeiten in der Alhambra in Granada in Spanien auf der ganzen Welt bewundert. Eine solch hochentwickelte Handwerkskunst erfordert ein beträchtliches Maß an geometrischem Wissen, auch wenn dieses Wissen eher vom Meister an den Lehrling weitergegeben als niedergeschrieben wurde (siehe Tafeln 3.2–3.4).

Tatsächlich gab es eine lange Tradition geometrischen Designs im Mittleren Osten seit der Zeit der alten Ägypter und wurde sowohl im alten

Tafel 3.2. Dieser Teil der Fassade der Shir Dor Madrasa in Samarkand veranschaulicht die Vielfalt an Elementen, die in der islamischen Kunst zu finden sind. Es verbindet kalligrafische Elemente (am Rand und innerhalb des Bogens) mit Arabesken, geometrischen Mustern und anthropo- und zoomorphen Elementen (Foto: H. E. Kassis)

Tafel 3.3. In diesem Ausschnitt an der Fassade der Freitagsmoschee in Isfahan, sind Fünfecke, Achtecke und sternförmige Zehnecke mit nichtkonvexen Stücken kombiniert. Ganz offensichtlich kann das Muster in alle Richtungen unendlich weitergeführt werden (Foto: H. E. Kassis)

Tafel 3.4. Ein Beispiel aus Isfahan für die als *al-muqarnar* bekannte Art der Deckengestaltung. Sie war allgemein verbreitet, sodass sogar al-Kāshī einen Abschnitt seines *Schlüssel des Rechnens* der zugrunde liegenden Theorie widmete (Foto: H. E. Kassis)

§7 Die islamische Dimension: Geometrie mit einem eingerosteten Zirkel

Griechenland als auch an anderen Orten fortgesetzt. Irgendwann wurden auch die Geometer dieser Tradition und der Probleme gewahr, welche die Kunsthandwerker gelöst hatten, und sie begannen damit, herauszufinden, wie diese Verfahren begründet werden können und wie weit verschiedene Methoden weiterentwickelt werden konnten. In der arabischen Fassung der *Mathematischen Sammlung*, verfasst von Pappos von Alexandria, findet sich beispielsweise im achten Buch ein äußerst interessanter Abschnitt zu geometrischen Konstruktionen, die vermutlich nur mit Lineal und einem Zirkel mit einer festen Öffnung ausgeführt werden können, der manchmal auch als „eingerosteter Zirkel" bezeichnet wurde. Da der Rest des achten Buches Instrumenten und Maschinen gewidmet ist, die für Handwerker verschiedener Zünfte von Interesse sind, scheint es wahrscheinlich, dass auch dieser Abschnitt Probleme anspricht, mit denen Handwerker in Berührung kamen.

Das anhaltende Interesse an solchen Problemen wird auch durch die Tatsache bezeugt, dass al-Sijzī (oben in Zusammenhang mit dem regelmäßigen Siebeneck schon erwähnt) den arabischen Text von Pappos' achtem Buch im späten 10. Jahrhundert von einer früheren Abschrift kopierte, die den Banū Mūsā gehörte, den Förderern und Freunden des Mathematikers des 9. Jahrhunderts, Thābit b. Qurra.

Eine andere Abhandlung über geometrische Konstruktionen, die mit einer beschränkten Auswahl an Werkzeugen durchzuführen sind, wird Abū Naṣr al-Fārābī zugeschrieben, der heutzutage vor allem wegen seiner wichtigen Aristoteles-Kommentare und seiner großen Arbeit über die Musik bekannt ist. Er wurde 870 geboren, als die Banū Mūsā bereits alt waren und lehrte Philosophie sowohl in Bagdad als auch Aleppo, einem wichtigen Handelszentrum in Nordsyrien. Er lebte ein langes Leben als aktiver Gelehrter und wurde 950 außerhalb von Damaskus von Straßenräubern getötet, kurz nachdem Ibrāhīm b. Sinān gestorben war. Als Ergänzung zu dieser Arbeit verfasste er eine Abhandlung mit dem Titel *Ein Buch über geistige Fertigkeiten und natürliche Geheimnisse in den Einzelheiten geometrischer Figuren*. Später integrierte Abū al-Wafā', auf den wir im Kapitel über die Trigonometrie zu sprechen kommen und der beim Tod al-Fārābīs noch ein junger Mann war, alles aus dessen Arbeit in sein Werk, dem er den prosaischeren Titel gab: *Was Handwerker an geometrischen Konstruktionen benötigen*. Aus dieser Abhandlung sind die folgenden Auszüge ausgewählt, die Nummerierung der Probleme stammt von mir.

Problem 1

Konstruktion einer Senkrechten am Endpunkt A einer Strecke AB, ohne die Strecke über A hinaus zu verlängern.

Vorgehensweise. *Auf AB trage mit dem Zirkel eine Strecke AC (Abb. 3.17) ab und schlage mit derselben Zirkelöffnung Kreise um A und C, die sich in D*

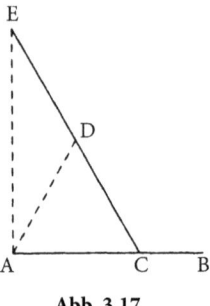

Abb. 3.17.

schneiden. Dann wird CD *über* D *hinaus bis* E *verlängert, sodass gilt* ED = DC. *Dann ist* ∢ ACE *ein rechter Winkel.*

Beweis. Der Kreis, der durch E, A und C geht, hat D als Mittelpunkt, da DC = DA = DE. Daher ist EC der Durchmesser dieses Kreises und folglich ∢ EAC ein Winkel im Halbkreis und somit ein rechter Winkel.

Problem 2

Unterteilung einer Strecke in beliebig viele gleich große Abschnitte.

Vorgehensweise. Die Strecke AB *(Abb. 3.18) soll (beispielsweise) in die gleichen Teile* AG = GD = DB *unterteilt werden. An beiden Endpunkten errichte die Senkrechten* AE *und* BZ *in unterschiedliche Richtungen, dann trage auf ihnen gleiche Teilstrecken* AH = HE = BT = TZ *ab. Verbinde die Punkte* H *mit* Z *und* E *mit* T. *Dann gilt* AG = GD = DB.

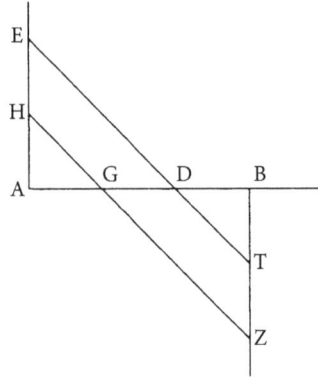

Abb. 3.18.

Beweis. Tatsächlich sind AHG und BTD rechtwinklige Dreiecke mit gleichen Winkeln bei G und D (und folglich auch bei H und T). Außerdem gilt HA = BT. Daher sind die Dreiecke kongruent und somit gilt AG = BD. Aus der Parallelität von HG und ED folgt auch, dass die beiden Dreiecke AHG und AED ähnlich sind. Folglich gilt DG/GA = EH/HA. Wegen EH = HA folgt somit auch DG = GA.

Problem 3

Halbierung eines gegebenen Winkels BAG.

Vorgehensweise. Bei der euklidischen Methode (Buch I, 9) werden zwei gleichlange Strecken AB und AG so auf beiden Schenkeln des Winkels abgetragen, dass ein gleichseitiges Dreieck über BG konstruiert wird. Danach wird A mit D verbunden, um den Winkel zu halbieren. In Abū al-Wafā's Variation ist das Dreieck BGD gleichschenklig mit BD = DG = AB, was der festen Zirkelöffnung entspricht.

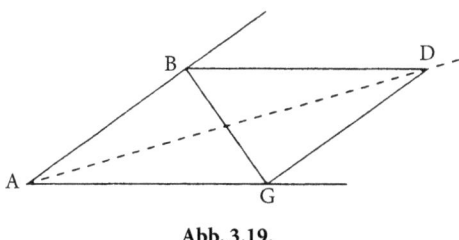

Abb. 3.19.

Als nächstes bestimmt Abū al-Wafā' den Mittelpunkt eines gegebenen Kreises. Wir werden diese Konstruktion benutzen, um die nächste Konstruktion mit eingerostetem Zirkel zu erklären, überlassen es aber dem Leser, die Konstruktion selbst zu finden.

Problem 4

Konstruktion eines Quadrats in einem gegebenen Kreis.

Vorgehensweise. Bestimme den Mittelpunkt S (des gegebenen Kreises) und zeichne den Durchmesser ASG (Abb. 3.20). Mit einer Zirkelöffnung, die gleich dem Radius ist (Übung 9) trage die Kreisbögen $\widehat{AZ}$, $\widehat{AE}$, $\widehat{GT}$ und $\widehat{GH}$ ab und zeichne die Strecken ZE und TH, die den Durchmesser in I und K schneiden. Dann zeichne ZK und TI, die sich in M schneiden. Danach zeichne den Durchmesser durch S und M. Er schneidet den Kreis in D und B. Dann ist ADGB ein Quadrat.

Beweis. Da gilt $\widehat{ZA} = \widehat{AE}$ halbiert der Durchmesser den Bogen $\widehat{ZE}$. Folglich ist GA senkrecht zu ZE, der Sehne dieses Bogens. Entsprechend ist GA senkrecht zu TH und somit sind die Winkel ∡ TKI und ∡ ZIK rechtwinklig. Da TH und ZE Sehnen von gleich langen Bögen sind, sind sie gleich

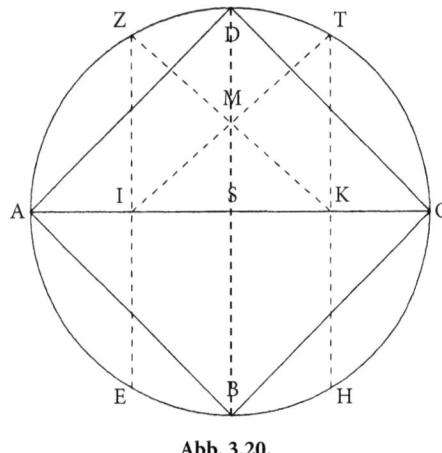

Abb. 3.20.

lang. Folglich sind auch ihre Hälften TK und ZI gleich lang. Da sie auch parallel sind (beide sind senkrecht zu GA), ist TKIZ ein Rechteck. Seine Diagonalen sind folglich gleich lang und halbieren sich gegenseitig. Somit gilt MK = MI, d. h. das Dreieck MKI ist gleichschenklig. Da die gleich langen Sehnen ZE und TH gleichweit vom Mittelpunkt entfernt sind (Euklid III, 14), gilt KS = SI und daher halbiert die Gerade MS die Seite KI im gleichschenkligen Dreieck MKI und ist deswegen senkrecht zu dieser Seite. Folglich ist der Durchmesser DB senkrecht zum Durchmesser GA und ADGB ist ein Quadrat.

Als letztes Beispiel für die Geometrie mit einem eingerosteten Zirkel diene ein Auszug aus Abū al-Wafā's Abhandlung:

Problem 5

Konstruktion eines regelmäßigen Fünfecks in einen gegebenen Kreis, bei der die Zirkelöffnung dem Radius des Kreises entspricht.

Vorgehensweise. Am Endpunkt A des Radius DA errichte AE senkrecht zu AD mit AE = AD *(Abb. 3.21), dann halbiere AD in Z und zeichne die Strecke EZ. Auf dieser Strecke trage ZH = AD ab und halbiere ZH in T. Dann konstruiere TI senkrecht zu EZ. TI schneidet die Verlängerung von DA in I. Schließlich schneidet der Kreis mit dem Mittelpunkt I und Radius AD den gegebenen Kreis in M und L. Dann entspricht der Bogen $\widehat{ML}$ einem Fünftel des Umfangs des gegebenen Kreises. Die Mittelsenkrechte der Sehne ML halbiert den Kreisbogen, der $\widehat{ML}$ gegenüberliegt, in O. Die Mittelsenkrechten der Sehnen zu $\widehat{MO}$ bzw. $\widehat{LO}$ halbieren wiederum die Bögen selbst in N und P. Folglich ist der Kreis in fünf gleiche Bögen unterteilt, deren Sehnen die Seiten eines regelmäßigen Fünfecks bilden.*

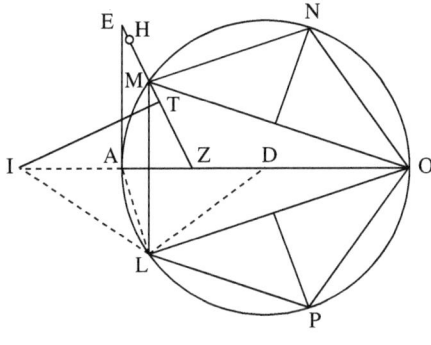

Abb. 3.21.

Abū al-Wafā' prüft die Gültigkeit dieser Konstruktion wie folgt: Zeichne die Strecken LD, LI und LA (Abb. 3.21). Zunächst einmal sind die Dreiecke TIZ und AEZ kongruent, denn beides sind rechtwinklige Dreiecke mit einem gemeinsamen Winkel bei Z und der Seite TZ = AZ. Daher gilt EZ = ZI und somit auch

$$ZI^2 = EZ^2 = EA^2 + AZ^2 = DA^2 + AZ^2 \ .$$

Deshalb gilt

$$DA^2 = ZI^2 - AZ^2 = (ZI + AZ)(ZI - AZ) = ID \times IA \ .$$

Somit teilt A die Strecke DI in zwei ungleiche Teile, sodass die Fläche des Rechtecks, dessen Seiten die kleinere Teilstrecke und die gesamte Strecke sind, flächengleich ist zum Quadrat, das über der größeren Teilstrecke errichtet wird. Die Griechen nannten diese Teilung „den Schnitt", während wir heutzutage dies als „Goldenen Schnitt" bezeichnen. Nun gilt DA = LI, sodass $LI^2 = ID \times IA$, was als Verhältnisgleichung ID/LI = LI/IA geschrieben werden kann. Da die beiden Dreiecke LIA und DIL einen gemeinsamen Winkel bei I haben und die Längen der beiden Seiten, die diesen Winkel einschließen, zueinander proportional sind, folgt, dass die beiden Dreiecke zueinander ähnlich sind. Daher gilt DL/AL = LI/AI und, da DL = LI ist, auch AL = AI.

Um den Beweis abzuschließen, erinnern wir an Euklids Beweis in XIII, 9: Wenn die Seite (AD) eines in einen Kreis eingeschriebenen Sechsecks in Richtung A um die Seitenlänge eines in diesen Kreis eingeschriebenen Zehnecks verlängert wird, dann teilt A die Gesamtstrecke im Goldenen Schnitt. Dabei ist die Seite des Sechsecks die größere der beiden Strecken. Nun erläutert Abū al-Wafā': Da A die Strecke ID im Goldenen Schnitt teilt, sodass AD die Seite eines in den Kreis eingeschriebenen Sechsecks ist (das ist der Radius), folgt, dass AI die Seite eines in diesen Kreis eingeschriebenen Zehnecks ist und das Gleiche gilt für AL = AI. (Genau genommen muss Abū al-Wafā' ein kleines, zusätzliches Argument hinzufügen, um dies aus der Umkehrung von XIII, 9 herleiten zu können, aber dies ist ein geradliniger Beweis durch Widerspruch und er lässt ihn weg.) Folglich ist $\widehat{AL}$ ein Zehntel des Kreisumfangs.

Schneiden sich jedoch zwei Kreise in L und M, dann halbiert die Strecke, welche die beiden Mittelpunkte verbindet, die Bögen zwischen L und M. Deshalb gilt $\widehat{LA} = \widehat{AM}$ und folglich ist der Bogen $\widehat{LM}$ ein Fünftel des Umfangs des gegebenen Kreises.

Abū al-Wafā's Abhandlung enthält eine große Fülle wunderbarer Konstruktionen von regelmäßigen n-Ecken, einschließlich der genauen Konstruktionen für $n = 3, 4, 5, 6, 8, 10$. Außerdem gibt er eine *neúsis*-Konstruktion für $n = 9$ an, die auf Archimedes zurückgeht und eine Näherungskonstruktion für $n = 7$, bei der als Seite für das regelmäßige, in einen Kreis eingeschriebene Siebeneck die Hälfte einer Seite eines eingeschriebenen gleichseitigen Dreiecks genommen wird. Diese Näherung stammt keineswegs ursprünglich von Abū al-Wafā', sie war vermutlich schon bekannt, als Heron sie in seiner *Metrika* im 1. Jahrhundert n. Chr. angab. Es handelt sich indes um eine gute Näherung, die in der Praxis wesentlich einfacher zu handhaben ist als die genauen Konstruktionen mithilfe von Kegelschnitten.

Übungen

1. Verwenden Sie die oben angegebenen charakteristischen Eigenschaften (*symptomata*) der Parabel und der Hyperbel, um in der „Dritten Reduktion" in §4 zu zeigen, dass T sowohl auf der Hyperbel als auch auf der Parabel liegt.
2. In einer in Bankipore gefundenen arabischen Handschrift ist folgende Konstruktion eines regelmäßigen, in einen Kreis eingeschriebenen Neunecks angegeben: Ein Kreis mit Mittelpunkt D sei durch zwei

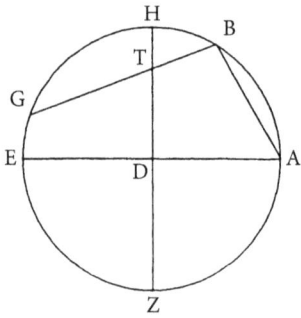

Abb. 3.22.

senkrecht zueinander liegende Durchmesser AE und ZH in vier gleich große Teile geteilt und AB sei eine Sehne, deren Länge gleich dem Radius ist (Abb. 3.22). BTG sei so gezeichnet, dass es den Durchmesser ZH in T und den Kreis in G schneidet, sodass gilt TG = AB. Dann ist TD gleich der Seite eines regelmäßigen, in den Kreis ABGH eingeschriebenen Neunecks.
1) Zeigen Sie, dass der Punkt T mithilfe einer *neúsis*-Konstruktion gefunden werden kann. 2) Beweisen Sie, dass TD die Seite eines regelmäßigen Neunecks im Kreis ist. (*Hinweis*: Wenn GL senkrecht zu DE und GM senkrecht zu DZ ist, zeige man, dass GL = DM = TM.)
3. Das folgende Verfahren zur Konstruktion eines Parabelabschnitts findet sich in einer nordafrikanischen arabischen Handschrift über Brennspiegel, die nun in der British Library verwahrt wird. Eine Strecke PR mit Mittelpunkt Q sei gegeben (Abb. 3.23). In Q wird eine Strecke QD senkrecht zu PR errichtet. Unterteile DQ und RQ in gleich viele, gleich große Streckenabschnitte. Angenommen, die Punkte von D bis Q seien A, B, … und die Punkte von Q nach R seien A', B', … In jedem A', B', … errichte eine Senkrechte zu RQ. Nun wird ein Lineal an P und A angelegt und der Schnittpunkt S mit der Senkrechten durch A' eingezeichnet, dann wird an P und B angelegt und der Schnittpunkt T mit der Senkrechten durch B' eingezeichnet usw. Dann liegen die Punkte S, T, … der Senkrechten alle auf einer Parabel mit Scheitelpunkt D. Verwendet man R anstelle von P, A'' anstelle von A' usw. erhält man die andere Hälfte der Parabel. Beweisen Sie die Gültigkeit dieser Aussagen.
4. In vielen Lehrbüchern zur analytischen Geometrie wird der Student aufgefordert, zu beweisen, dass für zwei gegebene Punkte A und B einer Ebene die Menge aller Punkte X, für die gilt $|XA| - |XB| = k$ eine Hyperbel bilden, wobei k eine Konstante ist und mit $|XA|$ und $|XB|$

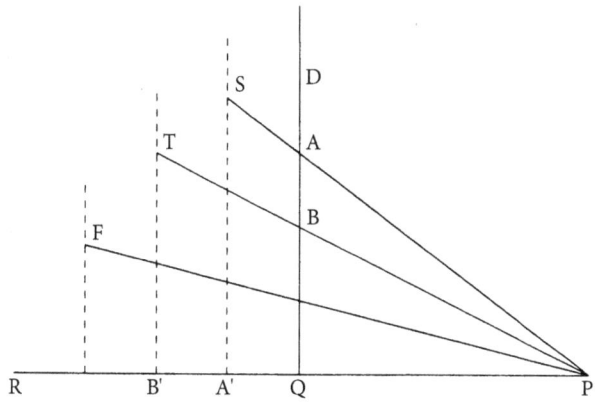

Abb. 3.23.

die Abstände von X zu A bzw. zu B bezeichnet werden. Verwenden Sie diese Tatsache, um die Gültigkeit des nachfolgenden Verfahrens zu beweisen, das Ibrāhīm für die Konstruktion einer Hyperbel angibt. A sei der Mittelpunkt eines gegebenen Kreises, B ein beliebiger Punkt außerhalb des Kreises. Betrachten sie die Menge aller Punkte X, sodass X der Mittelpunkt eines Kreises ist, der den gegebenen Kreis berührt und durch B geht. Diese Menge stellt einen Ast der Hyperbel dar.
5. Zeigen sie auf Grundlage von Euklid XIII, 9, dass, wenn AD Radius eines Kreises ist und ID × IA = AD^2, dass dann IA die Seite eines regelmäßigen Zehnecks im Kreis ist.
6. In einem Brief an Abū al-Jūd fragt al-Bīrūnī nach einem Beweis dafür, dass Herons Konstruktion der Seite eines regelmäßigen Siebenecks nicht genau ist. Zeigen Sie dies, und zeigen Sie auch, dass Herons Konstruktion einen Fehler hat, der kleiner ist als 2 mm bei einem Kreis mit einem Radius von 1 m.
7. Zeigen Sie, dass Abū Sahls Analyse und Konstruktion des gleichseitigen Siebenecks äquivalent sind, d. h. die Existenz des Dreiecks ABG impliziert nicht nur die Unterteilung einer Strecke, sodass 1) und 2) der „Zweiten Reduktion" erfüllt sind, sondern dass auch die Umkehrung wahr ist.
8. Zeigen Sie, dass in Abb. 3.10 der Außenwinkel des Dreiecks BAD bei B gleich 3 × ⊀ D ist.
9. In der Konstruktion eines Quadrats in einen gegebenen Kreis mithilfe eines eingerosteten Zirkels nimmt Abū al-Wafā' an, dass die Zirkelöffnung gerade gleich dem Kreisradius ist. Zeigen Sie, dass dadurch die Allgemeinheit nicht eingeschränkt wird, d. h. wenn die Konstruktion in diesem speziellen Fall durchgeführt werden kann, dass sie auch im allgemeinen Fall durchführbar ist.

Literatur

Berggren, J. L.: „An Anonymous Treatise on the Regular Nonagon". *Journal for the History of Arabic Science* 5 (1981): 37–41

Hogendijk, J. P.: „Greek and Arabic Constructions of the Regular Heptagon". *Archive for History of Exact Sciences* 30 (1984): 197–330

Norman, J.; Stahl, St.: The Mathematics of Islamic Art: A Package for Teachers of Mathematics... Metropolitan Musum of Art: New York 1979

Rosenfeld, B. A.: *A History of Non-Euclidean Geometry: Evolution of the Concept of a Geometric Space*. (Übersetzt von A. Shenitzer.) Springer-Verlag: New York, Berlin, etc. 1988

Sabra, A. I.: „Ibn al-Haytham's Lemmas for Solving ‚Alhazens's Problem'". *Archive for History of Exact Sciences* 26 (1982): 299–324

Winter, H. J. J.; 'Arafat, W.: „Ibn al-Haytam on the Paraboloidal Focussing Mirror" und „A Discourse on the Concave Spherical Mirror of Ibn al-Haytam". *Journal of the Asiatic Society of Bengal, Science* 15 (No. 1) (1949): 25–40 bzw. 16 (No. 1) (1950): 1–16

Woepcke, F.: „Analyse et Extrait d'un Receuil de Constructions Géométriques par Aboūl Wafā". *Journal asiatique* (Ser 5), 5 (Feb.–March 1855): 218–359
Dies enthält einen Kommentar in persischer Sprache über Abū al-Wafā's Konstruktionen mit eingerostetem Zirkel, die offensichtlich auf den Notizen eines Schülers beruhen

Die Texte von Rosenfeld, Sabra und Winter & ʿArafat enthalten weitere Aspekte der islamischen Geometrie, die nicht in diesem Kapitel behandelt wurden.

Kapitel 4

Algebra im Islam

§1 Aufgaben über unbekannte Größen

Viele frühe mathematische Arbeiten enthalten Probleme, bei denen eine unbekannte Größe zu bestimmen ist. Manchmal ist dies eine geometrische Größe, die mit bekannten Größen über Bedingungen in Beziehung steht, die sich aus der Problemstellung ergeben. Ein Beispiel ist das Problem, das in Euklids *Elementen* II, 11 gelöst wird: Eine Strecke AB soll so in die Strecken AG und GB unterteilt werden, dass das Rechteck mit den Seiten AB und GB flächengleich zum Quadrat mit der Seite AG ist (Abb. 4.1). Hier gibt es eine bekannte Größe, AB, und *eine* unbekannte Strecke, AG, denn es gilt GB = AB − AG, sowie die Bedingung AB × GB = AG^2. Es sei daran erinnert, dass dies der Teilung einer Strecke im Goldenen Schnitt entspricht (siehe in Kap. 3 die Erörterung von Problem 5 aus Abu al-Wafā's Abhandlung, bei dem ein Fünfeck in einen Kreis einbeschrieben werden sollte).

Ein weiteres Beispiel findet sich in Archimedes' *Über Kugel und Zylinder*, Buch II, *propositio* 4. Dort löst er die Aufgabe, eine Kugel mithilfe einer Ebene so zu teilen, dass die Volumina der beiden Kugelabschnitte in einem vorgegebenen Verhältnis stehen. In beiden oben genannten Problemen ist die unbekannte Größe eine geometrische Größe; es gibt aber auch Beispiele im Überfluss, bei denen die unbekannte Größe eine Zahl ist. So findet sich in einem Keilschrifttext aus Mesopotamien, geschrieben zu Zeiten, als diese Gegend von den Nachfolgern Alexander des Großen regiert wurde, eine Aufgabe, in der nach einer Zahl gesucht wird, die zu ihrem reziproken Wert addiert eine vorgegebene Zahl ergibt. Lange zuvor, schon 1800 v. Chr., waren babylonische Schreiber in der Lage, Probleme zu lösen, die auf quadratische Gleichungen zurückführten. Auch wenn die Babylonier sagen würden „Ich habe zur Fläche sechsmal die Seite meines Quadrats addiert, und das Ergebnis ist 27" anstelle von „$x^2 + 6x = 27$", so ist das von ihnen verwendete Verfahren doch im Wesentlichen das gleiche, das wir heute anwenden.

Die numerischen Verfahren der Babylonier finden sich bei den griechischen Autoren Heron (um 60 n. Chr.) und Diophant (um 300 n. Chr.) wieder, bei denen man manchmal mehr als eine Unbekannte benötigt. Dies ist der Fall bei folgendem, von Diophant in seiner *Arithmetika* gelösten Problem: Gesucht sind drei (rationale) Zahlen, für die gilt, dass das Produkt von je zwei dieser Zahlen addiert zur dritten eine Quadratzahl ergibt. Ein andermal geht es um eine einzelne Unbekannte für eine Vielzahl von Bedingungen, so wie in folgendem Problem, das man bei dem indischen Gelehrten Bhaskara um 1150 n. Chr. gefunden hat: „Welche Zahl ist es, die durch sechs dividiert den Rest fünf hat, durch fünf dividiert den Rest vier, durch vier dividiert den Rest drei und durch drei dividiert zwei übrig lässt?"

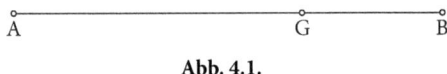

Abb. 4.1.

Für viele griechische Autoren war die Bestimmung von Unbekannten ein geometrisches Problem. Demnach beschäftigt sich Euklid bei seiner Streckenunterteilung gemäß dem (goldenen) Schnitt mit einer geometrischen Version des Problems, die quadratische Gleichung $x^2 + ax = a^2$ zu lösen; denn wenn wir AB = a setzen und AG = x (Abb. 4.1), dann wird die Gleichung

$$\text{AB} \times \text{GB} = \text{AG}^2 \quad \text{zu} \quad a(a-x) = x^2.$$

Dies führt zu $a^2 = ax + x^2$. Dies bedeutet: Gegeben ist eine Strecke der Länge a; Dann ist eine Strecke der Länge x zu konstruieren, sodass x der Bedingung $x^2 + ax = a^2$ genügt. Euklid denkt jedoch nicht an ein numerisches Konzept einer „Länge der Strecke", sondern fasst $x^2 + ax = x(x+a)$ als Rechteck mit den Seiten x und $x + a$ auf. Wörtlich „vervollständigt er das Quadrat", wenn er *propositio* II, 6 seiner *Elemente* anwendet: Wenn das Quadrat mit der Seitenlänge $a/2$ an das Rechteck $x(x+a)$ angefügt wird, dann entsteht ein Quadrat mit der Seitenlänge $x + a/2$. Dann ist x gleich der Seitenlänge $(x + a/2)$ dieses Quadrats, vermindert um die bekannte Größe $a/2$.

Das Problem des „Schnitts" ist nur ein Beispiel dafür, dass die griechischen Geometer der klassischen Zeit solche quadratischen Beziehungen als Aussagen über Flächen auffassten, für die wir heute $x^2 + ax = a^2$ schreiben würden. Um mit diesen Aussagen zurechtzukommen, besaßen sie eine Fülle an Sätzen (beispielsweise in Buch II der *Elemente*), die es ihnen erlaubten, diese Flächen zu ergänzen, um bekannte Quadrate zu erhalten, deren Seiten dann wiederum die geforderten Strecken ergaben. Viele Wissenschaftler glauben, dass ein historischer Grund für die griechische Bevorzugung der Geometrie darin zu suchen ist, dass man bei der Lösung quadratischer Gleichungen zwangsläufig auf irrationale Zahlen (wie $\sqrt{2}$ und $\sqrt{5}$) stößt. Da die Griechen keine Definition solcher Zahlen besaßen, konnten sie auch nicht mit der notwendigen Strenge mit ihnen umgehen, und so verwendeten sie die geometrischen Größen selbst, wenn sie exakt argumentieren wollten.

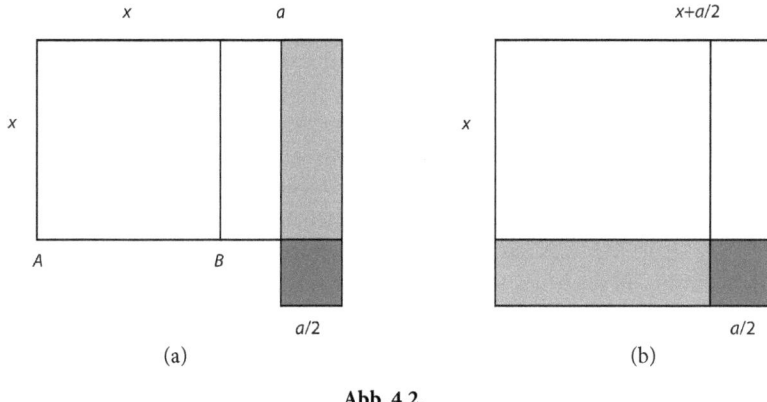

Abb. 4.2.

§2 Quellen der islamischen Algebra

Alle diese Aspekte der griechischen Mathematik waren den Mathematikern der islamischen Welt bekannt. Der von al-Hajjāj im späten 8. Jahrhundert angefertigten Euklid-Übersetzung folgten mehrere verbesserte Übersetzungen, die in der von Thābit b. Qurra im 9. Jahrhundert gipfelten. Thābit überarbeitete auch eine frühere, mangelhafte Übersetzung des archimedischen *Über Kugel und Zylinder*, sodass auch dieses Werk ab dem 10. Jahrhundert in einer guten arabischen Fassung zur Verfügung stand. Schließlich wurden auch die ersten sieben Bücher der diophantischen *Arithmetika* von Qusṭā b. Lūqā aus Baalbek im heutigen Libanon ins Arabische übersetzt, vermutlich in der Mitte des 9. Jahrhunderts. Sowohl Qusṭā als auch Abū al-Wafā' schrieben Kommentare über dieses Werk.

Eine weitere wichtige Quelle der islamischen Algebra stellte die indische Kultur dar, über die wir ab dem 5. Jahrhundert n. Chr. zahlreiche Belege dafür vorliegen haben, dass die Mathematik hoch entwickelt war. Es gibt viele Parallelen zwischen den indischen Mathematikern und einem griechischen Autor wie Diophant hinsichtlich der numerischen Tradition. Beide benutzten Wortkürzel anstelle der Unbekannten. Aber da, wo Diophant nur ein Wortkürzel verwendete, benutzten die Inder viele verschiedene – nämlich jeweils die erste Silbe der Sanskritwörter für die verschiedenen Farben. Die indischen Autoren hatten ein Sonderzeichen, um negative Zahlen zu kennzeichnen, und auch Diophant besaß ein spezielles Zeichen für die Subtraktion. Schließlich interessierten sich sowohl Diophant als auch die indischen Autoren für unterbestimmte Gleichungssysteme, d. h. Gleichungen mit mehreren Unbekannten, die eine unendliche Anzahl an Lösungen haben können.

Einer der größten frühen indischen Mathematiker war Brahmagupta, der in der ersten Hälfte des 7. Jahrhunderts n. Chr. lebte und dessen astronomisches Werk, das *Brahmasphuṭa-siddhānta*, zwei von 24 Kapiteln enthält, die der Mathematik gewidmet sind. In dieser Arbeit nennt Brahmagupta eindeutig die Regeln zur Multiplikation von Zahlen mit Vorzeichen und erkennt, dass die Lösungen zu einigen seiner Aufgaben negative Zahlen sein können. Er folgt seinem Vorgänger Āryabhaṭa (um 500 n. Chr.), indem er die allgemeine Lösung dessen, was wir in der Form $ax + by = c$ schreiben würden, mit $x = p + mb$ und $y = q - ma$ angibt (wobei $x = p$ und $y = q$ eine spezielle Lösung ist und m eine beliebige ganze Zahl sein kann). Er zeigt auch, wie man das Verfahren anwendet, das wir als „euklidischen Algorithmus" bezeichnen, um die speziellen Lösungen für p und q zu erhalten. So hat $5x + 12y = 29$ die (spezielle) Lösung $x = 1$ und $y = 2$ und die allgemeine Lösung ist $x = 1 + 12m$ und $y = 2 - 5m$. Er erörtert auch die schwierige Aufgabe $x^2 = 1 + py^2$, die heute als Pell'sche Gleichung bekannt ist.

Die Muslime erfuhren früh von den indischen Errungenschaften in der Algebra, denn Brahmaguptas astronomisches Werk war eines von den Werken, welche die indischen Gelehrten dem Kalifen al-Manṣūr um 770 n. Chr. mitbrachten. Es wurde von al-Fazārī ins Arabische übersetzt. Astronomische Sanskrittexte sind in Versform geschrieben (vielleicht, um sie sich leichter merken zu können) und die Übersetzung wird für al-Fazārī sicherlich keine leichte Aufgabe gewesen sein. Al-Bīrūnī berichtet von der Gewohnheit der frühen Übersetzer des indischen Materials, gewisse Worte unübersetzt zu lassen und sie nur in arabischer Umschrift wiederzugeben.

Wie ihre babylonischen und indischen Vorgänger waren auch die muslimischen Mathematiker überaus bereit, die Effektivität numerischer Verfahren anzuerkennen, die diese Völker besaßen, um quadratische Gleichungen oder unterbestimmte Gleichungssysteme zu lösen. Wie wir gesehen haben, hatten sie sowohl das babylonische Sexagesimal- als auch das indische Dezimalsystem geerbt, und diese effizienten Systeme boten eine gute Grundlage für numerische Mathematik.

Gleichzeitig rief der geometrische Zugang der Griechen bei den meisten muslimischen Wissenschaftlern große Bewunderung hervor, und die geometrischen Gesetzmäßigkeiten waren unzweifelhaft als wahr bewiesen worden. Hier ging es nicht darum, bei einer numerischen Lösung zu prüfen, ob sie das Problem löst; vielmehr gab es eine auf vernünftigen Axiomen beruhende allgemeine Theorie, welche die Nachweise für die Gültigkeit der Verfahren lieferten.

Im folgenden Abschnitt soll gezeigt werden, wie diese beiden Zugänge, der numerische und der geometrische, miteinander verbunden wurden, um eine neue Wissenschaft zu schaffen.

§3 Al-Khwārizmīs Algebra

Der Name „Algebra"

Ausgehend von dieser doppelten Erbschaft, Lösungswege für die Bestimmung numerischer oder geometrischer Unbekannter zu finden, schuf die islamische Kultur eine Wissenschaft und gab ihr einen Namen – die Algebra. Das Wort selbst kommt vom Arabischen *al-jabr*, das im Titel vieler arabischer Werke als Teil des Ausdrucks „al-jabr wa-al-muqābala" vorkommt. Eine Bedeutung von *al-jabr* ist „an seinen Platz zurücksetzen" oder „wiederherstellen". Der Algebraiker des 9. Jahrhunderts, al-Khwārizmī, bezeichnete mit diesem Begriff, wenn auch nicht immer konsistent, die Umformung, bei der eine Größe auf einer Seite der Gleichung subtrahiert und auf der anderen „wiederhergestellt" wird, sodass sie positiv wird. So wäre das Ersetzen von $5x + 1 = 2 - 3x$ durch $8x + 1 = 2$ ein Beispiel von *al-jabr*. Das Wort *wa* bedeutet „und" und verbindet *al-jabr* mit dem Wort *al-muqābala*, das in diesem Zusammenhang bedeutet, dass zwei Terme gleicher Art, aber auf verschiedenen Seiten der Gleichung, durch die Differenz ersetzt werden, und zwar auf der Seite, auf welcher der größere Term steht. So wäre das Ersetzen von $8x + 1 = 2$ durch $8x = 1$ ein Beispiel von *al-muqābala*.

Offensichtlich kann mit diesen beiden Operationen jede algebraische Gleichung auf eine Form reduziert werden, bei der eine Summe positiver Terme auf der einen Seite entweder gleich null ist oder gleich einer Summe von positiven Termen von möglicherweise verschiedenen Potenzen von x auf der anderen Seite. Insbesondere kann jede quadratische Gleichung mit einer positiven Lösung auf eine von drei Standardformen zurückgeführt werden:

$$px^2 = qx + r, \quad px^2 + r = qx \quad \text{oder} \quad px^2 + qx = r$$

mit p, q und r positiv,

eine Form, die man das gesamte Mittelalter hindurch in der islamischen Mathematik findet. Wir werden ihr erneut im Zusammenhang mit dem Werk von ʿUmar al-Khayyāmī begegnen, und sie war auch noch während des gesamten 16. Jahrhunderts die Norm in der westlichen Mathematik. Somit war die Wissenschaft von „al-jabr wa-al-muqābala" anfangs die Wissenschaft des Umformens von Gleichungen mit einer oder mehreren Unbekannten in eine der oben genannten Standardformen und des anschließenden Auflösens dieser Form.

Grundlegende Ideen in al-Khwārizmīs Algebra

Einer der frühesten Gelehrten, der über die Algebra schrieb, war Mohammed b. Mūsā al-Khwārizmī (seine Abhandlung über das indische Rechnen haben wir in Kap. 2 dargestellt). Seine Arbeit über Algebra, *Ein kurz gefasstes Buch über das Rechnen mit al-jabr wa-l-muqābala*, war nicht nur in der islamischen Welt, sondern auch im lateinischen Westen weit verbreitet.

Al-Khwārizmī zufolge gibt es drei Arten von Größen: *(einfache) Zahlen* wie 2, 13 und 101, *Wurzeln*, das ist die Unbekannte, das x, das zu einem bestimmten Problem gefunden werden soll, und *Vermögen*, das Quadrat der Wurzel, auf Arabisch *māl*. (Ein möglicher Vorzug der Idee, sich den quadratischen Term als *Vermögen* vorzustellen, mag darin liegen, dass al-Khwārizmī dann den quadratischen Term als *dirhāms*, eine lokale Währungseinheit, interpretieren kann.) Zahlreiche andere Autoren verwenden anstelle von „Wurzel" den Begriff „Ding". Mithilfe dieser Begriffe kann al-Khwārizmī die sechs grundlegenden Typen von Gleichungen auflisten:

1. Wurzeln gleich Zahlen ($nx = m$),
2. *māl* gleich Wurzeln ($x^2 = nx$),
3. *māl* gleich Zahlen ($x^2 = m$),
4. Zahlen und *māl* gleich Wurzeln ($m + x^2 = nx$),
5. Zahlen gleich Wurzeln und *māl* ($m = nx + x^2$) und
6. *māl* gleich Zahlen und Wurzeln ($x^2 = m + nx$).

Alle Gleichungen, die nur diese drei grundlegenden Größen enthalten und eine positive Lösung haben, können auf die drei (letzten) Typen zurückgeführt werden; die einzigen, mit denen sich al-Khwārizmī befasst.

Al-Khwārizmīs Erörterung von $x^2 + 21 = 10x$

Wenn wir al-Khwārizmīs Erörterung zu dem oben genannten 4. Typ folgen, werden wir eine moderne Notation verwenden, um seine in Worte gefasste Darstellung wiederzugeben. Er bespricht diesen Typ am Beispiel von $x^2 + 21 = 10x$, das er als „*māl* und 21 gleich 10 Wurzeln" beschreibt (Übersetzung nach F. Rosen):

„Halbiere die Anzahl der Wurzeln. Das ergibt 5. Multipliziere dies mit sich selbst, und das Produkt ist 25. Subtrahiere hiervon die 21, die zum quadratischen Term hinzuaddiert sind, und der Rest ist 4. Ziehe hieraus die Quadratwurzel, 2, und subtrahiere dies von der halben Anzahl der Wurzeln, 5. Es bleiben 3. Das ist die Lösung, die Du gesucht hast und deren Quadrat ist 9. Alternativ kannst Du auch die Quadratwurzel zur halben Anzahl der Wurzeln addieren, und die Summe ist 7. Das ist dann die Lösung, die Du gesucht hast, und das Quadrat ist 49."

Al-Khwārizmīs erstes Verfahren beschreibt in Worten die moderne Formel

$$\frac{10}{2} - \sqrt{\left(\frac{10}{2}\right)^2 - 21},$$

und sein zweites Verfahren beschreibt die Berechnung von $5 + \sqrt{5^2 - 21}$. Da aber alle Größen in dem Zusammenhang benannt werden, in dem sie vorkommen (beispielsweise wird „5" als „die Anzahl der Wurzeln" bezeichnet), ist seine Darstellung der Lösung fast so allgemein, wenn auch nicht so kompakt, wie die unserer Formel

$$\frac{n}{2} \pm \sqrt{\left(\frac{n}{2}\right)^2 - m}.$$

Die Allgemeinheit des von al-Khwārizmī beschriebenen Verfahrens spiegelt sich in der Tat in den Bemerkungen wider, die sich an das obige Zitat anschließen.

„Wenn Du auf ein Beispiel triffst, das Dich an diesen Fall erinnert, versuche die Lösung durch Addition. Wenn das nicht gelingt, wird es mit Subtraktion gehen. In diesem Fall können sowohl Addition als auch Subtraktion verwendet werden, was in keinem der anderen drei Fälle dienlich wäre, wo die Anzahl der Wurzeln halbiert werden muss.
Wisse auch: Wenn Du bei einer Aufgabe, die auf diesen Fall führt, die halbe Anzahl der Wurzeln mit sich selbst multipliziert hast, und wenn das Produkt kleiner als die Anzahl der *dirhāms* addiert zu *māl* ist, dann ist der Fall unlösbar. Andererseits, falls das Produkt gleich den *dirhāms* selbst ist, dann ist die Lösung gleich der halben Anzahl der Wurzeln."

Im ersten der beiden obigen Absätze erkennt al-Khwārizmī, dass der Fall, um den es geht, der einzige ist, bei dem zwei positive Lösungen möglich sind. Im zweiten Abschnitt bemerkt er, dass es keine Lösung gibt, wenn das, was wir die Diskriminante nennen, kleiner als Null ist, und dass, wenn $(n/2)^2 = m$ ist, die einzige Lösung $n/2$ ist. Zum Schluss merkt er an, dass es im Falle von $px^2 + m = nx$ notwendig wird, alles durch p zu dividieren, um $x^2 + (m/p) = (n/p)x$ zu erhalten, was dann wieder mit dem vorherigen Verfahren gelöst werden kann. Dies zeigt übrigens, dass seine Koeffizienten nicht nur auf ganze Zahlen beschränkt sind.

Was al-Khwārizmī und seine Nachfolger von früheren Autoren unterscheidet, die sich mit Problemen der oben genannten Art beschäftigt haben, ist, dass er mit dem Lösungsverfahren gleichzeitig auch Beweise ihrer Gültigkeit gibt, Beweise, die beispielsweise $x^2 + 21$ als ein Rechteck interpretieren, das aus einem Quadrat x^2 besteht, das mit einem Rechteck mit den Seitenlängen x und $21/x$ verbunden ist (Abb. 4.3).

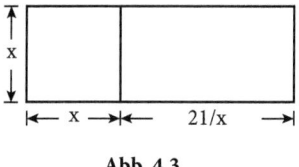

Abb. 4.3.

§4 Thābits Beweisführung für quadratische Gleichungen

Vorbemerkungen

Während al-Khwārizmī seine Beweise in Form von speziellen Gleichungen vorstellt, gibt Thābit b. Qurra in seiner Abhandlung hingegen allgemeinere Darstellungen und daher werden wir eher seinen Ausführungen folgen als den (zeitlich) früheren al-Khwārizmīs.

Die ersten beiden Fälle, $x^2 + px = q$ und $x^2 + q = px$, machen in ausreichendem Maße deutlich, wie Thābit vorgeht. In seinen Beweisen verwendet

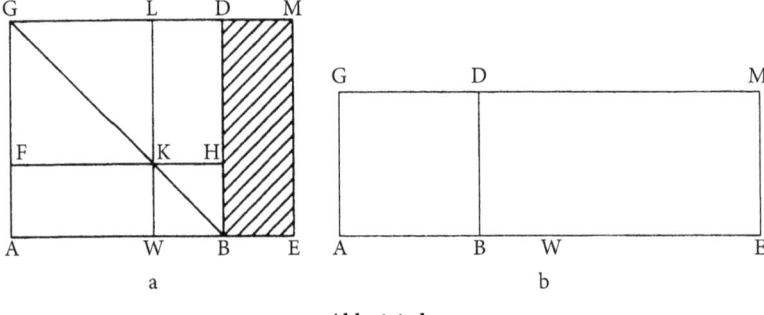

Abb. 4.4a,b.

er zwei Sätze aus Euklids *Elementen*, die wir zunächst vorstellen und beweisen werden.

Buch II (propositio 5). *Wenn eine Strecke AE in B unterteilt und in W halbiert ist, dann ist das Rechteck AB × BE plus dem Quadrat über BW gleich dem Quadrat über AW (Abb. 4.4).*

Beachte, dass B auf beiden Seiten des Mittelpunkts W liegen kann. Die beiden Darstellungen in Abb. 4.4 zeigen diese beiden Fälle, und sie sind so gezeichnet, dass GAEM ein Rechteck aus den Seiten AE und AG (= AB) bildet. Das Rechteck AB × BE, von dem im Satz die Rede ist, ist flächengleich zum schraffierten Rechteck, da AB = BD. Im vorangehenden Satz wird gezeigt, wie eine Strecke halbiert und im Sinne einer inneren Teilung geteilt wird. Der nächste Satz beschäftigt sich mit der Verlängerung einer Strecke, die wir als halbiert und im Sinne einer äußeren Teilung geteilt auffassen können:

Buch II (Satz 6). *Wenn eine gegebene Strecke BH in W halbiert und zu einer Strecke BA verlängert wird, dann ist das Rechteck AH × AB plus dem Quadrat über BW gleich dem Quadrat über AW (Abb. 4.5).*

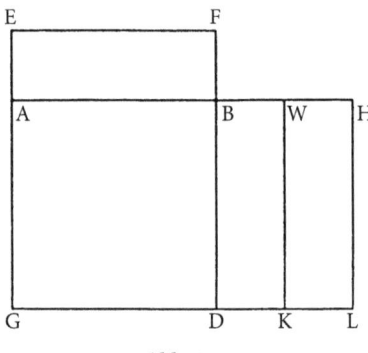

Abb. 4.5.

Beweis (von II, 5). In dem Fall, dass B zwischen W und E liegt, erkennt man die Gültigkeit des Satzes am deutlichsten, wenn man die Diagonale GB in das Quadrat ABDG und die Strecke WKL parallel zu BD einzeichnet (Abb. 4.4a). Abschließend zeichne man die Strecke FKH parallel zu AB. ABDG ist ein Quadrat, da AG = AB, sodass WBHK ebenfalls ein Quadrat ist. Nun wird die L-förmige Fläche WEMDHK betrachtet. Eine solche Figur wurde von den Griechen als „Gnomon" bezeichnet. In diesem Fall ist der Gnomon WEMDHK, der sich aus dem Rechteck AB × BE und dem Quadrat über BW zusammensetzt, das, was übrig bleibt, wenn man KHDL vom Rechteck WEML abzieht. Es gilt auch KHDL = AWFK (Euklid I, 43) und WEML = WAGL, da AW = WE ist. Folglich ist der Gnomon

WEMDHK = WEML − KHDL = WAGL − AWKF = FKLG

und FKLG ist flächengleich zum Quadrat über AW, weil es ein Quadrat mit der Seitenlänge FK = AW ist.

Der Beweis für den zweiten Fall dieses Theorems verläuft ähnlich und ist eine der Übungsaufgaben.

Beweis (von II, 6). Konstruiere das Quadrat ABDG über AB und das Rechteck DBHL. Dann ist GAHL flächengleich zum Rechteck AH × AB, da AB = AG. Die Parallele zu DB durch W teilt DBHL in zwei kongruente Rechtecke, weil BW = WH. Wenn WHLK oberhalb AB so gelegt wird, dass WK mit AB zusammenfällt, dann sehen wir, dass das ursprüngliche Rechteck mit den Seiten AH und AB flächengleich zum Gnomon EGKWBF ist; wird aber das Quadrat BF^2 zu dieser Figur hinzugefügt, dann ist das Ergebnis das Quadrat über GK. Der Beweis ist nun vollständig, denn das Quadrat über GK ist das Quadrat über AW, weil AW = GK.

Thābits Beweisführung

Thābit beginnt seine Erörterung über die Gültigkeit der Lösungsverfahren für quadratische Gleichungen mit der Lösung der ersten Grundform, wie

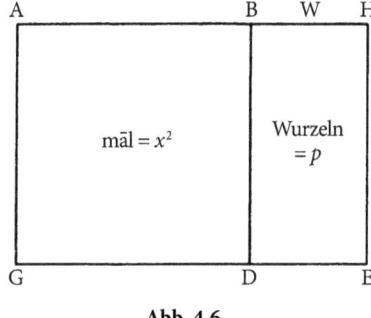

Abb. 4.6.

er sie nennt: „*māl* und Wurzeln gleich Zahlen". Zum besseren Verständnis der Erörterung sollte der Leser wissen, dass Thābits Bezeichnung „Wurzeln" dem modernen px entspricht, und dass er den Ausdruck „Anzahl der Wurzeln" verwendet, wenn er sich auf den Koeffizienten p bezieht. In Abb. 4.6 stelle das Quadrat ABDG *māl* dar (sodass seine Seite AB eine Wurzel ist). Angenommen, die Längeneinheit wird so gewählt, dass BH die Anzahl der Wurzeln darstellt, dann stellt die Fläche DEHB die Wurzel dar und GEHA das *māl* plus Wurzeln. Nach Euklid II, 6 ist dann GEHA plus BW^2 gleich AW^2. Aber *māl* und Wurzeln sind bekannt (denn es entspricht den „Zahlen") und BW^2 ist ebenfalls bekannt, da BW die Hälfte der gegebenen Anzahl der Wurzeln ist. Folglich ist AW^2 und damit auch AW bekannt. Da aber $x = AB = AW - BW$, ist somit auch x bekannt.

Zum Schluss zeigt Thābit die Übereinstimmung zwischen der gegebenen geometrischen und der algebraischen Lösung.

$\frac{1}{2}$BH = BW ↔ Hälfte der Anzahl der Wurzeln,
Quadrat über BW ↔ Quadrat des oben Genannten,
Rechteck über HA × AB ↔ Zahlen,
Quadrat über AW ↔ Summe der beiden Vorangegangenen,
AW ↔ Quadratwurzel der Summe,
AW − BW = AB ↔ die Quadratwurzel minus die Hälfte der Anzahl der Wurzeln.

Er addiert auf beiden Seiten $(p/2)^2$ um

$$x^2 + px + \left(\frac{p}{2}\right)^2 = q + \left(\frac{p}{2}\right)^2$$

zu erhalten. Durch seine geometrische Interpretation aller Terme als Flächen ist es ihm möglich, Euklid II, 6 auf die linke Seite anzuwenden und

$$\left(x + \frac{p}{2}\right)^2 = q + \left(\frac{p}{2}\right)^2$$

zu erhalten. Demzufolge ist x bestimmt durch

$$x = \sqrt{q + \left(\frac{p}{2}\right)^2} - \frac{p}{2}.$$

Danach zeigt Thābit die Gültigkeit der Lösung für den zweiten Grundtyp, „*māl* plus Zahlen gleich Wurzeln", wie folgt (Abb. 4.7). Wiederum stellt das Quadrat ABDG *māl* dar. Auf der Verlängerung von AB wird E so gewählt, dass, eine entsprechende Maßeinheit vorausgesetzt, die Länge der Strecke AE gleich der Anzahl der Wurzeln ist. (Thābit zeigt tatsächlich, dass ein solcher Punkt E auf der Verlängerung von AB liegen muss.) Nun wird AE in W halbiert und das Rechteck mit den Seiten GA und AE konstruiert. Dabei ist GA die „Wurzel" und AE die Anzahl der Wurzeln. So stellt dieses Rechteck „Wurzeln" dar, was gleich „*māl* plus Zahlen" ist und das Quadrat (BG) ist *māl*. (Wir geben nur zwei gegenüberliegende Ecken an, um ein Viereck zu bezeichnen.) Wenn wir nun *māl* subtrahieren, dann ist das verbleiben-

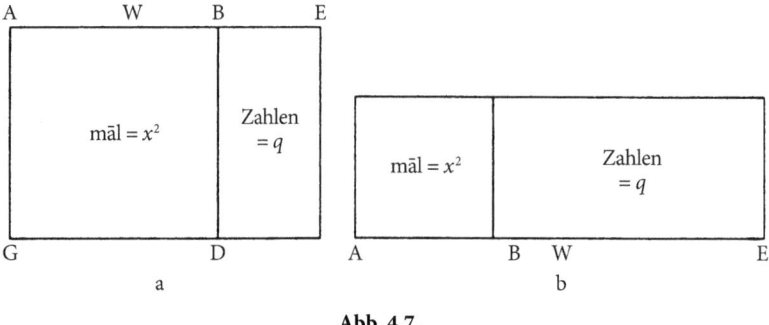

Abb. 4.7.

de Rechteck „Zahlen". Nach Euklid II, 5 sind „Zahlen" plus das Quadrat über BW gleich dem Quadrat über AW. Aber dieses Quadrat ist bekannt, da AW die Hälfte der Anzahl der Wurzeln ist und die „Zahlen" ebenfalls bekannt sind. So ist der verbleibende Term, das Quadrat über BW, bekannt und somit auch BW selbst. Da AW und WB beide bekannt sind, ist AB (die „Wurzel") ebenfalls bekannt – im ersten Diagramm als AB = AW + WB, im zweiten als AW – WB.

Thābit geht nicht weiter auf die algebraischen Einzelheiten ein, da er offenkundig der Meinung ist, dass die Übereinstimmung zwischen Geometrie und Algebra vom vorigen Fall her ausreichend deutlich wird.

§5 Abū Kāmil über Algebra

Übereinstimmungen mit al-Khwārizmī

Abū Kāmil war ein Gelehrter, der in der Zeit um Thābits Tod (901) lebte. Sein Beiname „der Rechner aus Ägypten" sagt uns eigentlich alles, was wir über ihn wissen. Sein Buch, die *Algebra*, war ein Kommentar zu al-Khwārizmīs Werk und teilweise deswegen, teilweise aber auch wegen eigener Verdienste wurde das Buch sehr bekannt. Sowohl der muslimische Autor al-Karajī am Ende des 10. Jahrhunderts als auch der Italiener Leonardo von Pisa, bekannt unter dem Namen Fibonacci, am Ende des 12. Jahrhunderts, machten reichlich Gebrauch von Abū Kāmils Beispielen.

Wie man von einem Kommentar erwarten kann, gibt es viele Übereinstimmungen zwischen Abū Kāmils und al-Khwārizmīs Darstellungen. Beispielsweise übernimmt er al-Khwārizmīs Bezeichnungen der Grundgrößen als Zahlen, Wurzeln und *māl*. Wie al-Khwārizmīs Arbeit ist auch die *Algebra* ausschließlich in Worten geschrieben – selbst die Zahlen werden (in Worten) ausgeschrieben. Außerdem verwenden sie die gleiche Klassifikation von Gleichungen, mit den sechs Grundtypen, die in der gleichen Reihenfolge auftreten und bei der Lösung der Gleichungen, in denen alle drei Terme auftreten, verwendet er dieselben Beispiele. Schließlich behandelt

Abū Kāmil – wie al-Khwārizmī – die geometrischen Beweise der Verfahren anhand spezieller Beispiele und nicht allgemein, wie bei Thābit.

Fortschritte im Vergleich zu al-Khwārizmī

Von diesen Dingen abgesehen, geht Abū Kāmils Abhandlung über al-Khwārizmīs Werk hinaus, indem er allgemeine Aussagen zu Regeln formuliert, die al-Khwārizmī anhand von Beispielen erläutert. Außerdem liefert er Beweise für Regeln zur Umformung von algebraischen Termen:

$$(a \pm px)(b \pm qx) = ab \pm bpx \pm aqx + pqx^2 ,$$
$$(a \pm px)(b \mp qx) = ab \pm bpx \mp aqx - pqx^2 . \tag{4.1}$$

$$\sqrt{a \times b} = \sqrt{a} \times \sqrt{b} \quad \text{und} \quad \sqrt{\frac{a}{b}} = \frac{\sqrt{a}}{\sqrt{b}} . \tag{4.2}$$

$$\sqrt{a} \pm \sqrt{b} = \sqrt{a + b \pm 2\sqrt{ab}}. \tag{4.3}$$

Die beiden Gleichungen in (4.1) sind offensichtlich von grundsätzlicher Bedeutung, während (4.2) und (4.3) zusammengenommen es erlauben, arithmetische Kombinationen von Quadratwurzeln als Quadratwurzeln zu schreiben. Außerdem ist (4.2) von einem gewissen praktischen Nutzen, weil es uns erlaubt, beispielsweise $\sqrt{13} \times \sqrt{5}$ zu berechnen, indem lediglich ganze Zahlen multipliziert werden und nur einmal die Quadratwurzel gezogen werden muss, nämlich $\sqrt{13} \times \sqrt{5} = \sqrt{65}$, woran man leichter sehen kann, dass das Ergebnis ein bisschen größer als 8 sein muss, was bei $\sqrt{13} \times \sqrt{5}$ nicht so deutlich zu erkennen ist.

Im Falle von (4.1) drückt Abū Kāmil die Regel folgendermaßen aus: „Wenn Wurzeln zu Zahlen addiert oder von ihnen subtrahiert werden, in welcher Reihenfolge sie auch immer stehen (d. h. $a + px$ oder $+px + a$), dann wird der vierte Teil addiert, wobei der vierte Teil' das Produkt der Wurzeln ist, die eine mal die andere."

Hier spricht er lediglich vom „vierten Teil", d. h. $(+px) \times (+qx)$ oder $(-px) \times (-qx)$, da er annimmt, dass seine Leser die Vorzeichen der ersten drei Terme dieser Produkte kennen. Ein wenig später fasst er die Regeln für die Vorzeichen der Multiplikation, nämlich $(-a)(-b) = +(ab)$, $(-a)(+b) = -(ab)$ und $(+a)(+b) = +(ab)$, wie folgt zusammen: „Das Produkt wird addiert, wenn die beiden Terme subtrahiert werden; das zu Subtrahierende mal das zu Addierende wird subtrahiert; das zu Addierende mal das zu Addierende wird addiert."

Sorgfältig beweist Abū Kāmil Regeln wie $ax \times bx = ab \times x^2$ und $a \times (bx) = (ab) \times x$ (wobei a, b stets konkrete Zahlen im Beweis sind). Danach zeigt er die Gültigkeit einzelner Fälle von (4.1), z. B.

$$(10 - x) \times (10 - x) = 100 + x^2 - 20x .$$

Obwohl Abū Kāmil einen auf dem Distributivgesetz und den Vorzeichenregeln beruhenden algebraischen Beweis liefert, legt er auch einen geometrischen Beweis vor.

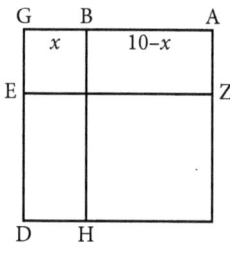

Abb. 4.8.

Beweis (Abb. 4.8). Die Strecke GA stelle die Zahl zehn dar und GB das „Ding", x. Man vervollständige das Quadrat (AD) wie in der Abbildung. Dann gilt AB = ED = $10 - x$, daher gilt (ZH) = $(10 - x)^2$. Ebenso gilt (GZ) = (GH) = $10x$, sodass gilt (EH) = (GH) − (EB) = $10x - x^2$. Daraus ergibt sich der Gnomon (EH) + (GZ) = $20x - x^2$. Da das große Quadrat gleich 100 ist, folgt, dass

$$(10 - x)^2 = (ZH) = 100 - (20x - x^2) = 100 + x^2 - 20x.$$

Abū Kāmil gibt keine Erklärung für den letzten Umformungsschritt. Vermutlich dachte er, dass er klar ist, entweder wegen der Vorzeichenregeln oder wegen der Abbildung.

Die Beispiele von Thābit und Abū Kāmil mögen genügen, um zu verdeutlichen, wie die Algebraiker der islamischen Welt algebraische Gesetze unter Verwendung geometrischer Sätze bewiesen haben, und wir können daher die Beweise für (4.2) und (4.3) weglassen.

Ein Problem von Abū Kāmil

Abū Kāmils Arbeit enthält eine große Vielfalt an Problemen – insgesamt 69 und somit deutlich mehr als die 40, die al-Khwārizmī erläuterte. Eines der interessantesten ist Problem 61, das Abū Kāmil folgendermaßen darlegt:

„Jemand sagt, 10 werde in drei Teile geteilt und wenn der kleine Teil mit sich selbst multipliziert zum mittleren Teil addiert wird, der ebenfalls mit sich selbst multipliziert wird, ist das Ergebnis der große Teil, mit sich selbst multipliziert. Wenn der kleine mit dem großen multipliziert wird, ist es gleich dem mittleren, mit sich selbst multipliziert."

Abū Kāmil spricht also von drei Unbekannten, x, y, z (als positive Zahlen angenommen), die den drei Bedingungen

$$10 = x + y + z, \quad z^2 = x^2 + y^2 \quad \text{und} \quad xz = y^2$$

genügen. Zuerst setzt er $x = 1$. Damit werden diese Bedingungen zu

$$10 = 1 + y + z, \quad z^2 = 1 + y^2 \quad \text{und} \quad z = y^2.$$

Die beiden letzten ergeben $(y^2)^2 = 1 + y^2$. Diese quadratische Gleichung in y^2 löst er und erhält

$$z = y^2 = \frac{1}{2} + \sqrt{1\frac{1}{4}}, \quad \text{also} \quad y = \sqrt{\frac{1}{2} + \sqrt{1\frac{1}{4}}}.$$

Dann gilt

$$(1 + x + z)b = 10, \quad \text{d. h. } b + (yb) + (zb) = 10.$$

Daher lösen b, yb und zb das Problem. Abū Kāmil verwendet hier etwas, das als „einfacher falscher Ansatz" bekannt ist. Dieser algebraische Kunstgriff ist, wenn schon nicht so alt wie die Welt, so doch so alt wie die Pyramiden, da man ihn schon in alten ägyptischen Texten findet. In seiner einfachsten Form angewendet, würde man $5x = 24$ lösen, indem man sagt: „Wenn $x = 1$ wäre, dann wäre $5 \times x = 5$. Mit welcher Zahl muss ich also 5 multiplizieren, um 24 zu erhalten? Die Lösung ist $\frac{24}{5} = 4\frac{4}{5}$. Folglich ist der wahre Wert von x gleich $1(4\frac{4}{5})$. In Abū Kāmils Problem gibt es freilich mehr Variablen und Bedingungen, aber bei jeder Bedingung (Gleichung) ist jeder Term von der gleichen Potenz (eins oder zwei) und deshalb darf der einfache falsche Ansatz angewandt werden.

Wir werden Abū Kāmils Berechnung des Wertes für b nicht weiter verfolgen. Es sei nur angemerkt, dass sie einen virtuosen Umgang mit den Regeln der Algebra und ihrer Anwendung darstellt, wenn ohne Kommentare die Gleichung

$$\sqrt{11\frac{1}{4} \times x^2 \times x^2} - \sqrt{1\frac{1}{4} \times x^2 \times x^2} = \sqrt{5 \times x^2 \times x^2}$$

folgt. Zum Schluss erhält er b als Lösung der Gleichung

$$10x = x^2 + 75 - \sqrt{3125}.$$

Diese Gleichung ist eine der sechs Standardformen und er erhält als Lösung

$$b = 5 - \sqrt{\sqrt{3125} - 50}.$$

Ein ähnliches Verfahren führt ihn zur Darstellung von z, der größten Lösung

$$2\frac{1}{2} + \sqrt{31\frac{1}{4} - \sqrt{\sqrt{78\frac{1}{4}} - 12\frac{1}{2}}}$$

Aus diesen beiden kann er einen Term für y bestimmen, wenn man bedenkt, dass $x + y + z = 10$ gilt.

Die Lösung dieses Problems, deren wichtigste Schritte darin bestehen, die Methode des einfachen falschen Ansatzes anzuwenden und die Gleichung für eine Darstellung des Terms $\sqrt{a} - \sqrt{b}$ zu nutzen, zeigt, dass Gelehrte des 10. Jahrhunderts in der Lage waren, Nenner von Brüchen der Form

$$\frac{a}{c + \sqrt{d} + \sqrt{e + \sqrt{f}}}$$

rational zu machen, was bedeutet, dass sie mit Termen von Potenzen bis zum Grade 8 umgehen konnten und dass sie quadratische Gleichungen mit irrationalen Zahlen als Koeffizienten lösen konnten.

§6 Al-Karajīs Arithmetisierung der Algebra

Einleitung

Abū Kāmils Arbeit zeigt die Entwicklung einer Arithmetik von Termen der Form $a + b\sqrt{q}$, wobei a, b, und q rationale Zahlen sind und q nichtnegativ ist. Obwohl beide, Thābit und Abū Kāmil, die Geometrie auf die Algebra anwenden, kann man in Abū Kāmils Behandlung der Zahlen $a + b\sqrt{q}$ die Tendenz erkennen, Arithmetik in Bereichen anzuwenden, die, lange zuvor, Euklid noch geometrisch behandelt hatte. Wir haben gesehen, dass zunehmend schwierigere Beispiele die Algebraiker zwangen, über schwierigere Terme nachzudenken als die, die lediglich „Dinge" und „Quadrate" enthielten. Diese beiden Tendenzen werden in der Algebra von Abū Bakr al-Karajī, genannt *Die Ruhmvolle*, weiter vorangetrieben.

Al-Karajī war einer der vielen bemerkenswerten islamischen Wissenschaftler, über deren Leben wir gerne mehr wissen würden, aber es ist nur bekannt, dass er um das Jahr 1000 n. Chr. in Bagdad arbeitete und dass er im ersten Jahrzehnt dieses Jahrhunderts ein Buch über Algebra dem Wesir Fakhr al-Mulk widmete. Einige Zeit später brach er zu „den Bergländern" auf. Er muss ein Mann mit breit gestreuten Interessen gewesen sein, denn unter seinen Schriften finden sich nicht nur Abhandlungen über Arithmetik, Algebra, unbestimmte Gleichungen und Astronomie, sondern auch über Landvermessung und darüber, wie man unterirdische Wasserläufe findet.

Obwohl Gelehrte wie Diophant und Abū al-Wafā' andeuteten, dass es möglich ist, beliebig große Potenzen der Unbekannten zu benutzen, scheint es doch al-Karajī als erstem gelungen zu sein, eine Algebra zu entwickeln, die Terme mit solchen Potenzen enthält. Seine Sichtweise war, dass unbekannte Größen, seien es nun Zahlen oder geometrische Größen, eine „Wurzel" sein können, eine „Seite" oder ein „Ding" (beides entspricht dem modernen „x"), oder aber sie können *māl* sein (x^2), *ka'b* (x^3), *māl māl* (x^4), *māl ka'b* (x^5) usw., wobei jeder Term als Produkt eines „Dings" mit dem vorherigen Glied entsteht. (Das arabische Wort für *dritte Potenz* ist *ka'b*, daher steht *māl ka'b* für die *fünfte Potenz*.) Diese verschiedenen Arten von Größen nennt al-Karajī „Ordnungen" (eine Bezeichnungsweise, die auch für die Stellen der verschiedenen Potenzen von 10 in der dezimalen Arithmetik verwendet wird). Er bemerkt, dass die Zahl, die in allen „Ordnungen" vorkommt, die Eins ist (da sie gleich all ihren Potenzen ist). Außerdem gibt es zu jeder Potenz x^n den zugehörigen Kehrwert $(1/x^n)$, mit der Eigenschaft, dass jede Potenz multipliziert mit ihrem Kehrwert 1 ergibt. Auf dieser Grundlage entwickelt al-Karajī sein Programm zur Behandlung von Termen wie „*māl māl* und vier *ka'b* vermindert um sechs Einheiten" ($x^4 + 4x^3 - 6$) und „fünf *ka'b* − *ka'b* vermindert um zwei Quadrate und drei Einheiten" ($5x^6 - [2x^2 + 3]$). Er verwendet hierfür Regeln, die den gewöhnlichen Regeln der Arithmetik für das Addieren, Subtrahieren, Multiplizieren, Dividieren und Extrahieren von Quadratwurzeln nachgebildet sind.

R. Rashed hat diese Entwicklung der Algebra der Polynome analog zur Stellenarithmetik als „Arithmetisierung der Algebra" bezeichnet. Al-Karajī war einer der Pioniere dieses Prozesses, und wenn er bei der Arithmetisierung der Algebra nur teilweise erfolgreich war, dann lag dies weniger an seiner mangelnden Genialität als an der fehlenden Möglichkeit, negative Zahlen mit in die Theorie einzubeziehen. Denn obwohl al-Karajī Regeln wie $a - (-b) = a + b$, mit a und b positiv, kannte, hat er offensichtlich nicht die Regel $-a - (-b) = -(a - b)$ entdeckt. Dies hinderte ihn daran, seine Methode zur Division zweier Polynome auf alle möglichen Fälle anzuwenden, denn, um sein Verfahren (was wir weiter unten erläutern werden) allgemein anwenden zu können, wird die Subtraktion zweier negativer Größen voneinander benötigt. Aus demselben Grund gelang es ihm auch nicht, einen Weg zu entdecken, wie man die Quadratwurzel aus Polynomen zieht. Für Schüler, die sich mit den Vorzeichenregeln schwer tun, mag es ein Trost sein, zu erfahren, dass einst die Entdeckung dieser Regeln eine Herausforderung für die genialsten Mathematiker war und dass viele Entdeckungen von großen Teilen unserer elementaren Mathematik erst mit erheblichen Mühen und nach vielen falschen Ansätzen gelangen.

Wir finden indes die Regeln für den Umgang mit Vorzeichen in den Schriften eines Arztes namens al-Samaw'al b. Yahūdā al-Maghribī, der in Bagdad geboren wurde, vielleicht 70 Jahre nach dem Tode al-Karajīs, und dessen Arbeit ein Kommentar zu dem von al-Karajī darstellt. In seiner Arbeit *al-Bahīr fi'l-Ḥisāb* (*Das leuchtende Buch über das Rechnen*/„*Das Leuchtende*"), das er im Alter von 19 Jahren schrieb, stellt al-Samaw'al die mühsameren Teile der Vorzeichenregeln wie folgt dar:

„…wenn wir eine Zahl, die einen Fehlbetrag darstellt [negative Zahl] von einer größeren Fehlbetrags-Zahl subtrahieren [d. h. eine Zahl, die einen größeren Fehlbetrag darstellt], dann bleibt die Differenz ein Fehlbetrag (z. B. $-5 - (-2) = -(5 - 2)$). Aber im anderen Fall bleibt ihre Differenz, der Überschuss ($-2 - (-5) = +(5 - 2)$). Wenn wir eine Überschuss-Zahl von einer leeren Ordnung subtrahieren [also von null], bleibt die gleiche Zahl, aber als Fehlbetrag; wenn wir aber eine Fehlbetrags-Zahl von einer leeren Ordnung subtrahieren, bleibt diese Zahl, aber als Überschuss."

§6 Al-Karajīs Arithmetisierung der Algebra

So begreift al-Samaw'al Zahlen entweder als Ausdruck eines Überschusses (was wir als „positiv" ansehen) oder eines Fehlbetrags (was wir als „negativ" bezeichnen), sodass beispielsweise eine Zahl, die einen Fehlbetrag von 5 ausdrückt, größer ist als die, die einen Fehlbetrag von 2 ausdrückt. Al-Samaw'als Regeln für das Subtrahieren von Potenzen besagen, in symbolischer Form geschrieben, dass $(-ax^n) - (-bx^n)$ gleich

$$-(ax^n - bx^n) \quad \text{ist, wenn} \quad a > b$$

und gleich

$$+(bx^n - ax^n), \quad \text{wenn} \quad a < b.$$

Mit diesen Regeln konnte al-Samaw'al die Verfahren konkret anwenden, die wir heute für das Addieren und das Subtrahieren von verschiedenen Potenzen kennen, indem er sie wie Terme addierte und subtrahierte.

Al-Samaw'al wurde in eine jüdische Familie hineingeboren. Bezeichnend für die Bedingungen in Bagdad zu jener Zeit ist, dass er niemanden finden konnte, der in der Lage war, ihn über die ersten Bücher der *Elemente* des Euklid hinaus zu unterrichten. So führte er seine Studien dieses Werkes selbst zu Ende und begann danach mit dem Studium der Arbeiten von Abū Kāmil und al-Karajī. In seiner Autobiografie erzählt er von einem Traum, den er im Jahr 1163 hatte und der ihn zum Islam konvertieren ließ. Er verbrachte sein Leben als wandernder Arzt, der Prinzen zu seinen Patienten zählte. Er starb um 1180 in Maragha im Nordirak.

Von den 85 Werken, die bisher von al-Samaw'al erfasst wurden, die sich mit Mathematik und Astronomie, Medizin und Theologie befassen, sind nur wenige erhalten. Von den erhaltenen mathematischen Werken sei hier nur *Das Leuchtende* besprochen (was wir bereits oben erwähnten). Unser folgender Beitrag wird sich mit zwei Abschnitten aus dem ersten Teil über Algebra beschäftigen – nämlich denjenigen, die sich mit dem Potenzgesetz und mit dem Dividieren von Termen verschiedener Ordnung befassen.

Al-Samaw'al über das Potenzgesetz

Die Grundlage für al-Samaw'als Multiplikationsregeln ist Tabelle 4.1. Um dies und anderes aus al-Samaw'als Werk darstellen zu können, verwenden wir, als Kompromiss zwischen der modernen und der mittelalterlichen Schreibweise, Abkürzungen wie „mkk" für „*māl ka'b-ka'b*" (x^8) und „tkk" für „Kehrwert (das Teil) von *ka'b-ka'b*" ($1/x^6$). Auf diese Weise möge der Leser ein besseres Gefühl für die Mathematik der islamischen Welt des 12. Jahrhunderts gewinnen.

Zu Beginn schreibt al-Samaw'al eine Tabelle auf, die dazu gedacht ist, den Leser darin zu unterrichten, wie einfache Ausdrücke wie tmk und mmk multipliziert oder dividiert werden. In den Spaltenköpfen der Tabelle stehen die gebräuchlichen arabischen Zahlzeichen, wobei A für 1 steht, B für 2,

Tabelle 4.1.

I	H	G	F	E	D	C	B	A	0	A	B	C	D	E	F	G	H	I
tkkk	tmkk	tmmk	tkk	tmk	tmm	tk	tm	td	Einheit	d	m	k	mm	mk	kk	mmk	mkk	kkk
$\frac{1}{8}\frac{1}{8}\frac{1}{8}$	$\frac{1}{4}\frac{1}{8}\frac{1}{8}$	$\frac{1}{4}\frac{1}{4}\frac{1}{8}$	$\frac{1}{8}\frac{1}{8}$	$\frac{1}{4}\frac{1}{8}$	$\frac{1}{4}\frac{1}{4}$	$\frac{1}{8}$	$\frac{1}{4}$	$\frac{1}{2}$	1	2	4	8	16	32	64	128	256	512
$\frac{1}{27}\frac{1}{27}\frac{1}{27}$	$\frac{1}{9}\frac{1}{27}\frac{1}{27}$	$\frac{1}{9}\frac{1}{9}\frac{1}{27}$	$\frac{1}{27}\frac{1}{27}$	$\frac{1}{9}\frac{1}{27}$	$\frac{1}{9}\frac{1}{9}$	$\frac{1}{27}$	$\frac{1}{9}$	$\frac{1}{3}$	1	3	9	27	81	243	729	2187	6561	19.683

usw. (Tabelle 4.1). Die vierte Spalte links von der Spalte, die mit „0" überschrieben ist, also die mit der Überschrift „D", ist wie folgt zu lesen: „Wenn das ‚Ding' gleich 2 (bzw. 3) ist, dann ist der ‚Kehrwert (Teil) von *māl māl*' gleich $(1/4) \times (1/4)$ (bzw. $(1/9) \times (1/9)$)."

Die Bedeutung dieser Tabelle liegt darin, dass al-Samaw'al sie so benutzt, als würde er das Potenzgesetz anwenden: Für zwei beliebige ganze Zahlen m und n gilt $x^m \times x^n = x^{m+n}$. Er drückt das Gesetz folgendermaßen aus, wobei „Abstand" die „Anzahl der Zellen in der Tabelle" meint:

„Der Abstand der Ordnung des Produkts der beiden Faktoren von der Ordnung eines der beiden Faktoren ist gleich dem Abstand der Ordnung des anderen Faktors von der Einheit. Liegen die Faktoren in unterschiedlichen Richtungen, dann zählen wir [den Abstand] der Ordnung des ersten Faktors in Richtung auf die Einheit, wenn sie aber in der gleichen Richtung liegen, zählen wir in die andere Richtung, von der Einheit weg."

Al-Samaw'al erörtert mehrere Beispiele zu dieser Regel, in denen er die Zahlzeichen nutzt, die über den Ordnungen stehen. So sagt er in dem Beispiel, in dem tk mit tmm multipliziert wird, dass wir beginnend in tk fünf Ordnungen abzählen (und zwar von der Einheit weg), da mm (von der Einheit aus gezählt) an fünfter Stelle steht, und bei tmmk ankommen. Danach sagt er aber:

„Auf der gegenüber liegenden Seite [oberhalb] der Ordnung des Kehrwerts von *ka'b* steht die Ordnung 3 und auf der gegenüber liegenden Seite des Kehrwerts von *māl māl* steht die Ordnung 4. Wir addieren sie und erhalten 7 und auf der gegenüber liegenden Seite [darunter] steht die Ordnung des Kehrwerts von *māl-māl-ka'b*."

So drückt ein Algebraiker des 12. Jahrhunderts aus, was wir heute als $x^{-3} x^{-4} = x^{-7}$ notieren. Al-Samaw'al schreibt wiederum (wobei wir seine Zahlwörter durch Zahlzeichen ersetzen):

„Um herauszufinden, was 3 *Kehrwerte von māl* multipliziert mit 7 *ka'b* ergibt, multiplizieren wir 3 mit 7 und erhalten 21. Wir finden die Ordnung von *ka'b* als die vierte von der Einheit aus gesehen, sodass wir vier Ordnungen von der Ordnung für ‚den Kehrwert von *māl*' bis zur Einheit zählen, sodass das Ergebnis [...] 21 Dinge ist. [...] Wenn wir wollen, nehmen wir den Abstand der Zahlen gegenüber den Ordnungen der Faktoren, nämlich 2 und 3, und finden 1. Gegenüber 1 finden wir in Richtung auf den Faktor, der der größeren Ordnung gegenüber steht, die Ordnung der Dinge."

Diese letzte Regel würde heute als $x^n \times x^{-m} = x^{n-m}$ für n größer m geschrieben werden.

§6 Al-Karajīs Arithmetisierung der Algebra   127

Al-Samaw'al rechtfertigt diese allgemeine Regel damit, dass wenn $c = a \times b$, dann gilt $c : a = b : 1$, sodass das Produkt c sich zu a wie b zu eins verhält. Insbesondere wenn b genau n Ordnungen rechts oder links von der Ordnung der 1 steht, dann muss c n Ordnungen rechts oder links der Ordnung von a sein. Dies ist ein hübsches Beispiel für die Umschreibung einer streng definierten mathematischen Beziehung und dafür, dass diese Umschreibung, bei der man den Eindruck hat, dass sie richtig ist, dazu genutzt wird, Folgerungen aus dieser Beziehung herzuleiten. Eine solch heuristische Argumentation ist, wenn sie von jemandem mit einem sicheren Gespür für den Sachverhalt angewandt wird, eine fruchtbare Methode, die zu Entdeckungen führt. Genau so war es bei al-Samaw'al.

Mit den obigen Regeln zum Multiplizieren verschiedener Ordnungen hat al-Samaw'al keinerlei Schwierigkeiten zu erklären, wie man zwei Terme miteinander multipliziert, die sich aus verschiedenen Ordnungen zusammensetzen, und zwar einfach, indem jedes Glied des einen Terms mit allen Gliedern des anderen multipliziert wird und diese dann addiert werden.

Was die Division betrifft, merkt er an: „Die Division eines zusammengesetzten Terms durch eine einzelne Ordnung fällt demjenigen leicht, der die Division des einzelnen (durch das einzelne) kennt, und die Division des einzelnen fällt demjenigen leicht, der die Multiplikation des einzelnen kennt." (Das Erste gilt natürlich, da $(a + b)/c = a/c + b/c$ und das Letzte, da $a/c = d$ nichts anderes bedeutet als $a = d \times c$). Er sagt jedoch auch, dass andere Fälle schwieriger sind und dass bis zu seiner Zeit niemand sie gelöst habe, aber er habe einen Weg gefunden und stellt das folgende Beispiel vor, um dies zu verdeutlichen.

Al-Samaw'al über Polynomdivision

Erstes Beispiel

Al-Samaw'al stellt die Divisionsaufgabe:

20 kk + 2 mk + 58 mm + 75 k + 125 m + 96 d + 94 Einheiten + 140 td
+ 50 tm + 90 tk + 20 tmm

durch 2 k + 5 d + 5 Einheiten + 10 td. In moderner Notation beschreibt dies die Berechnung des Quotienten

$$\frac{20x^6 + 2x^5 + 58x^4 + 75x^3 + 125x^2 + 96x + 94 + 140x^{-1} + 50x^{-2} + 90x^{-3} + 20x^{-4}}{2x^3 + 5x + 5 + 10x^{-1}}$$

Er sagt, zu Anfang „bringen wir die beiden Terme in die natürliche Reihenfolge und setzen anstelle jeder leeren Ordnung eine Null". (Al-Samaw'als Verfahren ist offensichtlich dazu gedacht, auf einer Staubtafel verwendet zu werden, wo das Löschen einfach, Platz aber knapp ist – es folgt eine Reihe

Kapitel 4 Algebra im Islam

Tabelle 4.2.

kk	mk	mm	k	m	d	Einheit	td	tm	tk	tmm
			10	1	4	10	0	8	2	
20	2	58	75	125	96	94	140	50	90	20
2	0	5	5	10						
	2	8	25	25	96	94	140	50	90	20
	2	0	5	5	10					
		8	20	20	86	94	140	50	90	20
		2	0	5	5	10				
			20	0	66	54	140	50	90	20
			2	0	5	5	10			
					16	4	40	50	90	20
					2	0	5	5	10	
						4	0	10	10	20
						2	0	5	5	10

von Tabellen. Die Methode lässt sich jedoch einfach auf Papier übertragen, wo das Löschen nicht so einfach möglich, aber genügend Platz vorhanden ist und nichts verloren geht, wenn wir seine Tabellen in einer zusammenfassen; vgl. Tabelle 4.2).

Die oberste Zeile nennt von links nach rechts die Namen der Ordnungen in ihrer natürlichen Abfolge und die Zeile darunter ist für die Lösung vorgesehen; sie ist anfangs leer und wird mit Ablauf des Verfahrens ausgefüllt. Die übrige Tabelle ist in horizontale Streifen unterteilt, die jeweils aus zwei Zeilen bestehen. Jeder Streifen stellt – zusammen mit den zwei obersten Zeilen – eine der Tabellen von al-Samaw'al dar. Wir könnten hier also auch von der ersten, zweiten usw. Tabelle sprechen, und es müsste dem Leser klar sein, was gemeint ist.

In der ersten Tabelle stehen die Koeffizienten des Dividenden, jeder unter dem Namen seiner Ordnung, darunter, beginnend in der Spalte ganz links, die Koeffizienten des Divisors. Wichtig ist hier, dass zwar die Namen oberhalb der Terme des Dividenden mit den Namen der entsprechenden Ordnungen übereinstimmen, dies für den Divisor aber nicht der Fall ist. Man muss sich also merken, dass in diesem Fall der Divisor mit *ka'b* beginnt. Nun sagt al-Samaw'al:

„Wir dividieren die größte Ordnung des Dividenden [20 kk] durch die größte Ordnung des Divisors [2 k] und das Ergebnis, 10 *ka'b*, schreiben wir in die Ordnung oberhalb der 75 [von der Ordnung der *ka'b*]. Als nächstes multiplizieren wir es [10 *ka'b*] mit dem Divisor, und subtrahieren das Ergebnis dieser Multiplikation von jeder Ordnung [des Dividenden], die oberhalb steht."

d. h., al-Samaw'al dividiert 20 *ka'b-ka'b* durch 2 *ka'b* und erhält 10 *ka'b*. Dann subtrahiert er vom Dividenden das Produkt aus 10 *ka'b* mal dem Divisor. Der alte Dividend wird durch den Restbetrag (das Ergebnis dieser Subtraktion) ersetzt. Al-Samaw'al sagt „Wir schreiben den Divisor nun eine

Ordnung weiter nach rechts, wie wir es nach Art der indischen Arithmetik tun, und erhalten die zweite Tabelle".

Der Leser wird zweifelsohne in diesem Verfahren die Division zweier ganzer Zahlen wiedererkennen, so wie Kushyār b. Labbān sie erklärt hat, mit der wesentlichen Abfolge: Dividiere den vordersten Term durch den vordersten Term, multipliziere, subtrahiere und verschiebe dann nach rechts. Diesmal aber wird diese Methode auf die Division algebraischer Ausdrücke angewandt.

Danach wird die Abfolge wiederholt. In Tabelle 4.2 dividieren wir die ganz vorne stehende 2 des neuen Dividenden durch die 2 des Divisors und setzen den Quotienten 1 in der Spalte rechts der 10, in der Zeile, die für die Lösung vorgesehen ist. Nun brauchen wir uns die Ordnung der 2 des Divisors nicht mehr länger zu merken, denn die Tabelle behält für uns die Übersicht. Dann wird „1 mal der Divisor" vom Dividenden subtrahiert, und der Divisor wiederum eine Stelle nach rechts verschoben, um die dritte Tabelle zu erhalten.

Drei weitere Durchgänge dieses Verfahrens führen zur letzten Tabelle, in dem die Division der letzten Zeile in der Zeile darüber genau aufgeht (mit einem Quotienten von 2) und so erhält al-Samaw'al den Quotienten der Division von

$$20x^6 + 2x^5 + 58x^4 + 75x^3 + 125x^2 + 96x + 94 + 140x^{-1} + 50x^{-2}$$
$$+ 90x^{-3} + 20x^{-4}$$

durch
$$2x^3 + 5x + 5 + 10x^{-1}$$

als
$$10x^3 + x^2 + 4x + 10 + 8x^{-1} + 2x^{-3} \ .$$

Bei unserer heute üblichen Divisionsmethode werden bei der Niederschrift an jeden Koeffizienten die zugehörigen Potenzen (x, x^2 usw.) notiert, sodass man immer den Überblick hat, zu welcher Potenz der Koeffizient gehört. Bei al-Samaw'als Methode hingegen werden lediglich einmal die Spalten der Tabelle (mit den Potenzen) beschriftet und dann die Koeffizienten in den zugehörigen Spalten angeordnet.

Zweites Beispiel

Diesem ersten Beispiel folgt ein weiteres, bei dem Terme auch mit negativen Koeffizienten dividiert werden. Al-Samaw'al verwendet dabei seine Vorzeichenregeln – einschließlich der Subtraktion von der Art $-20 - (-40) = 20$, die al-Karajī Schwierigkeiten bereitet hatte.

Das nachstehende, abschließende Beispiel verdeutlicht al-Samaw'als tiefe Einsicht. Die Aufgabe besteht darin, $20m + 30d$ durch $6m + 12$ Einheiten zu dividieren und obwohl wir wieder seine Tabelle vollständig wiedergeben, werden wir aber nicht das Verfahren noch einmal erklären (Tabelle 4.3).

Tabelle 4.3.

m	d	Einheit	td	tm	tk	tmm	tmk	tkk	tmmk	tmkk
		$3\frac{1}{2}$	5	$-6\frac{2}{3}$	-10	$13\frac{1}{3}$	20	$-26\frac{1}{3}$	-40	
20	30									
6	0	12								
	30	-40								
	6	0	12							
		-40	-60							
		6	0	12						
			-60	80						
			6	0	12					
				80	120					
				6	0	12				
					120	-160				
					6	0	12			
						-160	-240			
						6	0	12		
							-240	320		
							6	0		
								320		
								6	12	
								480		
								0	12	

Al-Samaw'al bezeichnet das Ergebnis zunächst als ungefähre Lösung,

$$3\frac{1}{3} + 5 \times \frac{1}{x} - 6\frac{2}{3} \times \frac{1}{x^2} - 10 \times \frac{1}{x^3} + 13\frac{1}{3} \times \frac{1}{x^4} + 20 \times \frac{1}{x^5} - 26\frac{2}{3} \times \frac{1}{x^6} - 40 \times \frac{1}{x^7},$$

Dann überprüft er seine Rechnung, indem er das Produkt dieses Terms mit dem Divisor aufschreibt, dann dieses Produkt vom Dividenden subtrahiert, um damit nachzuweisen, dass der Rest $320x^{-6} + 489x^{-7}$ beträgt.

An dieser Stelle hat al-Samaw'al die Gesetzmäßigkeit erkannt, nach der die Koeffizienten im Quotienten gebildet werden; denn ohne weitere Rechnung notiert er nun die Koeffizienten aller weiteren Potenzen von x bis zu x^{-28}, was er korrekt mit $54.613\frac{1}{3}$ wiedergibt (wobei er den Bruchteil in Worten ausschreibt). Die Gesetzmäßigkeit lautet nämlich, wenn a_{-n} der n-te Koeffizient ist, dann gilt $a_{-n} = -\frac{1}{2} a_{-n-2}$.

Einmal abgesehen von der tiefen Einsicht, die solche Rechnungen zeigen, ist die Entdeckung des Divisionsalgorithmus, der in all seinen Rechenschritten mit der heute üblichen schriftlichen Division mit Rest übereinstimmt, ein großartiger Beitrag zur Geschichte der Mathematik – vermutlich eine Gemeinschaftsleistung von al-Karajī und al-Samaw'al.

§7 ʿUmar al-Khayyāmī und die kubische Gleichung

Der Hintergrund zu ʿUmars Arbeiten

ʿUmars Behandlung der kubischen Gleichungen findet man in seinem Buch *Algebra*, das er in Samarkand fertigstellte und dem obersten Richter dieser Stadt, Abū Ṭāhir, widmete. In der Einleitung zu dieser Arbeit verweist er auf sein bis dahin unsicheres Leben:

„Ich habe mir immer gewünscht, alle möglichen Arten von mathematischen Sätzen zu erforschen [...], Beweise zu liefern für meine Fallunterscheidungen, da ich weiß, wie wichtig dies für die Lösung schwieriger Probleme ist. Jedoch habe ich keine Zeit gefunden, diese Arbeit zu vervollständigen, oder wenigstens meine Gedanken darauf zu konzentrieren, wurde dies doch durch ärgerliche Hemmnisse verhindert."

Wenn dann ʿUmar die notwendige Sicherheit hatte, die erforderlich war, um sich auf ein Problem konzentrieren zu können, dann waren seine intellektuellen Fähigkeiten außergewöhnlich. Einer seiner Biografen, al-Bayhaqī, berichtet, wie ʿUmar ein Buch in Isfahan sieben Mal gelesen hatte und dann auswendig konnte. Als er zurückkehrte, schrieb er es aus dem Gedächtnis nieder und ein Vergleich mit dem Original zeigte nur wenige Abweichungen. Jedoch waren ʿUmars intellektuelle Fähigkeiten keineswegs auf sein bemerkenswertes Gedächtnis beschränkt (siehe den späteren Abschnitt über die *Algebra*, sein *opus magnum*).

In der Einleitung zu diesem Werk erwähnt ʿUmar, dass keine algebraische Behandlung der Aufgaben, die er erörtern wird, von den Alten überliefert ist. Von den „neueren" Autoren hat jedoch Abū ʿAbdallāh al-Māhānī eine algebraische Analyse eines Lemmas verfasst, das Archimedes bei einer Aufgabe aus seinem Werk *Kugel und Zylinder* II, 4 verwendete, wie wir oben erwähnten. Dabei handelt es sich um das Problem, eine Kugel von einer Ebene so schneiden zu lassen, dass die Volumina der beiden Kugelsegmente zueinander in einem vorgegebenen Verhältnis stehen. Archimedes zeigte, dass dieses Problem gelöst werden kann, wenn es gelingt, eine Strecke a so in zwei Teile b und c zu teilen, dass c sich zu einer vorgegebenen Länge verhält wie eine vorgegebene Fläche zu b^2. Wird $b = x$ gesetzt, dann gilt $c = a - x$. Das Verhältnis kann dann als $x^3 + m = nx^2$ geschrieben werden, wobei m das Produkt aus der gegebenen Strecke und der gegebenen Fläche ist. Al-Khayyāmī berichtet, dass es zwar weder al-Māhānī, der von 825 bis 888 lebte und damit ein Zeitgenosse al-Khwārizmīs war, noch Thābit gelungen war, diese Gleichung zu lösen. Erst ein Mathematiker der darauffolgenden Generation, Abū Jaʿfar al-Khāzin, löste es mithilfe von Kegelschnitten. Nach Abū Jaʿfar versuchten dann weitere Mathematiker, Sonderfälle dieser kubischen Gleichung zu lösen, aber keiner hatte versucht, alle möglichen Varianten dieser Gleichung aufzuzählen und zu lösen. Aber genau das ist es, was er (ʿUmar), wie er sagt, in seiner Abhandlung leisten wird.

ʿUmars Klassifikation der kubischen Gleichungen

Im Folgenden zeigen wir eine Darstellung von einigen Teilen aus ʿUmars Abhandlung *Algebra*. Wir möchten betonen, dass – obwohl wir von „Gleichungen" und „Koeffizienten" sprechen werden – ʿUmar diese keineswegs formal-symbolisch notiert hat, sondern er benutzte ausschließlich Wörter, auch für die Zahlen.

Im ersten Teil seiner Abhandlung listet ʿUmar alle Typen von Gleichungen auf, in denen keine Potenz mit einem Exponenten größer als drei vorkommt. In ʿUmars Gleichungen treten nur Terme mit positiven Koeffizienten auf, sodass, während wir heutzutage $x^3 - 3x + 8 = 0$ und $x^3 + 3x - 8 = 0$ als vom gleichen Typ ansehen, sie für ʿUmar voneinander verschieden sind. Er hätte die erste Gleichung als „kaʿb und Zahlen gleich Seite" ($x^3 + 8 = 3x$) beschrieben und als verschieden von „kaʿb und Seiten gleich Zahlen" ($x^3 + 3x = 8$) angesehen. So kommt er auf 25 Gleichungstypen, und im restlichen Teil der Abhandlung zeigt er, wie sie gelöst werden können – elf mithilfe euklidischer Methoden, 14 mithilfe der Kegelschnitte. Jeder dieser 14 letztgenannten Gleichungstypen widmet ʿUmar einen kurzen Abschnitt, in dem er zeigt, wie Kegelschnitte verwendet werden, um eine Strecke zu erzeugen, aus denen wiederum Körper konstruiert werden können, die der geforderten Beziehung genügen. Für die Lektüre sei die englische Übersetzung von D. S. Kasir empfohlen. Darin werden ʿUmars Argumente klar und verständlich dargelegt und durch viele interessante Nebenbemerkungen zur Geschichte der verschiedenen Gleichungstypen ergänzt.

ʿUmars Behandlung von $x^3 + mx = n$

Vorbemerkungen

Die hier zu untersuchende Gleichung ist „kaʿb und Seiten gleich Zahlen", d. h. $x^3 + mx = n$. Um den Abschnitt zu verstehen, den wir für unsere Darstellung ausgewählt haben, sollte sich der Leser in Erinnerung rufen, dass für eine Parabel ABC mit Scheitelpunkt B und Parameter p für eine beliebige Abszisse x und die zugehörige Ordinate y gilt: $y^2 = p \times x$.

ʿUmar beginnt mit einem Lemma über den Spat (Parallelepiped), ein Körper mit drei Paaren zueinander paralleler Flächen (Abb. 4.9a). Sind alle Flächen Rechtecke (Abb. 4.9b), wie beispielsweise bei einem Ziegelstein, wird der Körper als Quader (reguläres Parallelepiped) bezeichnet. Eine der Flächen wird willkürlich als Grundfläche angesehen. ʿUmars Lemma bezieht sich auf den Fall, dass die Grundfläche ein Quadrat ist.

Lemma. *Gegeben sei ein reguläres Parallelepiped (Quader) ABGDE (Abb. 4.10), dessen Grundfläche das Quadrat ABGD = a^2 und dessen Höhe c ist sowie ein weiteres Quadrat MH = b^2. Konstruieren Sie über MH ein reguläres Parallelepiped, das volumengleich ist zum gegebenen Körper.*

§7 'Umar al-Khayyāmī und die kubische Gleichung 133

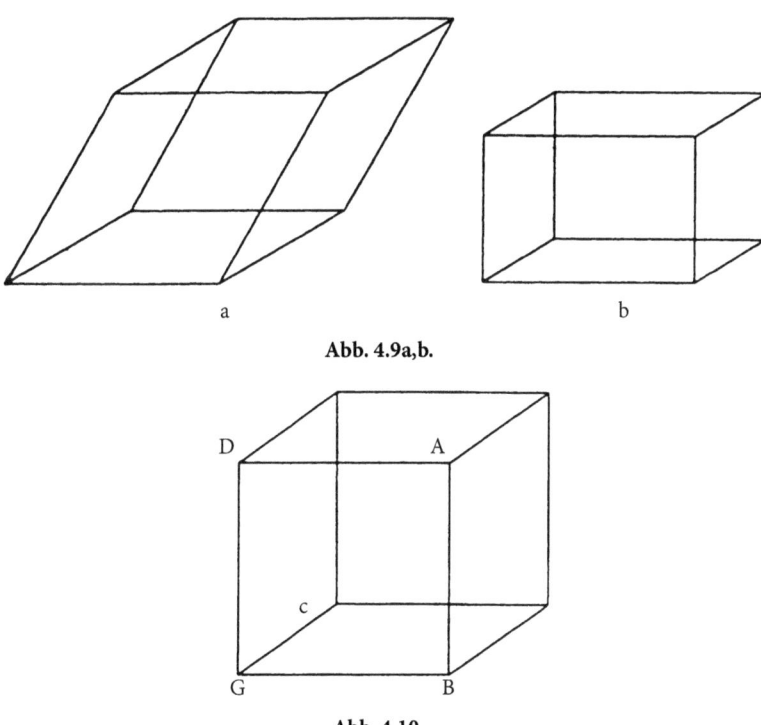

Abb. 4.9a,b.

Abb. 4.10.

Lösung. Man konstruiere eine Strecke k mithilfe der Methoden der euklidischen Geometrie, sodass $a : b = b : k$. Danach konstruiere man h, sodass $a : k = h : c$. Dann hat der Körper mit der Grundfläche b^2 und der Höhe h das gleiche Volumen wie der gegebene Körper.

Beweis. Aus $a : b = b : k$ folgt $a^2 : b^2 = (a : b) \times (a : b) = (a : b) \times (b : k) = a : k$. Da aber $a : k = h : c$ und somit auch $a^2 : b^2 = h : c$ bedeutet dies $a^2 \times c = b^2 \times h$. Folglich hat der Körper, dessen Grundfläche b^2 und dessen Höhe h ist, das gleiche Volumen wie der gegebene Körper $a^2 \times c$, was zu beweisen war.

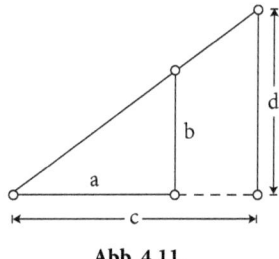

Abb. 4.11.

Algebraisch gesprochen verlangt dieses Lemma nach der Lösung von $a^2 \times c = b^2 \times x$, wobei a, b, c gegeben sind. Al-Khayyāmīs Konstruktion führt zu dieser Lösung ($a^2 \times c/b^2$), indem zuerst $k = b^2/a$ und dann $h = (ac)/k = a^2 \times c/b^2$ bestimmt wird. 'Umar setzt dabei als bekannt voraus, dass es möglich ist, zu drei Strecken a, b, c eine vierte Strecke zu bestimmen, sodass gilt $a : b = c : d$. Die Strecke d wird als „vierte Proportionale" bezeichnet. Abbildung 4.11 zeigt, wie sie konstruiert werden kann.

Eigentlicher Beweis

'Umar kommt nun zu seiner ersten nichttrivialen Gleichung, die er als „ka'b und Seiten gleich einer Zahl" beschreibt, also den Fall, den wir heute in der Form $x^3 + mx = n$ mit m, n positiv notieren würden. Hierfür gibt er das folgende Verfahren an: b sei die Seite eines Quadrats, dessen Fläche gleich der Anzahl der Wurzeln ist, d. h. $b^2 = m$, und h sei die Höhe des regulären Parallelepipes, dessen Grundfläche b^2 und dessen Volumen n ist. (Die Konstruktion von h ergibt sich direkt aus dem vorangegangenen Lemma.) Nun zeichne eine Parabel (Abb. 4.12) mit Scheitelpunkt B, Achse BZ und Parameter b sowie h senkrecht zu BZ durch B. Über h als Durchmesser zeichne einen Halbkreis, der die Parabel in D schneidet. Von D fälle das Lot DE auf h und die Ordinate DZ senkrecht zu BZ. Dann gilt DZ = EB und aus $y = BE$ folgt, dass $x^3 + mx = n$.

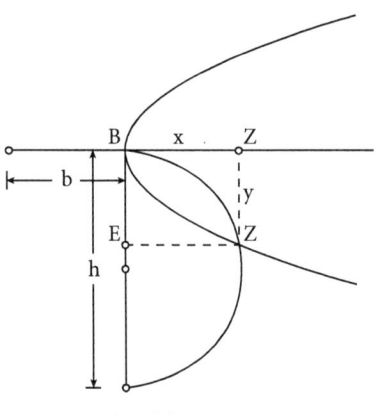

Abb. 4.12.

Beweis. Es sei BZ = x. Wegen der Eigenschaften der Parabel gilt $y^2 = bx$ und wegen der Eigenschaften des Kreises $x^2 = y(h-y)$. Die erste Gleichung kann in der Form $x : y = y : b$ geschrieben werden, die zweite $x : y = (h - y) : x$. Dann gilt $(h - y) : x = x : y = y : b$ oder in umgekehrter Reihenfolge $b : y = y : x = x : (h - y)$. Deshalb gilt auch $b^2 : y^2 = (b : y) \times (b : y) = (y : x) \times (x : (h - y)) = y : (h - y)$ und somit

$b^2 \times (h - y) = y \times y^2$, d.h. $b^2 \times h - b^2 \times y = y^3$. Addiert man auf beiden Seiten $b^2 \times y$, dann folgt hieraus $b^2 \times h = y^3 + b^2 \times y$. Ersetzt man dann $b^2 \times h$ durch n und b^2 durch m, dann folgt $y^3 + my = n$, also die Gleichung, die gelöst werden sollte.

Wir können den Beweis auch etwas kürzer notieren: da aus $y^2 = bx$ folgt $y^4 = b^2 x^2$ und aus $x^2 = y(h - y)$ folgt $b^2 x^2 = b^2 y(h - y)$. Deshalb gilt $y^4 = b^2 x^2 = b^2 y(h - y)$ und somit, da $y \neq 0$,

$$y^3 = b^2(h - y), \quad \text{d.h.} \quad y^3 + my = y^3 + b^2 \times y = b^2 \times h = n$$

– und die Gleichung ist gelöst.

'Umars Untersuchung der Anzahl der Lösungen

Über die ganze Untersuchung hinweg warnt 'Umar seine Leser vorsorglich, dass besondere Fälle mehr als eine Lösung haben können (oder, genauer, mehr als eine positive reelle Lösung) oder aber auch gar keine. Welcher Fall vorliegt, hängt davon ab, ob die Kegelschnitte, die verwendet werden, keinen, einen oder zwei Schnittpunkte haben. Beispielsweise erhält er die Lösung für die Gleichung $x^3 + mx = n$ aus den Schnittpunkten einer Parabel und einer Hyperbel und er merkt an, dass es sein kann, dass sich die beiden Kurven auch nicht schneiden, sodass es in diesem Fall keine Lösung gibt. Wenn sie sich aber schneiden, dann berühren sie sich entweder in einem Punkt oder aber sie schneiden sich in zwei Punkten. In unserer modernen Terminologie würden wir dies so ausdrücken: Die Gleichung $x^3 + n = mx$ hat entweder keine positive reelle Zahl als Lösung oder aber zwei positive Lösungen. Im zweiten Fall können die zwei Lösungen auch eine doppelte Lösung sein, was einem Faktor $(x - a)^2$ entspricht, oder aber zwei verschiedene Lösungen. Schließlich merkt er für $x^3 + n = mx$ an, dass es keine Lösung gibt, falls $\sqrt[3]{n} \geq m$ gilt. Denn wenn $\sqrt[3]{n} \geq m$, dann gilt auch

$$n = \left(\sqrt[3]{n}\right)^3 = \sqrt[3]{n}\left(\sqrt[3]{n}\right)^2 \geq m\left(\sqrt[3]{n}\right)^2. \tag{4.4}$$

Wenn x irgendeine Lösung ist, dann folgt, dass $x > \sqrt[3]{n}$, denn aus

$$x^3 + n = mx^2 \quad \text{folgt} \quad mx^2 > n. \tag{4.5}$$

Kombiniert man (4.4) und (4.5), dann ergibt sich

$$mx^2 > n \geq m\left(\sqrt[3]{n}\right)^2, \quad \text{also} \quad mx^2 > m\left(\sqrt[3]{n}\right)^2, \quad \text{d.h.} \quad x > \sqrt[3]{n}.$$

So folgt aus $\sqrt[3]{n} \geq m$ für jede Lösung x, dass $x > \sqrt[3]{n}$.

Andererseits gilt für jede Lösung $x^3 < mx^2$, sodass $x < m < \sqrt[3]{n}$, was aber $x > \sqrt[3]{n}$ widerspricht. Somit hat 'Umar gezeigt, dass wenn $\sqrt[3]{n} \geq m$, dann hat $x^3 + n = mx$ keine positive reelle Zahl als Lösung.

Der Leser sollte sich bewusst sein, dass wir 'Umars Argumentation hier mithilfe der modernen, symbolischen Algebra dargestellt haben, eine Errungenschaft der europäischen Renaissance. 'Umar selbst verwendet in seiner Argumentation entweder geometrische Größen oder Zahlen, die geometrisch interpretiert werden. Die einzigen von ihm benutzten mathematischen Symbole sind Buchstaben, um Punkte in geometrischen Figuren zu bezeichnen. So drückt 'Umar beispielsweise die Bedingung $\sqrt[3]{n} = m$ in der oben beschriebenen Argumentation aus, indem er sagt „AC sei die Anzahl der Quadrate (m) und beschreibe einen Würfel, der gleich der gegebenen Zahl (n) und dessen Seite h ist [...]. Wenn h gleich AC ist, dann ist das Problem unlösbar weil [...]". (Mehrfach wird in der Abhandlung 'Umars Freude darüber deutlich, dass er bestimmte Fälle entdeckt hat, die frühere Mathematiker für unlösbar hielten, die tatsächlich jedoch lösbar sind).

Auch wenn wir die geometrische Form der Beweisführung von 'Umar betont haben, müssen wir ebenso hervorheben, dass 'Umar selbst seine Arbeit als einen Beitrag zur Algebra verstand. Nach der üblichen Anrufung Gottes und Gebeten um seinen Segen für den Propheten Mohammed sagt er: „Einer der Wissenszweige, die in diesem Teil der Philosophie benötigt wird, die als Mathematik bekannt ist, ist die Wissenschaft der Algebra, deren Ziel es ist, numerische und geometrische Unbekannte zu bestimmen [...]." Des Weiteren beginnt er das erste Kapitel mit den Worten:

„Algebra. Mit der Hilfe Gottes und seiner kostbaren Unterstützung sage ich, dass die Algebra eine wissenschaftliche Kunst ist. Die Objekte, mit denen sie sich beschäftigt, sind absolute Zahlen und [geometrische] Größen, die, obwohl sie selbst unbekannt sind, Beziehungen haben zu Dingen, die bekannt sind, wodurch die Bestimmung der unbekannten Größen möglich wird [...]. Was man in der algebraischen Kunst sucht, das sind die Beziehungen, die vom Bekannten zum Unbekannten führen, um damit zu verstehen, was der Gegenstand der Algebra ist."

Sind diese Beziehungen, die vom Bekannten zum Unbekannten führen, auf die Eigenschaften geometrischer Figuren zurückzuführen, dann ist die Aufgabe aus 'Umars Sicht deswegen nicht weniger algebraisch. Die Anwendung gegebener Beziehungen bei der Suche nach der Unbekannten ist das Merkmal der Algebra – nichts anderes.

Auch wenn 'Umars Abhandlung Lösungen als Strecken und nicht als Zahlen ausdrückt, die von den Koeffizienten der Gleichung abhängen, wissen wir, dass 'Umar solche Zahlen finden wollte. Denn er schreibt: „Was die Herleitung für jene Gleichungstypen betrifft, wenn der Gegenstand eine absolute Zahl ist, waren weder wir noch irgendein anderer Algebraiker erfolgreich, außer bei den ersten drei Potenzen, nämlich Zahl, Ding und Quadrat, aber vielleicht werden die, welche nach uns kommen, es sein."

In seiner Hoffnung erwies sich 'Umar als Prophet, denn zu Beginn des 16. Jahrhunderts fügte eine Gruppe von Algebraikern in Italien verschiedene Teile des Rätsels zusammen. 1545 veröffentlichte der Arzt und Astrologe Gerolamo Cardano in seiner *Ars magna* (*Die große Kunst*) genauso wie 'Umar eine Analyse aller Fälle der kubischen Gleichung, aber dieses Mal wurden die Lösungen nicht als Strecken, sondern als Zahlen in Abhängigkeit von den Koeffizienten der Gleichung ausgedrückt. Anstelle von Kegelschnitten verwendete Cardano Gleichungen wie $(a - b)^3 + ab(a - b) = a^3 - b^3$, um zu zeigen, wie man die Lösung der kubischen Gleichung aus der Lösung einer zugehörigen quadratischen Gleichung und dem anschließenden Ziehen der Kubikwurzel erhält – beides hätte schon lange vor ʿUmars Zeit numerisch behandelt werden können. Die Formel, die Cardano für eine Wurzel der Gleichung $x^3 + px = q$ veröffentlichte, lautet:

$$x = \sqrt[3]{\frac{q}{2} + \sqrt{\left(\frac{q}{2}\right)^2 + \left(\frac{p}{3}\right)^3}} - \sqrt[3]{-\frac{q}{2} + \sqrt{\left(\frac{q}{2}\right)^2 + \left(\frac{p}{3}\right)^3}}$$

Auf diese Weise gingen ʿUmars Hoffnungen mehr als vier Jahrhunderte später in Erfüllung.

§8 Die islamische Dimension: Die Algebra der Erbschaften

Um weitere mathematische Verfahren im Dienste des Islam zu verdeutlichen, wenden wir uns wie im Kapitel über Arithmetik der zweiten Hälfte aus al-Khwārizmīs *Algebra* zu, und zwar einem Problem aus der Wissenschaft des Erbrechts (*ʿilm al-waṣāyā*). Der Leser möge sich erinnern, dass diese Wissenschaft die Anwendung des religiösen Rechts und der Algebra auf die Berechnung von Anteilen aus einer Erbmasse verlangt, wenn ein Erbteil einem Fremden vermacht wurde.

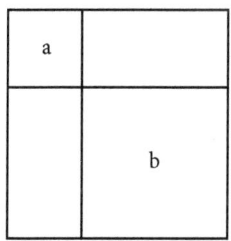

Abb. 4.13.

Al-Khwārizmī gibt folgendes Beispiel für die Anwendung der Algebra im Falle einer Erbschaft:

„Ein Mann stirbt und hinterlässt zwei Söhne. Ein Drittel seines Vermögens vermacht er einem Fremden. Sein Vermögen umfasst 10 *dirhām* in bar und 10 *dirhām* als Forderung an einen seiner Söhne, dem er das Geld geliehen hatte."

Die maßgeblichen Teile des islamischen Erbrechts sind:

1. Die natürlichen Erben können sich nur weigern, einen Teil des Erbes auszuzahlen, der ein Drittel übersteigt. In diesem Fall muss also die Erbschaft an den Fremden ausgezahlt werden.

2. Der Betrag, um den das noch ausstehende Darlehen an den Sohn dessen Erbteil übersteigt, wird als Geschenk an den Sohn angesehen.
3. Das Geschenk hat Vorrang vor der Erbschaft an den Fremden und dieses wiederum hat Vorrang vor den Anteilen der natürlichen Erben.

Zur Lösung dieser Aufgabe setzt al-Khwārizmī x gleich dem rechtmäßigen Anteil jedes Sohnes. Da zuerst das Geschenk bezahlt werden muss, wird lediglich der rechtmäßige Anteil von den zehn *dirhām* des Darlehens abgezogen und zu den zehn *dirhām* Barvermögen addiert; damit ergibt sich ein Gesamterbe von $10 + x$. Der Fremde erhält nun hiervon ein Drittel, jeder Sohn x, sodass gilt $\frac{10+x}{3} + 2x = 10 + x$. Folglich ist $x = \frac{10+x}{3}$, sodass gilt $\frac{2}{3x} = 3\frac{1}{3}$. Dann, wenn jede Seite um die Hälfte vergrößert wird, wird $\frac{2}{3x}$ zu x und aus $3\frac{1}{3}$ wird 5. (Man erinnere sich, dass es in der Arithmetik eigene Kapitel über das Halbieren von Zahlen gab. Daher beträgt der rechtmäßige Anteil 5 (*dirham*), der Fremde erhält $\frac{10+5}{3} = 5$, und das Geschenk beträgt 5.

Übungen

1. Zeigen Sie, dass der vierte Typ quadratischer Gleichungen, $x^2 + n = mx$, der einzige von al-Khwārizmīs sechs Typen ist, der zwei positive Lösungen haben kann.
2. Beweisen Sie den zweiten Fall des Theorems in Euklid II, 5 auf eine ähnliche Art und Weise wie den ersten (siehe Abb. 4.4b).
3. Zeigen sie unter Bezugnahme auf Thābits Erläuterung der zweiten Grundform einer quadratischen Gleichung, dass aus $a^2 + q = pa$ folgt, dass p größer ist als a.
4. Verwenden Sie Abb. 4.13, um zu zeigen, dass $\sqrt{a} + \sqrt{b} = \sqrt{a+b+2\sqrt{ab}}$ und zeichnen Sie eine eigene Grafik, um zu beweisen, dass $\sqrt{a} - \sqrt{b} = \sqrt{a+b-2\sqrt{ab}}$.
5. Zeigen Sie, dass die drei Größen in Aufgabe 61 aus Abū Kāmils Buch, b, yb und zb, nicht nur der ersten Bedingung genügen, dass ihre Summe 10 beträgt, sondern auch den beiden anderen Bedingungen der Aufgabe.
6. $f(x, y, \ldots, w), g(x, y, \ldots, w), \ldots, k(x, y, \ldots, w)$ seien homogene Polynome und f vom Grad 1. Zeigen Sie: Wenn c eine Konstante ungleich null ist, dass die Bedingungen $f(1, Y, \ldots, W) = c, g(1, Y, \ldots, W) = \ldots = k(1, Y, \ldots, W) = 0$ genau dann erfüllt sind, wenn $x = (d/c)X$, $y = (d/c)Y$ usw., $f(x, y, \ldots, w) = d$ und $g(x, y, \ldots, w) = \ldots = k(x, y, \ldots, w) = 0$. Identifizieren Sie auch all diese Funktionen und Konstanten in Abū Kāmils Problem.
7. Zeigen sie, dass die Lösung, die Abū Kāmil für die Gleichung findet, die sich aus Aufgabe 61 ergibt, positiv ist, aber kleiner als 5, während die andere Lösung der Gleichung größer als 5 ist. Leiten Sie her, dass

die Lösung, die Abū Kāmil ermittelt hat, der korrekte Wert für $b = 10/a$ ist.

8. Wenden Sie al-Samaw'als Verfahren für die Division an, um den Quotienten von $2x^3 - 11x^2 - 13x - 5$ dividiert durch $2x - 5$ zu bestimmen.

9. Lösen Sie folgende Aufgabe aus al-Khwārizmī: Ein Mann hat zwei Söhne und hinterlässt zehn *dirhām* Barvermögen und zehn *dirhām*, die als Forderung an einen seiner Söhne, dem er das Geld geliehen hatte, ausstehen. Einem Fremden vermacht er ein Fünftel seines Vermögens plus 1 *dirhām*. Berechnen Sie den Betrag, den jede Partei erhält.

Literatur

Abū Kāmil, Shujā' b. Aslam: *Algebra* (trans. and comm. by M. Levey). University of Wisconsin Press: Madison, Wisconsin 1966
Gandz, S.: „The Algebra of Inheritance". *Osiris* 5 (1938): 319–391
Al-Khayyāmī, 'Umar: *The Algebra* (transl. and comm. by D. S. Kasir as *The Algebra of Omar Khayyam*). New York 1931
Weitere englische Übersetzung von H. J. J. Winter und W. 'Arafat: „The Algebra of 'Umar Khayyam". *Journal of the Royal Asiatic Society of Bengal. Science* 16 (1950): 27–70
al-Khwārizmī, Muḥammad b. Mūsā (transl. by F. Rosen): *The Algebra of Muhammed ben Musa*. London 1831
Rashed, R.: „Récommencements de l'algèbre au XIe et XIIe siècles". In: *The Cultural Context of Medieval Learning* (John E. Murdoch and E. D. Sylla). Reidel: Dordrecht 1975, 33–60
Sesiano, J.: „Les méthodes d'analyse indéterminée chez Abū Kāmil". *Centaurus* 21:2 (1977): 89–105

Kapitel 5
Trigonometrie in der islamischen Welt

§1 Antiker Hintergrund: Sehnen- und Sinustafeln

Der Zweig der Elementarmathematik, dessen Ursprünge am offensichtlichsten in der Astronomie liegen, ist die Trigonometrie, denn es gibt keinerlei Hinweise auf dieses Teilgebiet aus der Zeit, bevor griechische Astronomen damit begannen, Modelle für die Bewegung der Sonne, des Mondes und der fünf bekannten Planeten zu entwickeln. Dies erforderte die Berechnung der Größe bestimmter Seiten und Winkel eines Dreiecks aus den anderen gegebenen Größen. Bereits im 5. Jahrhundert v. Chr. stellte Hipparchos von Rhodos eine erste Fassung einer trigonometrischen Tabelle zusammen, um sie für seine astronomischen Berechnungen zu verwenden. Astronomen im alten Indien verwendeten ebenfalls diese Modelle und sahen sich mit den gleichen mathematischen Problemen konfrontiert. Es sind die von griechischen und indischen Autoren verfassten astronomischen Handbücher und die dazugehörigen Kommentare, aus denen wir unsere Informationen über die frühe Geschichte der Trigonometrie entnehmen können.

Ein Problem erscheint uns wenig anspruchsvoll, wenn es nur Anregungen für eine einzige Lösung hergibt; da aber die Aufgabenstellungen der Astronomie wirklich interessante Probleme sind, zogen sie eine wunderbare Vielfalt an Lösungsverfahren nach sich, die von der Erzeugung von Reihen bis hin zu Verfahren der darstellenden Geometrie reichen. Unter diesen Methoden finden sich auch solche, die wir heute als trigonometrisch bezeichnen würden, und um den historischen Kontext für die islamischen Beiträge herzustellen, geben wir zunächst einen kurzen Überblick über die Entwicklungen in Griechenland und Indien. Die umfassendste griechische Abhandlung der Trigonometrie ist im *Almagest* enthalten, einem astronomischen Werk, das zu Beginn des 2. nachchristlichen Jahrhunderts von Ptolemaios in Alexandria geschrieben wurde. Das Wort „Almagest" ist die arabische Übertragung des griechischen Worts *megistē* (mit dem davor gestellten bestimmten arabischen Artikel *al-*), was „das Größte" bedeutet, denn die griechischen Gelehrten nannten Ptolemaios' „Mathematische Zusammenstellung" „Die große Zusammenstellung". Und sein Werk wurde so bedeutsam, dass spätere Astronomen es einfach nur „Das Größte" nannten, möglicherweise in Anspielung auf die doppelte Bedeutung des griechischen Wortes, das sowohl „groß" als auch „großartig" bedeuten kann. Islamische Autoren übertrugen das griechische Wort buchstabenweise ins Arabische und im 12. Jahrhundert latinisierten dann europäische Autoren das Arabische zu „Almagest".

Im *Almagest* stellt Ptolemaios Tabellen und Regeln zur Verfügung, die es dem Benutzer ermöglichen, für die Sonne, den Mond und die fünf damals bekannten Planeten die Frage „Wo stehen sie zu einer gegebenen Zeit?" zu beantworten. Damit die Benutzer verstehen können, wie diese Tabellen und Regeln entstanden sind, gibt Ptolemaios die zugrunde liegenden geometrischen Modelle an, deren Parameter er aus Beobachtungen mithilfe genialer mathematischer Verfahren herleitete. Diese Modelle waren so erfolgreich, dass sie die Grundlage der wissenschaftlichen Astronomie bis in Kopernikus' Zeiten bildeten.

Viele der mathematischen Verfahren des Ptolemaios hängen mit einer Tabelle zusammen, die er in das Buch I des *Almagest* aufnimmt und die er als „Eine Tabelle der Sehnen in einem Kreis" bezeichnet. In Abb. 5.1 sind die drei Spalten eines Teils der Tabelle wiedergegeben. Die Spalte ganz links enthält nur die Kreisbögen (bzw. die zugehörigen Winkel), beginnend mit $\frac{1}{2}°$ mit einer Schrittweite von $\frac{1}{2}°$ bis hin zu $180°$. Die nächste Spalte gibt für jeden Kreisbogen θ die Länge der Sehne an, die dem Kreisbogen in einem Kreis mit Radius 60 gegenüberliegt. Die Länge wird in sexagesimalen Brüchen angegeben, was sich auf die 60 Einheiten des Radius bezieht. In der dritten Spalte wird die durchschnittliche Zunahme der Sehnenlänge pro Bogenminute angegeben, und zwar von einem Tabellenwert bis zum nächsten, und kann für die lineare Interpolation verwendet werden. So steht beispielsweise in der dritten Zeile: „Crd $1\frac{1}{2}$ = 1;34,15 und für jede Minute der folgenden $30'$ des Bogens addiere 0;1,2,50 zur Sehnenlänge."[1]

Eine solche Tabelle und die Kenntnis darüber, wie sie zu benutzen ist, war alles an Trigonometrie, was den Astronomen der griechischen Antike zur Lösung ebener trigonometrischer Probleme zur Verfügung stand. Diese eine Tabelle war jedoch leistungsstark genug, dass selbst noch im 13. Jahrhundert der muslimische Astronom Naṣīr al-Dīn al-Ṭūsī ihre Benutzung in seinem großen Werk *Die Transversalenfigur* erläuterte.

Naṣīr al-Dīn beginnt Kapitel 2 des III. Teils mit der Bemerkung, dass, da jedes Dreieck ABG in einen Kreis einbeschrieben werden kann, seine Seiten als Sehnen der gegenüberliegenden Winkel aufgefasst werden können, oder genauer gesagt: als Sehnen der Kreisbögen, die den Winkeln gegenüberliegen (Abb. 5.2). Er sagt dann, dass es sowohl in der Astronomie als

---

[1] Anm. d. Ü.: Die gebräuchliche Abkürzung *crd* leitet sich von gr.-lat. *chorda, corda* für Saite, Sehne her.

§1 Antiker Hintergrund: Sehnen- und Sinustafeln

Sehnentabelle

Bögen	Sehnen	Sechzigstel	Bögen	Sehnen	Sechzigstel
$\frac{1}{2}$	0 31 25	1 2 50	23	23 55 27	1 1 33
1	1 2 50	1 2 50	$23\frac{1}{2}$	24 26 13	1 1 30
$1\frac{1}{2}$	1 34 15	1 2 50	24	24 56 68	1 1 26
2	2 5 40	1 2 50	$24\frac{1}{2}$	25 27 41	1 1 22
$2\frac{1}{2}$	2 37 4	1 2 48	25	25 58 22	1 1 19
3	3 8 28	1 2 48	$25\frac{1}{2}$	26 29 1	1 1 15
$3\frac{1}{2}$	3 39 52	1 2 48	26	26 59 38	1 1 11
4	4 11 16	1 2 47	$26\frac{1}{2}$	27 30 14	1 1 8
$4\frac{1}{2}$	4 42 40	1 2 47	27	28 0 48	1 1 4
5	5 14 4	1 2 46	$27\frac{1}{2}$	28 31 20	1 1 0
$5\frac{1}{2}$	5 45 27	1 2 45	28	29 1 50	1 0 56
6	6 16 49	1 2 44	$28\frac{1}{2}$	29 32 18	1 0 52
$6\frac{1}{2}$	6 48 11	1 2 43	29	30 2 44	1 0 48
7	7 19 33	1 2 42	$29\frac{1}{2}$	30 33 8	1 0 44
$7\frac{1}{2}$	7 50 54	1 2 41	30	31 3 30	1 0 40
8	8 22 15	1 2 40	$30\frac{1}{2}$	31 33 50	1 0 35
$8\frac{1}{2}$	8 53 35	1 2 39	31	32 4 8	1 0 31
9	9 24 54	1 2 38	$31\frac{1}{2}$	32 34 22	1 0 27
$9\frac{1}{2}$	9 56 13	1 2 37	32	33 4 35	1 0 22
10	10 27 32	1 2 35	$32\frac{1}{2}$	33 34 46	1 0 17
$10\frac{1}{2}$	10 58 49	1 2 33	33	34 4 55	1 0 12
11	11 30 5	1 2 32	$33\frac{1}{2}$	34 35 1	1 0 8
$11\frac{1}{2}$	12 1 21	1 2 30	34	35 5 5	1 0 3
12	12 32 36	1 2 28	$34\frac{1}{2}$	35 35 6	0 59 57
$12\frac{1}{2}$	13 3 50	1 2 27	35	36 5 5	0 59 52
13	13 35 4	1 2 25	$35\frac{1}{2}$	36 35 1	0 59 48
$13\frac{1}{2}$	14 6 16	1 2 23	36	37 4 55	0 59 43
14	14 37 27	1 2 21	$36\frac{1}{2}$	37 34 47	0 59 38
$14\frac{1}{2}$	15 8 38	1 2 19	37	38 4 36	0 59 32
15	15 39 47	1 2 17	$37\frac{1}{2}$	38 34 22	0 59 27
$15\frac{1}{2}$	16 10 56	1 2 15	38	39 4 5	0 59 22
16	16 42 3	1 2 13	$38\frac{1}{2}$	39 33 46	0 59 16
$16\frac{1}{2}$	17 13 9	1 2 10	39	40 3 25	0 59 11
17	17 44 14	1 2 7	$39\frac{1}{2}$	40 33 0	0 59 5
$17\frac{1}{2}$	18 15 17	1 2 5	40	41 2 33	0 59 0
18	18 46 19	1 2 2	$40\frac{1}{2}$	41 32 3	0 58 54
$18\frac{1}{2}$	19 17 21	1 2 0	41	42 1 30	0 58 48
19	19 48 21	1 1 57	$41\frac{1}{2}$	42 30 54	0 58 42
$19\frac{1}{2}$	20 19 19	1 1 54	42	43 0 15	0 58 36
20	20 50 16	1 1 51	$42\frac{1}{2}$	43 29 33	0 58 31
$20\frac{1}{2}$	21 21 11	1 1 48	43	43 58 49	0 58 25
21	21 52 6	1 1 45	$43\frac{1}{2}$	44 28 1	0 58 18
$21\frac{1}{2}$	22 22 58	1 1 42	44	44 57 10	0 58 12
22	22 53 49	1 1 39	$44\frac{1}{2}$	45 26 16	0 58 6
$22\frac{1}{2}$	23 24 39	1 1 36	45	45 55 19	0 58 0

Abb. 5.1. Aus: Toomer, *Ptolemy's Almagest* (Urheberrecht beim Springer-Verlag, mit freundlicher Genehmigung des Springer-Verlags 1984)

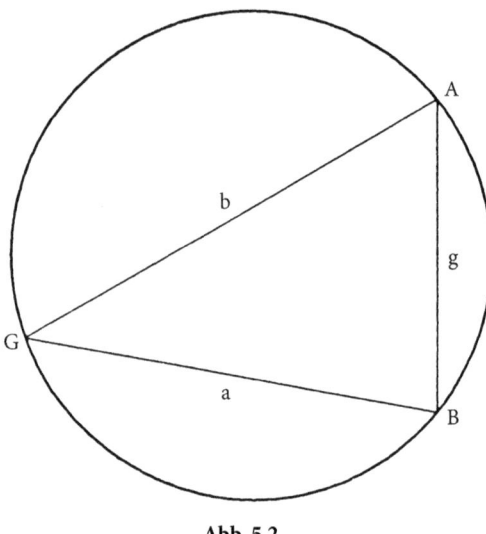

Abb. 5.2.

auch in der Geometrie selbst notwendig ist, einige Seiten und Winkel eines Dreiecks aus anderen gegebenen zu bestimmen, und dies kann entweder mithilfe der Kreisbögen und der Sehnen oder aber mithilfe der Kreisbögen und dem Sinus geschehen. Wir interessieren uns zunächst einmal dafür, wie er die Kreisbögen und Sehnen zur Bestimmung rechtwinkliger Dreiecke benutzt. (Ein Dreieck ist „bestimmt", wenn die Längen aller seiner Seiten und die Größen aller Winkel ermittelt sind.)

Zunächst einmal merkt Naṣīr al-Dīn an, dass, sobald nur ein spitzer Winkel eines rechtwinkligen Dreiecks ABG bekannt ist, alle Winkel bekannt sind, denn die beiden spitzen Winkel müssen zusammen 90° ergeben; von den Seiten kennt man jedoch nur die Verhältnisse, in denen die Längen zueinander stehen. Hier bezieht er sich zweifelsohne auf *propositio* VI, 4 der *Elemente* des Euklid, die besagt: Haben zwei Dreiecke die gleichen Winkel, dann sind die an gleichen Winkeln anliegenden Seiten zueinander proportional.

Somit muss man mindestens eine Seite kennen, um das Dreieck vollständig zu bestimmen. Naṣīr al-Dīn geht zuerst von zwei bekannten Seiten aus (z. B. a und g oder a und b in Abb. 5.3), sodass er die dritte mithilfe des Satzes des Pythagoras berechnen kann. Um in diesem Fall die Größe eines spitzen Winkels zu berechnen, nehme man eine neue Einheit u derart an, dass gilt $b = 120u$ und berechne die Seiten entsprechend zu diesem Maßstab neu. (Dieser Wechsel zu einem Maßstab von 120 Einheiten zieht sich quer durch die gesamte antike Trigonometrie, da die Sehnen- und Sinustafeln unter der Annahme dieses Durchmessers erstellt waren.) Wenn gilt $a = n \times u$, dann kann man in einer Tabelle für die Sehnen in einem Kreis in der Spalte mit der Überschrift „Sehnen" nachschauen, bis man den Wert n

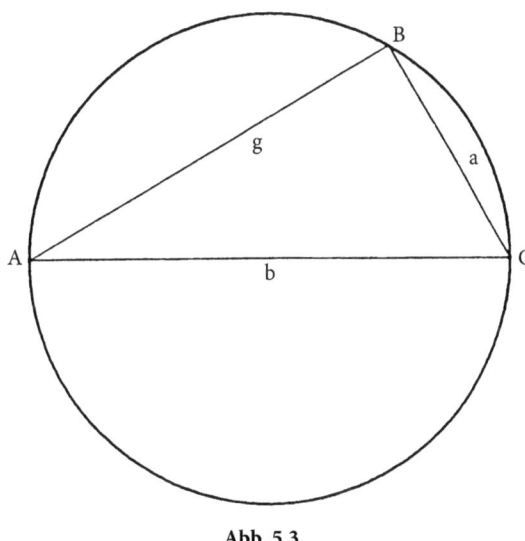

Abb. 5.3.

findet. Der daneben stehende Wert ist dann die Größe des Bogens $\widehat{BG}$. Daraus folgt ∡ A = $\frac{1}{2}\widehat{BG}$ und wie zuvor angesprochen kann der Winkel G berechnet werden, da ∡ A + ∡ G = 90°.

Im dritten Fall, wenn nur eine Seite gegeben ist, muss darüber hinaus auch noch ein spitzer Winkel A bekannt sein. Dann kann der Winkel ∡ B aus 90° − ∡ A berechnet werden, sodass dann alle Winkel bekannt sind. Wiederum bedeutet es nur einen Wechsel des Maßstabs, wenn für die Hypotenuse eine Länge von 120 Einheiten vorausgesetzt wird, und man stellt die Verhältnisgleichung mit der bekannten und der unbekannten Seite auf:

$$GB : GA = \text{Crd}(\widehat{GB}) : \text{Crd}(\widehat{GA}) .$$

Es war ein wohlbekannter Satz aus den „Elementen" des Euklid (Buch III, Prop. 20), dass die Umfangswinkel halb so groß sind wie die Mittelpunktswinkel, die dem gleichen Bogen gegenüberliegen. Daher sind alle Winkel des Dreiecks GBA bekannt und ebenfalls eine der beiden Seiten. Somit können wir die andere Seite mithilfe der oben angegebenen Verhältnisgleichung berechnen. Damit schließt Naṣīr al-Dīn al-Ṭūsīs Darstellung, wie jedes rechtwinklige Dreieck mithilfe einer Sehnentafel bestimmt werden kann.

Somit kann eine Tabelle für die Sehnen in einem Kreis anstelle einer Sinustafel zur Bestimmung von Dreiecken verwendet werden. Tatsächlich ist eine Sehnentafel für Kreisbögen AE von 0 bis 180° äquivalent zu einer Sinustafel für Winkel θ von 0 bis 90°, da nach Abb. 5.4 gilt

$$\sin(\theta) = \frac{AG}{AO} = \frac{\frac{1}{2}\text{Crd}(2\widehat{AB})}{60} = \frac{\frac{1}{2}\text{Crd}(\widehat{AE})}{60} ,$$

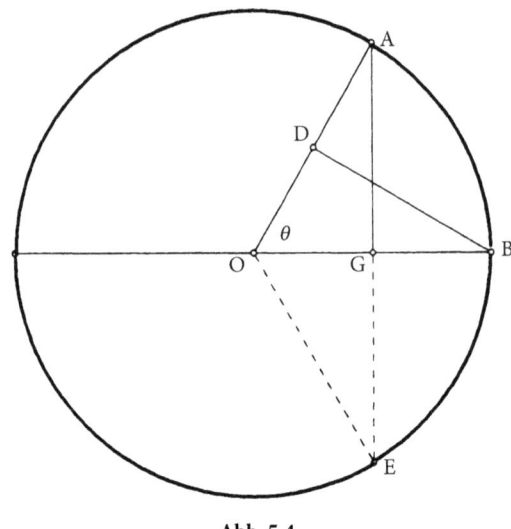

Abb. 5.4.

Zusätzlich zeigen Beziehungen wie $\cos(\theta) = \sin(90° - \theta)$ und $\tan(\theta) = \sin(\theta)/\cos(\theta)$, dass alle trigonometrischen Funktionen mithilfe der Sinusfunktion ausgedrückt werden können. Deshalb genügt eine einzige Sehnentafel, um alle trigonometrischen Funktionen bereitzustellen. Demnach können wir mithilfe einer solchen Tabelle drei unbekannte Größen in einem Dreieck aus drei bekannten bestimmen, wann immer dies mit trigonometrischen Funktionen möglich ist.

Natürlich kann das, was in der Theorie möglich ist, für die Praxis ungünstig sein, denn eine einzige Funktion ist normalerweise kein Ersatz für sechs Funktionen, von denen jede für einen bestimmten Zweck maßgeschneidert ist. Zudem (siehe das Beispiel) ist es lästig, dass der Winkel verdoppelt werden muss, um die Größe des Kreisbogens aus dem eingeschriebenen Winkel zu berechnen. Jedoch haben diese Unbequemlichkeiten, soweit wir wissen, die hellenistischen Astronomen nie dazu bewogen, ein Hilfsmittel aufzugeben, das schon im 2. vorchristlichen Jahrhundert von dem Astronomen Hipparchos auf Rhodos benutzt wurde.

Vielmehr waren es erst die Astronomen aus Indien, welche die Funktion einführten, die der modernen Trigonometrie zugrunde liegt, nämlich den Sinus, und in einem indischen astronomischen Handbuch aus dem 4. oder 5. Jahrhundert unserer Zeitrechnung, bekannt als *Surya Siddhanta*, werden die Werte dieser Funktion in Sanskritversen für alle $3\frac{3}{4}°$ eines Kreisbogens angegeben, und zwar von $3\frac{3}{4}°$ bis 90°. Der Radius des Bezugskreises wird mit 3438′ angegeben, wobei die Minute eine Längeneinheit ist, die $\frac{1}{60}$ der Bogenlänge von 1° auf dem Kreis entspricht. Mit dieser indischen Errungenschaft nähern wir uns den Anfängen der islamischen Übernahme der indischen Astronomie, denn ab dem 8. Jahrhundert, als sich der Islam von

Spanien bis China verbreitet hatte, wurden indische astronomische Texte am Hof des Kalifen al-Manṣūr in Bagdad ins Arabische übersetzt.

Bald darauf stellten die muslimischen Astronomen ihre eigenen Handbücher her, die auf griechischen und indischen Vorbildern beruhten, aber Elemente mit aufnahmen, die von besonderer Bedeutung für die islamische Kultur waren, wie beispielsweise die Bestimmung der Sichtbarkeit der Mondsichel und der Richtung nach Mekka. Solche Handbücher, die von fast allen wichtigen islamischen Astronomen verfasst wurden, werden *zīj*-Werke genannt. *Zīj*, ein ins Arabische übernommenes persisches Wort, bedeutete ursprünglich „Faden" oder „Saite" und später auch in der Mehrzahl, wie die Kettfäden in einem Gewebe. In Analogie hierzu wurden astronomische Tabellen, deren Erscheinungsbild eine ganze Reihe von parallelen Linien aufweist, durch welche die einzelnen Spalten voneinander getrennt sind, mit dem gleichen Wort bezeichnet und unter diesem Namen bekannt.

§2 Die Einführung der sechs trigonometrischen Funktionen

Einer der Wege, den die Gelehrten der islamischen Welt beschritten, um die antiken trigonometrischen Verfahren zu erweitern, bestand darin, die sechs trigonometrischen Funktionen zu definieren und wie folgt zu benutzen:

(1) *Der Sinus* (Abb. 5.4). Er wurde für einen Bogen $\widehat{AB}$ eines Kreises mit Mittelpunkt O und Radius R als die Länge des Lotes AG von A auf OB definiert. Offensichtlich ist dies auch die Länge des Lotes BD von B auf OA, wobei die Länge von R abhängt. Wenn $\text{Sin}_R \widehat{AB}$ den Sinus eines Bogens $\widehat{AB}$ in einem Kreis mit Radius R bezeichnet, dann hängt diese mittelalterliche Sinusfunktion mit der modernen Funktion durch die Beziehung $\text{Sin}_R(\widehat{AB}) = R \times \sin(\widehat{AB})$ zusammen und mit der Sehnenfunktion des Ptolemaios durch $\text{Sin}_R(\widehat{AB}) = \frac{1}{2}\text{Crd}_R(2\widehat{AB})$. (Wir werden im Folgenden Großbuchstaben zur Kennzeichnung der indischen trigonometrischen Funktionen verwenden und Kleinbuchstaben für die modernen trigonometrischen Funktionen.)

(2) *Der Kosinus.* Auch ihn beschreiben die muslimischen Autoren als Länge und nicht als Verhältnis. Wenn $\text{Cos}_R(\widehat{AB})$ diese Funktion für Bögen $\widehat{AB} < 90°$ eines Kreises mit Radius R bezeichnet, dann ist

$$\text{Cos}_R(\widehat{AB}) = \text{Sin}_R(90° - \widehat{AB}),$$

was der Länge von OG in Abb. 5.4 entspricht. Diese Funktion wurde immer „der Sinus des Komplementbogens" genannt und nicht extra tabelliert.

(3) und (4) *Der Tangens und der Kotangens.* Beide wurden ursprünglich als bestimmte Schattenlängen aufgefasst, der Tangens als Schatten eines waagerecht an einer Wand befestigten Stabs (für eine gegebene Sonnenhöhe), der Kotangens als Schatten eines senkrechten Stabs mit Standardlänge (gr. *gnōmōn*, arab. *miqyās*). So entsprechen die Schattenlängen in Abb. 5.5

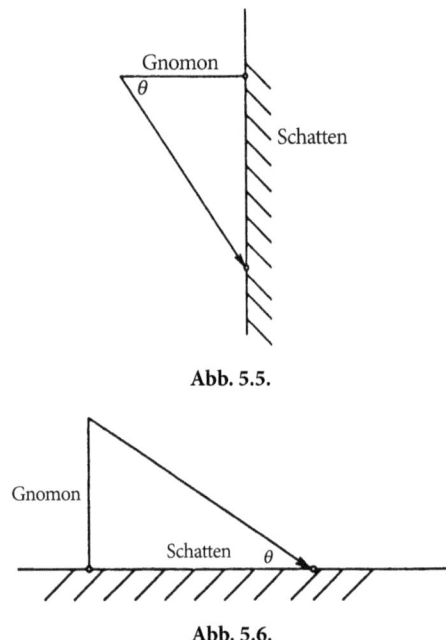

Abb. 5.5.

Abb. 5.6.

und 5.6 $R \times \tan(\theta)$ bzw. $R \times \cot(\theta)$, wobei R die Länge des Stabes und θ der Höhenwinkel der Sonne über dem Horizont ist.

Im 10. Jahrhundert jedoch wurden beide Funktionen so, wie wir sie in Naṣīr al-Dīns Werk finden, definiert wie es Abb. 5.7 entspricht. Hier ist BD senkrecht zu OB, AG senkrecht zu OB und EK senkrecht zu EO. Dann ist

$$\text{Tan}_R(\widehat{AB}) = DB \quad \text{und} \quad \text{Cot}_R(\widehat{AB}) = EK.$$

Muslimische Verfasser haben die Tangensfunktion tabelliert, aber da sie erkannten, dass der Kotangens gerade gleich dem Tangens des Komplements ist, legten sie keine eigenen Tabellen hierfür an. Über die vorangegangenen Beziehungen hinaus gab Naṣīr al-Dīn noch die folgenden beiden Beziehungen an:

1. $\text{Tan}(\widehat{AB})/R = \text{Sin}(\widehat{AB})/\text{Cos}(\widehat{AB})$. (Man beachte, dass für $R = 1$ alle Funktionen ihren modernen Gegenstücken entsprechen und diese Beziehung wird dann zu der vertrauten Beziehung $\tan(\widehat{AB}) = \sin(\widehat{AB})/\cos(\widehat{AB})$.)
2. $\text{Tan}(\widehat{AB})/R = R/\text{Cot}(\widehat{AB})$ (Für $R = 1$ wird daraus $\tan(\widehat{AB}) = 1/\cot(\widehat{AB})$, eine Beziehung, die uns vertraut ist.)

(5) und (6) *Der Sekans und der Kosekans. Diese Funktionen wurden* selten tabelliert, aber Naṣīr al-Dīn definiert sie, mit Bezug auf Abb. 5.7, als $\text{Sec}(\widehat{AB}) = OD$ und $\text{Cosec}(\widehat{AB}) = KO$. In der Terminologie der arabischen

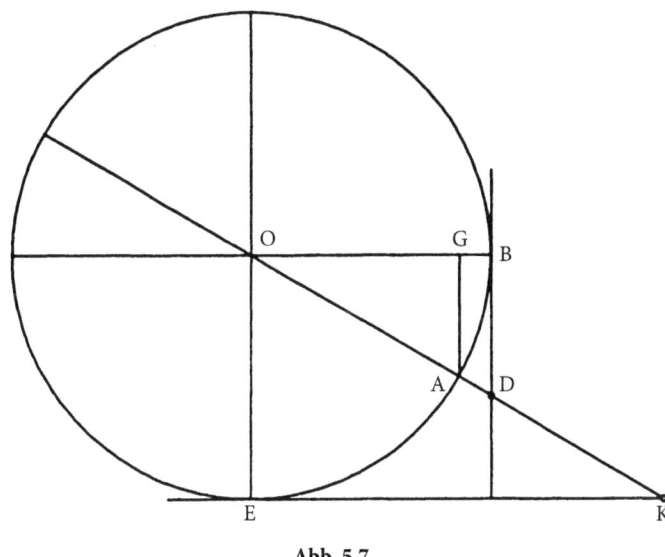

Abb. 5.7.

Autoren hießen diese Funktionen „Hypotenuse des Schattens" bzw. „Hypotenuse des umgekehrten Schattens". Diese Bezeichnungen lassen sich mit Hinweis auf die Abb. 5.5 und 5.6 erklären und mit der Tatsache, dass „Hypotenuse" sich auf die Strecke bezieht, welche die Gnomonspitze mit dem Ende des Schattens verbindet. Der Sekans ist die Hypotenuse in Abb. 5.5 und der Kosekans ist die Hypotenuse in Abb. 5.6. Naṣīr al-Dīn bemerkt, da die Dreiecke DBO und AGO ähnlich zueinander sind, also DB/DO = GA/AO, dass

$$\frac{\text{Tan}(\widehat{AB})}{\text{Sec}(\widehat{AB})} = \frac{\text{Sin}(\widehat{Ab})}{R}.$$

Die Ergänzung des antiken Systems der Trigonometrie zu einem System, das auf den sechs Funktionen basiert, die wir heute verwenden, machte die Trigonometrie viel einfacher und daher viel nützlicher, als sie es in vorislamischer Zeit war.

§3 Abū al-Wafā's Beweis des Additionstheorems für den Sinus

Den Ausführungen Naṣīr al-Dīns ist zu entnehmen, dass die islamischen Astronomen sechs trigonometrische Funktionen kannten; diese sind alle konstante Vielfache der modernen Funktionen. Außerdem war ihnen vom 10. Jahrhundert an, nach den Arbeiten Abū al-Wafā's, die Möglichkeit bewusst, $R = 1$ zu setzen, um den Sinus, den Kosinus und den Tangens zu definieren. Daher kann Abū al-Wafā' als einer der ersten angesehen werden, der die modernen trigonometrischen Funktionen berechnet hat, und die Vereinfachungen, die sich aus diesem Schritt ergeben, lassen sich aus dem Vergleich zweier Aussagen ersehen, die beide äquivalent zum bekannten Additionstheorem für den Sinus sind:

$$\sin(a \pm b) = \sin a \times \cos b \pm \cos a \times \cos b.$$

Die erste ist eine antike Fassung dieses Gesetzes aus dem *Almagest*, wo Ptolemaios Regeln angibt (siehe Abb. 5.8), um (5.1) $\mathrm{Crd}(\widehat{AB} - \widehat{AC})$ aus $\mathrm{Crd}(\widehat{AB})$ und $\mathrm{Crd}(\widehat{AC})$ zu bestimmen und (5.2) $\mathrm{Crd}(\widehat{AC} + \widehat{CB})$ aus $\mathrm{Crd}(\widehat{AC})$ und $\mathrm{Crd}(\widehat{CB})$. Diese lassen wie folgt darstellen:

$$\mathrm{Crd}(\widehat{AB} - \widehat{AC}) \times \mathrm{Crd}(180°) = \mathrm{Crd}(\widehat{AB}) \times \mathrm{Crd}(180° - \widehat{AC})$$
$$- \mathrm{Crd}(\widehat{AC}) \times (180° - \widehat{AB}) \quad (5.1)$$

und

$$\mathrm{Crd}(180° - \widehat{AB}) \times \mathrm{Crd}(180°) = \mathrm{Crd}(180° - \widehat{AC}) \times \mathrm{Crd}(180° - \widehat{CB})$$
$$- \mathrm{Crd}(\widehat{AC}) \times \mathrm{Crd}(\widehat{CB}). \quad (5.2)$$

In Fall (5.1) ist $\mathrm{Crd}(180°) = 120$, $\mathrm{Crd}(\widehat{AB})$ und $\mathrm{Crd}(\widehat{AC})$ sind bekannt (siehe Abb. 5.8) und $\mathrm{Crd}(180° - \widehat{AC})$ sowie $\mathrm{Crd}(180° - \widehat{AB})$ können hieraus mithilfe des Satzes des Pythagoras berechnet werden, denn es gilt:

$$\mathrm{Crd}(180° - \widehat{AC}) = \sqrt{(\mathrm{Crd}(180°))^2 - (\mathrm{Crd}(\widehat{AC}))^2}$$

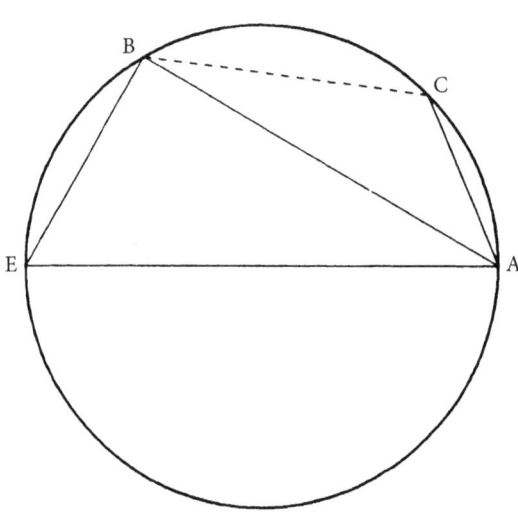

Abb. 5.8.

und

$$\mathrm{Crd}(180° - \widehat{AB}) = \sqrt{(\mathrm{Crd}(180°))^2 - (\mathrm{Crd}(\widehat{AB}))^2}$$

Da fünf von den sechs Termen in (5.1) bekannt sind, können wir nach $\mathrm{Crd}(\widehat{AB} - \widehat{AC})$ auflösen. In Fall (5.2) löst man nach $\mathrm{Crd}(180° - \widehat{AB})$ auf und berechnet hieraus $\mathrm{Crd}(\widehat{AB})$ mithilfe des Satzes von Pythagoras. Demnach können in beiden Fällen die gesuchten Größen berechnet werden, wenn auch mit einem gewissen Aufwand.

Man vergleiche die Aussagen (5.1) und (5.2), die man sich nicht leicht merken kann, mit der nachstehenden, eleganten Aussage und den einheitlichen Beweisen aus Abū al-Wafā's *Zīj al-Majisṭī*:

„Berechnung des Sinus der Summe zweier Bögen und des Sinus ihrer Differenz, wenn beides bekannt ist. Multipliziere den Sinus der beiden Bögen jeweils mit dem Kosinus des anderen Bogens, ausgedrückt in Sechzigstel. Wir addieren die beiden Produkte, wenn wir den Sinus der Summe der beiden Bögen haben möchten, aber nehmen die Differenz, wenn wir den Sinus ihrer Differenz wollen."

Abū al-Wafā' gibt für diese Aussage, die durch die moderne Formel ausgedrückt werden kann (siehe oben), den folgenden Beweis an (siehe Abb. 5.9 und 5.10). (Da der Radius des Kreises eine Einheit sein soll, können wir die trigonometrischen Funktionen ohne Großbuchstaben schreiben. Der Hinweis auf die trigonometrischen Funktionen „ausgedrückt in Sechzigstel" bedeutet nicht, dass der Radius 60 ist, sondern nur, dass in seinen Tabellen Sexagesimalbrüche verwendet werden.)

Gegeben seien zwei Kreisbögen AB und BC eines Kreises ABCD und der Sinus der beiden Bögen sei bekannt. Ich behaupte, dass dann sowohl

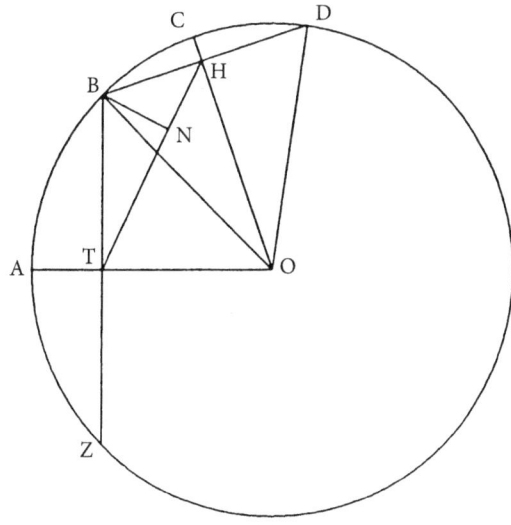

Abb. 5.9.

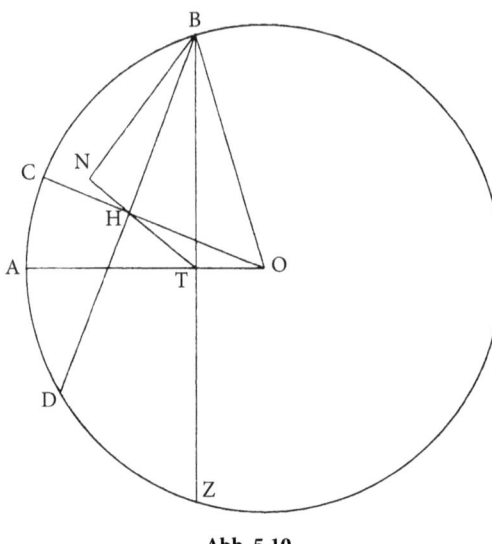

Abb. 5.10.

der Sinus ihrer Summe als auch der ihrer Differenz bekannt ist. Verbinde die drei Punkte A, B, und C mit dem Mittelpunkt O, und fälle von B aus die Lote BT und BH auf die Radien OA bzw. OC und zeichne dann HT. Verlängere außerdem BH und BT so, dass sie den Kreis in D bzw. Z schneiden. Da Radien, die senkrecht zu den Sehnen sind, diese Sehnen halbieren, gilt BH = HD und BT = TZ. Daher sind die Dreiecke BHT und BDZ zueinander ähnlich, und es gilt DZ = 2TH. In Abb. 5.9 gilt $\widehat{ZBD} = 2\widehat{AC}$, denn es gilt $\widehat{ZB} = 2\widehat{AB}$ und $\widehat{BD} = 2\widehat{BC}$. In Abb. 5.10 gilt aus den gleichen Gründen $\widehat{DZ} = 2\widehat{AC}$ und weil $\widehat{AB} - \widehat{BC} = \widehat{AC}$. Daher gilt $\widehat{TH} = \frac{1}{2}DZ = \frac{1}{2}\text{Crd}(2\widehat{AC})$ und somit TH = $\text{Sin}(\widehat{AC})$. Um die Vorüberlegungen abzuschließen, wird noch BN senkrecht zu TH eingezeichnet.

Der Schlüssel zu Abū al-Wafā's Beweis liegt in seiner Einsicht, dass, da die Winkel BTO und BHO rechte Winkel sind, die Punkte B, T, H und O auf der Kreislinie eines Kreises mit Durchmesser BO liegen, gemäß Euklids *Elemente* III, 31. Dieser Kreis ist in den Abb. 5.9 und 5.10 gestrichelt eingetragen. In beiden Fällen (Abb. 5.9 und 5.10) liegen die Winkel BHT und BOT derselben Sehne gegenüber. Im ersten Fall (Abb. 5.9) liegen sie auf derselben Seite der Sehne und sind somit gleich. Im zweiten Fall (Abb. 5.10) befinden sie sich auf gegenüberliegenden Seiten der Sehne BT, sodass sie einander zu 180° ergänzen. In diesem Fall ist der Supplementärwinkel des Winkels BHT, nämlich der Winkel BHN, genauso groß wie der Winkel BOT. In beiden Fällen sind dann die Dreiecke BHN und BOT rechtwinklig mit gleichen Winkeln in H und O. Folglich sind die Dreiecke zueinander ähnlich, und es gilt daher BH/HN = BO/BT. Wegen BH = $\sin(\widehat{BC})$, OT = $\cos(\widehat{AB})$ und $\widehat{BO}$ = 1 folgt, dass HN = $\sin(\widehat{BC}) \times \cos(AB)$ ist. Außerdem sind die beiden Dreiecke BNT und BHO zueinander ähnlich, weil die Winkel in N und H rechtwinklig sind, während die Winkel in T und O gleich sind, weil sie im Kreis durch B, H, T und O über der Sehne BH liegen. Daher gilt

$$\frac{BT}{TN} = \frac{BO}{OH}, \quad \text{wobei } BT = \sin(\widehat{AB}), \ BO = 1 \text{ und } OH = \cos(\widehat{BC}).$$

Daher gilt $TN = \sin(\widehat{AB}) \times \cos(\widehat{BC})$ und schließlich, im Falle von Abb. 5.9, erhalten wir

$$\sin(\widehat{AB} + \widehat{BC}) = \sin(\widehat{AC}) = TH = TN + NH$$
$$= \sin(\widehat{AB}) \times \cos(\widehat{AC}) + \sin(\widehat{BC}) \times \cos(\widehat{AB}).$$

Im Falle von Abb. 5.10 gilt

$$\sin(\widehat{AB} - \widehat{BC}) = \sin(\widehat{AC}) = TH = TN - NH$$
$$= \sin(\widehat{AB}) \times \cos(\widehat{BC}) - \sin(\widehat{BC}) \times \cos(\widehat{AB}).$$

§4 Naṣīr al-Dīns Beweis des Sinussatzes

Naṣīr al-Dīn führt den Sinussatz für ebene Dreiecke ein, um ein grundlegendes Hilfsmittel zur Verfügung zu haben, mit dem man fehlende Größen in dem Dreieck bestimmen kann. In diesem Abschnitt wird gezeigt, wie er den Satz beweist und wie er ihn anwendet, um unbekannte Größen des Dreiecks aus bekannten zu bestimmen.

Der Sinussatz. Wenn ABC ein beliebiges Dreieck ist, dann gilt c/b = Sin C/ Sin B.

Abbildung 5.11 veranschaulicht den Fall, dass einer der Winkel des Dreiecks ABC in B oder C stumpfwinklig ist und Abb. 5.12 den Fall, dass weder in B noch in C ein stumpfer Winkel vorliegt, sodass einer von beiden spitz ist. In beiden Fällen wird die Strecke CA bis D und die Strecke BA bis T verlängert, sodass sie jeweils 60 Einheiten lang sind. Von den Mittelpunkten B und C werden dann die Kreisbögen TH und DE gezeichnet. Wenn wir nun die Lote TK und DF auf die ggf. verlängerte Grundlinie BC fällen, dann gilt TK = Sin B und DF = Sin C. (Im Falle von Abb. 5.12 sind beide Aussagen offensichtlich, aber im Falle von Abb. 5.11 sei daran erinnert, dass Sin($\angle$ B) = Sin(180° − $\angle$ B).) Nun zeichne die Senkrechte AL auf BC. Da die beiden Dreiecke ABL und TBK zueinander ähnlich sind, gilt AB/AL = TB/TK und da die Dreiecke ACL und DCF zueinander ähnlich sind, gilt auch AL/AC = DF/DC. Da aber DC = 60 = TB, erhält man, wenn man jeweils die rechten und die linken Seiten dieser beiden Verhältnisgleichungen miteinander multipliziert, die Verhältnisgleichung AB/AC = DF/TK. Daher gilt c/b = Sin C/ Sin B, womit der Sinussatz bewiesen ist.

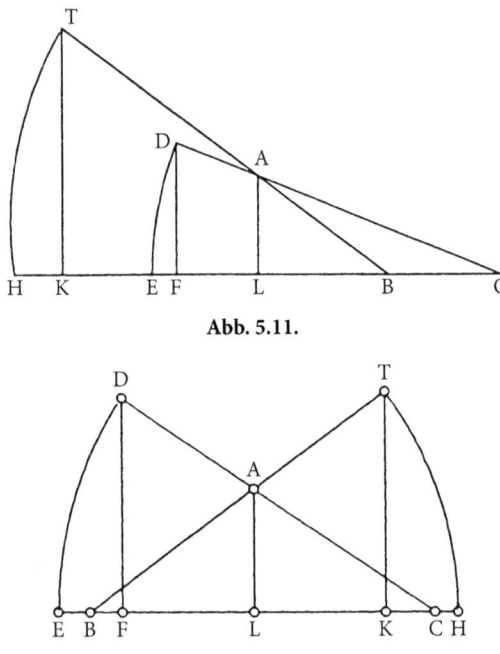

Abb. 5.11.

Abb. 5.12.

Da Naṣīr al-Dīns Sinusfunktion lediglich das 60-fache der modernen Sinusfunktion ist, gilt der obige Satz genauso für die moderne Sinusfunktion. Wir können diesen Satz auch in der Form $c/\sin C = b/\sin B = a/\sin A$ notieren, wie dies heute häufig geschieht, und man kann sich den Satz am einfachsten als Aussage merken, dass in einem Dreieck das Verhältnis einer beliebigen Seite zum Sinus des ihr gegenüberliegenden Winkels immer konstant ist.

Naṣīr al-Dīn verwendet diesen Satz, um alle möglichen Dreiecke wie folgt systematisch zu bestimmen:

Fall 1. Zwei Winkel und eine Seite sind bekannt.

Wenn zwei Winkel (in A und B) bekannt sind, dann ist der dritte Winkel in $C = 180° - (A + B)$ ebenfalls bekannt (Abb. 5.13). Aber es muss noch mindestens eine Seite gegeben sein, da ein Dreieck nicht durch seine Winkel allein bestimmt werden kann. Da jedoch alle Winkel bekannt sind, können wir – ohne Beschränkung der Allgemeinheit – annehmen, dass die bekannte Seite c sei. Dann gilt aufgrund des Sinussatzes

$$\frac{c}{b} = \frac{\text{Sin } C}{\text{Sin } B} \quad \text{und} \quad \frac{c}{a} = \frac{\text{Sin } C}{\text{Sin } A}.$$

Bei beiden Verhältnisgleichungen sind drei von vier Größen bekannt, sodass die übrigen Größen a und b bestimmt werden können.

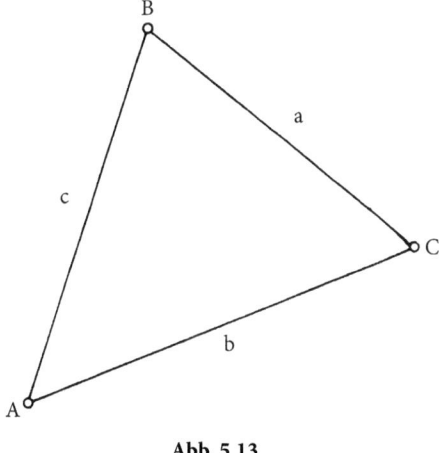

Abb. 5.13.

Fall 2. Ein Winkel und zwei Seiten sind bekannt.

Wenn nur ein Winkel gegeben ist, müssen zwei Seiten bekannt sein. Liegt eine davon dem gegebenem Winkel gegenüber, dann kann ohne Beschränkung der Allgemeinheit angenommen werden, dass beispielsweise c, C und a bekannt sind. Dann lässt sich A aus $C/a = \mathrm{Sin}\, C / \mathrm{Sin}\, A$ bestimmen. Da nun zwei Winkel bekannt sind, sind wir so weit wie im vorigen Fall, von dem ja schon gezeigt wurde, wie er zu lösen ist.

Wenn andererseits keine der gegebenen Seiten gegenüber dem gegebenem Winkel liegt, dann kann ohne Beschränkung der Allgemeinheit beispielsweise B, a und c als bekannt angenommen werden (Abb. 5.14). In

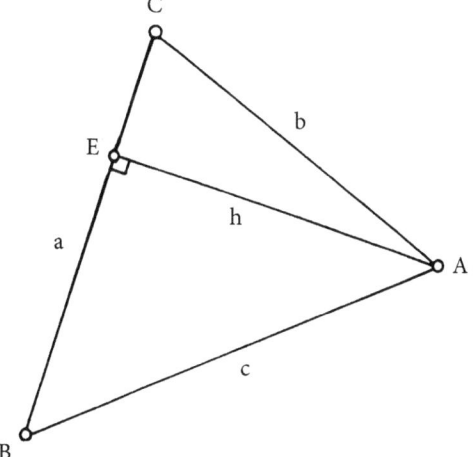

Abb. 5.14.

diesem Fall betrachte das Lot AE von A auf a. Dann sind in dem rechtwinkligen Dreieck BEA die Seite c und der Winkel in B bekannt und die Seite AE kann so bestimmt werden, wie es im Abschnitt zu den rechtwinkligen Dreiecken beschrieben ist. Dann gilt EB = $\sqrt{BA^2 - AE^2}$ und CE = a − EB, sodass in dem rechtwinkligen Dreieck AEC zwei Seiten AE und EC bekannt sind und die dritte Seite AC (= b) und der Winkel in C berechnet werden können. Dann gilt A = $180° - (B + C)$, und alle Größen des Dreiecks sind bestimmt.

Fall 3. Drei Seiten sind bekannt.

Wenn keiner der Winkel bekannt ist, dann müssen die drei Seiten a, b und c gegeben sein. In diesem Fall (auch Abb. 5.14), gibt Naṣīr al-Dīn an, ist das Lot h von A auf a zu berechnen, indem zuerst BE = $(c^2 + a^2 - b^2)/2a$ berechnet wird und dann $h = \sqrt{c^2 - BE^2}$. (Wir würden heute sagen, dass dies aus dem Kosinussatz folgt; in der Antike und im Mittelalter wurde dies als Folgerung aus den Elementen Buch II, Prop. 12 und 13, angesehen.) Er bezeichnet dies als „die übliche Regel", um das Lot zu berechnen, und man kann dies schon in Ptolemaios' *Almagest*, Buch VI, 17, finden. Da EC = BC − BE, sind in den beiden rechtwinkligen Dreiecken jeweils alle drei Seiten bekannt. Seine Berechnungen von rechtwinkligen Dreiecken zeigen, wie man die Winkel in solchen Dreiecken bestimmt, sodass B und C wie in jenem Abschnitt berechnet werden können und von daher auch A = $180° - (B + C)$.

§5 Al-Bīrūnīs Vermessung der Erde

Eine geschickte Anwendung elementarer Trigonometrie zeigte al-Bīrūnī, als er mit König Maḥmūd von Ghazna das heutige Nordwestindien bereiste (damals unter dem Namen *al-Hind* bekannt). In diesem Abschnitt werden wir seiner Darstellung über die Anwendung der Methode folgen, so wie er sie in seinem Werk *Über die Bestimmung der Koordinaten von Städten* angibt.

Als Erstes beschreibt al-Bīrūnī eine Methode, die Ptolemaios in seiner *Geografie* angibt, für die geodätische Messungen benötigt werden, um die Entfernung von zwei Orten mit bekannter Breite und Länge längs eines Großkreises zu bestimmen, der die beiden Orte miteinander verbindet. Ptolemaios' Methode ist eigentlich eine Verallgemeinerung des Verfahrens des Eratosthenes, der die Messungen längs eines Meridians durchführte. Al-Bīrūnī leitet die Beschreibung seines Verfahrens mit dem ihm eigenen, trockenen Humor ein: „Hier eine weitere Methode zur Bestimmung des Erdumfangs. Sie verlangt nicht, dass man in Wüsten herumwandert."

Al-Bīrūnī berichtet, dass der Astronom Sanad b. ʿAlī den Kalifen al-Maʾmūn auf einem seiner Feldzüge gegen die Byzantiner begleitete und diese Methode anwandte, als sie zu einem hohen Berg in der Nähe des Meers kamen. Da das Verfahren voraussetzt, dass man weiß, wie man die Höhe eines Berges bestimmt, erklärt al-Bīrūnī zunächst einmal, wie dies geht. Das Problem ist keineswegs trivial, da ein Berg ja kein Stab ist. Deswegen können wir auch nicht einfach die Entfernung bis zu dem Punkt im Innern des Berges messen, an dem das Lot vom Berggipfel auf die Erdoberfläche trifft.

Um die Höhe eines Berges zu bestimmen, muss nach al-Bīrūnī zuerst eine quadratische Tafel ABGD vorbereitet werden, deren Seite AB gleichmäßig unterteilt ist und bei der an den Ecken B und G Stifte befestigt sind. Nun muss an D ein Lineal angebracht werden, auf dem dieselbe gleichmäßige Einteilung wie auf der Seite AB aufgetragen ist und das sich frei um D drehen lässt. Dieses Lineal sollte so lang wie die Diagonale des Quadrats sein. Der Apparat wird wie in Abb. 5.15 senkrecht zur Erdoberfläche gehalten und dabei der Berggipfel längs der Kante von B und G angepeilt. Die Tafel wird in dieser Stellung fixiert; H sei der Fußpunkt des Lotes von D. Dann wird das Lineal so um D gedreht, bis die Bergspitze entlang der Kante des Lineals DT gesichtet werden kann. Da nun AD parallel zu EG ist und ∡ ADT = ∡ DEG, sind daher die rechtwinkligen Dreiecke ADT und GED zueinander ähnlich. Demnach gilt TA : AD = DG : GE und da von den vier Größen dieser Verhältnisgleichung nur GE unbekannt ist, können wir nach GE = AD × GH/DG auflösen. Da jedoch sowohl ∡ EGZ + ∡ DGH als auch ∡ EGZ + ∡ GEZ gleich einem rechten Winkel sind, folgt, dass ∡ DGH = ∡ GEZ und somit sind die beiden rechtwinkligen Dreiecke DGH und GEZ zueinander ähnlich, sodass gilt GE : EZ = DG : GH. Dies bedeutet, dass wir nach der einzigen Unbekannten EZ = GE × GH/DG auflösen können, was die gesuchte Höhe ist.

Das Lineal auf einen solch kleinen Winkel wie ADT einzustellen, mag problematisch erscheinen, aber Al-Bīrūnī berichtet uns, er habe diese Methode benutzt und brauchbare Ergebnisse erzielt. So werden wir ihm aufs Wort glauben, dass dieses Verfahren nicht völlig unpraktisch ist.

Er berichtet aber auch Folgendes: „Als ich in der Festung Nandana im Land Indien lebte, beobachtete ich von einem benachbarten hohen Berg

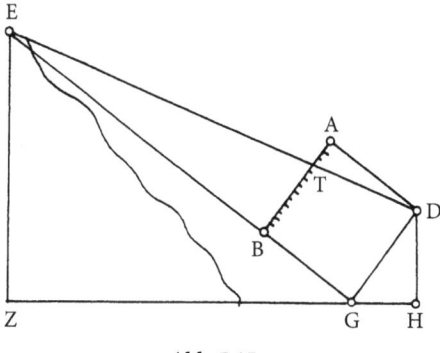

Abb. 5.15.

westlich des Forts aus eine große Ebene südlich des Berges. Mir kam der Gedanke, dass ich dieses Verfahren dort einmal überprüfen sollte." Er bezieht sich hier auf eine weitere Methode zur Bestimmung des Erdumfangs, die im Folgenden dargestellt wird (siehe Abb. 5.16):

KL sei der Erdradius, EL die Berghöhe. ABGD sei ein großer Ring, auf dessen Rand eine Einteilung für Grad und Minuten eingetragen ist. ZEH sei ein drehbares Lineal, entlang dessen eine Peilung möglich ist und das durch den Kreismittelpunkt E geht. Ein Astrolabium (das wir im folgenden Kapitel beschreiben werden) wäre für diesen Zweck hervorragend geeignet gewesen, wenn man Lineal (Alhidade) und Gradskala auf der Rückseite dieser Instrumente benutzt.

Nun wird das Lineal aus seiner waagrechten Lage BED so lange gedreht, bis an ihm entlang der Horizont, in T, angepeilt werden kann. Der Winkel BEZ wird als Inklinationswinkel d bezeichnet.[2] Von L auf der Erdoberfläche werde eine Gerade LO gezeichnet, die eine Tangente an die Erde in L darstellt. Wendet man den Sinussatz auf das Dreieck ELO an, so gilt

$$\text{EL} : \text{LO} = \text{Sin}(O) : \text{Sin}(E) = \text{Sin}(d) : \text{Sin}(90° - d).$$

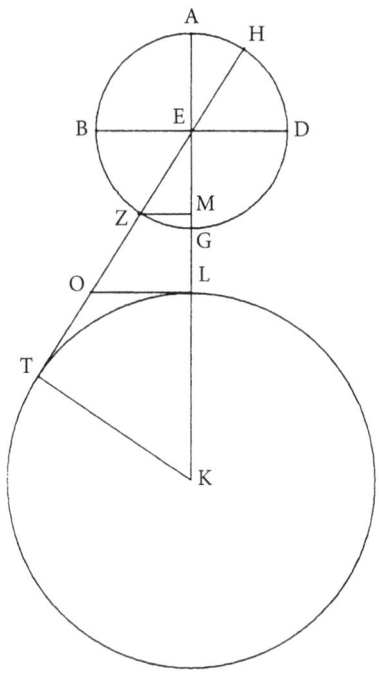

Abb. 5.16.

---

[2] Anm. d. Ü.: Im Englischen wird der Inklinationswinkel *dip angle*, daher d, genannt.

Da beide Winkel und die Berghöhe EL bekannt sind, können wir LO bestimmen. Es gilt aber TO = LO, da beides Tangenten an einen Kreis sind und durch einen Punkt O außerhalb dieses Kreises gehen. Da außerdem EL und LO bekannt sind, folgt aus dem Satz des Pythagoras, dass EO = $\sqrt{EL^2 + LO^2}$ bekannt ist und somit auch ET = EO + OT. Ebenfalls gilt nach dem Sinussatz ET : KT = $\text{Sin}(d)$: $\text{Sin}(90° - d)$. Da KT, der Erdradius, die einzige unbekannte Größe in dieser Verhältnisgleichung ist, können wir nach KT auflösen und somit den Erdradius bestimmen.

Wie al-Bīrūnī sagt, hat er das Verfahren auf einem Berg nahe Nandana in Indien ausprobiert, wo die Berghöhe 652;3,18 Ellen betrug und der Inklinationswinkel 34'. (Man beachte den sehr kleinen Winkel und die ziemlich optimistische Genauigkeit der Höhe.) Daraus ergibt sich für den Erdradius ein Wert von 12.803.337;2,9 Ellen. Al-Bīrūnī verwendet $3\frac{1}{7}$ als Wert für π und kommt damit auf einen Wert von 80.478.118;30,39 Ellen für den Erdumfang, welches nach Division durch 360° × 4000 einen Wert von 55;53,15 Meilen/Grad auf einem Erdmeridian, wobei eine Meile 4000 Ellen entspricht. Dies, so al-Bīrūnī, liegt „sehr dicht" an dem Wert von 56 Meilen/Grad, der bei einer Landvermessung zurzeit al-Maʾmūns bestimmt worden war. Es hat zweifelsohne al-Bīrūnīs Herz erfreut, zu zeigen, dass eine einfache mathematische Überlegung zusammen mit einer Messung so genau sein kann wie zwei durch die Wüste wandernde Landvermesserteams.

§6 Trigonometrische Tabellen: Berechnung und Interpolation

Die erfolgreiche Anwendung der Regeln, die Naṣīr al-Dīn zur Bestimmung der unbekannten Größen aus den bekannten Größen in einem Dreieck angibt, hängt nicht nur von der Kenntnis der relevanten Sätze ab, sondern auch von der Verfügbarkeit guter trigonometrischer Tafeln und der Kenntnis, wie man sie benutzt. Genaue Tabellen waren notwendig, nicht nur für den Fortschritt bei solchen Wissenschaften wie der Astronomie und der Geografie, sondern auch für die Untersuchung solcher Fragen wie der nach dem Verhältnis des Kreisumfangs zu seinem Durchmesser. Bei der Berechnung solcher Tabellen gingen die islamischen Gelehrten weit über das hinaus, was ihre antiken Vorgänger erreicht hatten. Die Tabelle unten zeigt die zunehmende Genauigkeit bei der Erstellung trigonometrischer Tabellen, wie sie sich in den *zīj*-Werken einiger der größten Gelehrten finden. (Die vierte Zeile der nachstehenden Tabelle beispielsweise ist so zu lesen, dass um das Jahr 1030 al-Bīrūnī in seinem zīj sowohl die Sinus- als auch die Tangensfunktion tabelliert hat, erstere in Abständen von 15', letztere in Abständen von 1°. In beiden Fällen sind die Ergebnisse bis zur vierten Sexagesimalstelle genau.)

Man bedenke, was die Berechung eines Satzes von Sinustabellen wie die des Ulūgh Beg alles mit einschloss. Zuerst einmal mussten 60 Werte für je-

Jahr	Gelehrter	Funktion(en)	Abstände	Stellen
850	Ḥabash al-Ḥāsib	Sin, Tan	$1°$	3
900	Abū ʿAbdullah al-Battānī	Sin	$\frac{1}{2}°$	3
1000	Kūshyār ibn Labbān	Sin, Tan	$1', 1°$	3
1030	al-Bīrūnī	Sin, Tan	$15', 1°$	4
1440	Ulūgh Beg	Sin, Tan	$1'$	5

den Grad bis 90 Grad berechnet werden, alles in allem also 5400 Werte. Außerdem kann die Tabelle nur so genau werden wie die Anfangswerte des Sinus, aus denen die anderen Werte dann berechnet werden, denn, beginnend mit dem Wert für Sin (1°) und einigen wenigen anderen grundlegenden Sinuswerten, liefern die oben erläuterten trigonometrischen Formeln Sinustafeln für alle ganzzahligen Werte von $n°$. Der Halbwinkelsatz kann benutzt werden, um dann Werte im Abstand von $\frac{1}{2}°$ oder $\frac{1}{4}°$ einzufügen, und für noch kleinere Unterteilungen musste eine Methode der Interpolation benutzt werden, die natürlich noch weitere Berechnungen erforderte. Man möge auch bedenken, dass die Tabellen oft um Hilfsspalten erweitert waren, in denen der Zuwachs oder die Abnahme von einer Zeile zur nächsten angegeben war, um dem Benutzer bei der Interpolation zu helfen, und man wird so eine Vorstellung davon entwickeln, welcher Arbeitsaufwand notwendig war, um solch ein Tafelwerk zu erstellen – in einer Zeit, bevor es Rechenmaschinen gab.

§7 Hilfsfunktionen

Um astronomische Tabellen zu erstellen, wird Trigonometrie angewandt – oft handelt es sich um die wiederholte Berechnung derselben Kombination trigonometrischer Funktionen, jedoch für verschiedene Werte. Beispielsweise kommen in Rechentabellen der sphärischen Trigonometrie immer wieder Ausdrücke wie

$$\frac{\text{Tan}\,\theta \times \text{Sin}\,\varepsilon}{R} \quad \text{und} \quad \text{arc Tan}\left(\frac{\text{Tan}\,\varepsilon \times \text{Sin}\,\theta}{R}\right),$$

vor, wobei mit $\varepsilon = 23\frac{1}{2}°$ (näherungsweise), R der Radius des Kreises ist, der zur Definition der trigonometrischen Funktionen verwendet wurde, und (der Winkel) θ, der in einem bestimmten Bereich liegen kann. Daher bemerkten muslimische Astronomen, als sie Tabellen berechneten, die in der Astronomie, für die Zeitmessung und für die Bestimmung der Gebetszeiten verwendet werden sollten, dass sie im Verlauf der Rechnungen immer wieder die gleichen Dinge berechneten. Nur der eingesetzte Wert variierte.

So geschah es bald, dass einige Astronomen eine ganze Reihe von Tabellen von solchen oft vorkommenden Hilfsfunktionen anlegten, um Arbeit bei der Berechnung der Tabellen zu reduzieren. Schon Mitte des 9. Jahrhunderts tabellierte Ḥabash al-Ḥāsib neben anderen Funktionen die beiden oben Genannten für R = 60. Später im gleichen Jahrhundert tabellierte al-Faḍl al-Nayrīzī die beiden Funktionen noch einmal für R = 150, ein Wert, der häufig in der indischen Trigonometrie vorkommt. Im späten 10. Jahrhundert tabellierte dann al-Bīrūnīs Lehrer, Prinz Abū Naṣr, vier solcher Hilfsfunktionen für R = 1, vielleicht eher um die Nützlichkeit eines solchen Radius' zu zeigen als aus irgendeinem anderen Grund. Etwa zur gleichen Zeit finden wir in Ibn Yūnus' Arbeiten Hilfsfunktionen mit zwei Parametern, von denen einer jedoch (die geografische Breite) lediglich den Wert der geografischen Breite von Kairo oder manchmal den von Bagdad annimmt. Den nächsten großen Schritt bei der Berechnung der Hilfstabellen machte Mohammed al-Khalīlī, ein Astronom aus dem Damaskus des 14. Jahrhunderts, der Ibn Yūnus' Tabellen verallgemeinerte und die folgenden Funktionen mit zwei Parametern berechnete:

1. $f(\varphi, \theta) = R \times \operatorname{Sin} \theta / \operatorname{Cos} \varphi$, mit $\theta = 1°, \ldots, 90°$; $\varphi = 1°, \ldots, 55°, 21;30°$ (die geografische Breite von Mekka), $33;31°$ (die geografische Breite von Damaskus).
2. $g(\varphi, \theta) = \operatorname{Sin} \theta \times \operatorname{Tan} \varphi / R$ mit θ, φ wie oben.
3. $G(x, y) = \operatorname{arc Cos}(xR / \operatorname{Cos} y)$, mit $x = 1°, \ldots, 59°, y = 0°, 1°, \ldots, n(x)°$, wobei $n(x)$ die größte ganze Zahl ist, für die x nicht größer ist als $\operatorname{Cos}(n(x))$.
(Man beachte, dass Cos θ eine monoton abnehmende Funktion ist!)

Al-Khalīlīs Tabellen, die mehr als 13.000 Werte enthalten, ermöglichen die Lösung aller grundlegenden Probleme der sphärischen Astronomie für jede beliebige geografische Breite und geben somit allgemeine Lösungen für diese Probleme. Im folgenden Kapitel werden wir sehen, dass al-Khalīlī auch eine Lösung für den Fall der muslimischen Gebetsrichtung liefert.

§8 Interpolationsverfahren

Aus der Fülle der in den vorigen Abschnitten beschriebenen Arbeitsschritte zur Berechnung der Tabellen bedürfen zwei einer besonderen mathematischen Erläuterung: 1) Berechnung von $\operatorname{Sin}(1°)$ und 2) Aufstellen von Rahmenbedingungen, unter denen eine Interpolation von Werten aus den Tabellen zulässig ist.

Die zīj-Werke enthalten eine Vielfalt genialer Interpolationsverfahren; wir werden ein Beispiel eines Interpolationsverfahrens zweiter Ordnung erläutern. Im Anschluss daran werden wir ein iteratives Verfahren von al-Kāshī studieren, das eine schnelle Berechnung von $\operatorname{Sin}(1°)$ ermöglicht und mit dem dieser Wert auf eine beliebige Anzahl von Stellen genau berechnet werden kann.

Lineare Interpolation

Abbildung 5.17 zeigt einen Auszug aus den Sinustafeln in al-Bīrūnīs *Masʿūdischem Kanon* sowie eine Transkription der alphanumerischen Schreibweise in die heute gebräuchlichen Ziffern. Al-Bīrūnīs Sinusfunktion ist die gleiche wie die moderne, da für jeden Winkel θ gilt $0 < \text{Sin}(\theta) < 1$. Der einzige Unterschied liegt im Verständnis des Sinus, dass wir heute den Sinus als Funktion eines Winkels auffassen, während al-Bīrūnī ihn als eine Größe ansah, die vom Bogen abhängig ist. Ein weiterer, aus der Tabelle nicht ersichtlicher Unterschied, liegt darin, dass al-Bīrūnīs Funktion lediglich positive Werte annehmen kann, denn er weist im *Kanon* den Leser darauf hin, dass Folgendes gilt:

1. Wenn $90° < \theta < 180°$, dann gilt: $\sin \theta = \sin(180° - \theta)$, eine Eigenschaft, die, wie wir bereits gesehen haben, Naṣīr al-Dīn in seinem Beweis des Sinussatzes verwendet.
2. Wenn $180° < \theta < 270°$, dann gilt: $\sin \theta = \sin(\theta - 180°)$.
3. Wenn $270° < \theta < 360°$, dann gilt: $\sin \theta = \sin(360° - \theta)$.

Al-Bīrūnīs Funktion ist also gleich dem Betrag unserer modernen Funktion, und da weder al-Bīrūnī noch irgendein anderer muslimischer Astronom den Vorteil der Verwendung negativer Zahlen kannte, war es oft notwendig, einen Beweis in mehrere Fälle aufzuteilen, um für jeden Fall genau anzugeben, in welcher Weise eine gegebene Strecke oder ein Kreisbogen gesehen werden sollte.

Abbildung 5.17 enthält vier Spalten, die mit „Grad/Minuten", „Sinus", „Korrekturen" und „Differenzen" überschrieben sind und die man wie folgt erklären kann: Der erste Tabellenwert in Spalte 1 ist $15'$ und jeder folgende Wert ist um $15'$ größer als der vorhergehende, sodass in Spalte 1 die Kreisbögen θ von $15'$ bis $90°$ angegeben sind – mit einer Schrittweite von $15'$. Spalte 2 gibt dann für einen gegebenen Kreisbogen θ den zugehörigen Sinuswert an, sodass beispielsweise die dritte Zeile dieser Spalte $\sin 45' = 0;0,47,7,21$ zu lesen ist. (Wer möchte, kann selbst kurz darüber nachdenken, was in den folgenden beiden Spalten steht.) Spalte 3, überschrieben mit „Korrekturen", gibt zum zugehörigen Wert θ den Wert $C(\theta) = 4D(\theta)$ an, wobei $D(\theta) = \sin(\theta + 15') - \sin \theta$ in Spalte 4 notiert ist. In Übung 5 (siehe unten) wird deutlich, dass die dritte Spalte in al-Bīrūnīs Tabelle das lineare Interpolieren erleichtert und dass eine solche Interpolation bei der Sinusfunktion sehr gut funktioniert. (Konvertiert man den Sexagesimalwert für $\sin(1°22')$, den man als Ergebnis in Übung 5 erhält, in eine Dezimalzahl, dann ist das Ergebnis, auf acht Dezimalstellen gerundet, gleich 0,02385051, während der korrekte Wert, ebenfalls auf acht Stellen gerundet, 0,02385957, nur unwesentlich größer ist.)

Allgemein funktioniert die lineare Interpolation gut für solche Funktionen, bei denen sich die Wachstumsrate in einem Intervall nur wenig ändert. Für Funktionen wie die Tangensfunktion hingegen, die eine senkrech-

§8 Interpolationsverfahren 163

الفضـول			التعـاديل			الجيـوب			دقائق	درج
رابع	ثالث	ثان	رابع	ثالث	ثان	رابع	ثالث	ثان	ثوان	كسور
كح	مب	ط	نب	مط	ب	١	كح	مب	ط	•	ط	•
كه	مب	ط	م	مط	ب	١	نو	كد	ز	•	ل	•
كب	مب	ط	كح	مط	ب	١	كا	ز	مز	•	مه	•
ج	مب	ط	يب	مط	ب	١	مج	مط	ب	١	•	١
يب	مب	ط	مح	مح	ب	١	١	لب	ج	١	يه	١
و	مب	ط	كد	مح	ب	١	ج	يد	لد	١	ل	١
غ	ما	ط	نب	مز	ب	١	يط	نو	مط	١	مه	١

Abb. 5.17a.

Grad	Minuten	Sinus				Korrekturen			Differenzen			
Spalte mit der Bogenlänge		Minuten	Sekunden	Tertien	Quarten	Sekunden	Tertien	Quarten	Minuten	Sekunden	Tertien	Quarten
0	15	0	15	42	28	15	42	28	1	2	49	52
0	30	0	31	24	56	15	42	25	1	2	49	40
0	45	0	47	7	21	15	42	22	1	2	49	28
1	0	1	2	49	43	15	42	18	1	2	49	12
1	15	1	18	32	1	15	42	12	1	2	48	48
1	30	1	34	14	13	15	42	6	1	2	48	24
1	45	1	49	56	19	15	41	58	1	2	47	52

Abb. 5.17b.

te Asymptote bei 90° hat, liefert die lineare Interpolation keine zufriedenstellenden Ergebnisse und raffiniertere Methoden sind notwendig. Solche Verfahren wurden früh in der Geschichte der Trigonometrie entwickelt, nämlich bereits in vorislamischer Zeit in Indien.

Muslimische Gelehrte verwendeten das Verfahren der Interpolation auch noch für andere Zwecke. So benötigten sie beispielsweise Ephemeriden, Tafelwerke mit Angaben zu den Positionen der Sonne, des Mondes und der Planeten für gleich große Zeitintervalle (z. B. für einen Tag oder für fünf Tage) das ganze Jahr hindurch. Jedoch war die Erstellung eines solchen Tafelwerks mit einer Menge Arbeit verbunden, oft ergab sich die

Notwendigkeit, verschiedenartige Hilfstabellen zu berechnen und weitere Rechnungen durchzuführen, bei denen diese verwendet wurden. Um sich die Arbeit zu erleichtern, verwendeten die muslimischen Astronomen die Interpolationsverfahren einerseits bei der Erstellung der Tabellen selbst, andererseits aber auch, um aus den fertig gestellten Ephemeriden die Position eines Planeten für einen Zeitpunkt zu bestimmen, der nicht in den Tabellen enthalten war. Im nächsten Kapitel werden wir einige Tabellen untersuchen, die in der sphärischen Trigonometrie verwendet wurden und die zwischen 30.000 und bis zu 250.000 Werte enthielten, und der Leser wird weitere Anwendungen kennenlernen, bei denen Interpolationsverfahren verwendet wurden.

Ibn Yūnus' Interpolationsverfahren zweiter Ordnung

Zunächst aber soll hier ein Interpolationsverfahren aus dem Ḥākimī Zīj besprochen werden. Diese Abhandlung wurde von Abū al-Ḥasan b. Yūnus aus Ägypten verfasst, dem Sohn eines bedeutenden Historikers, der zu einem der bedeutendsten Astronomen der islamischen Welt wurde. Es ist nicht genau bekannt, wann er geboren wurde. Da aber sein Vater 958 starb, erlebte Ibn Yūnus nicht nur die Eroberung Ägyptens durch die fatimidischen Könige 969, sondern auch die Gründung Kairos durch dieselbe Dynastie. Diese Herrscherfamilie beanspruchte für sich, von Fatima, einer Tochter des Propheten Mohammed, abzustammen.

Ibn Yūnus zählte zu seinen Förderern mindestens zwei der fatimidischen Könige, al-ʿAzīz, der ungefähr 20 Jahre lang bis 996 regierte, und al-Ḥākim, einem treuen Anhänger der Astrologie, der sich selbst für Gott hielt.

Allerdings brauchte sich Ibn Yūnus *in puncto* Exzentrizität vor niemandem zu verstecken. Al-Ḥākim selbst erzählt die folgende Geschichte über Ibn Yūnus' Unbekümmertheit gegenüber den Konventionen: Es war wohl so, dass Ibn Yūnus eines Tages vor ihm erschien und dabei ein Paar schwere Schuhe mit sich trug. Er setzte sich eine Weile neben al-Ḥākim, während der Herrscher einen kritischen Blick auf die Schuhe warf – Objekte, die nach Hofsitte außerhalb des Thronsaals zu verbleiben hatten. Schließlich küsste Ibn Yūnus den Boden, zog die Schuhe an und ging. Ein andermal stiegen Ibn Yūnus und ein Kollege in die Muqaṭṭam-Hügel außerhalb Kairos hinauf. Sie beobachteten eine Zeit lang die Venus. Dann, so der Biograf Ibn Khallikān, „zog Ibn Yūnus seinen Umhang und seinen Turban aus, schlüpfte in ein rotes Frauenkleid und einen roten Schleier und zog eine Laute hervor. Darauf spielte er, während vor ihm Weihrauch verbrannte. Es war ein außergewöhnlicher Anblick". (vgl. englische Übersetzung in King, 1972). Über seine Fähigkeiten auf der Laute hinaus errang Ibn Yūnus auch Ansehen als Dichter: Mehrere seiner Werke sind in Anthologien enthalten.

Ibn Yūnus gab seinem großen Tafelwerk den Namen Ḥākimī Zīj nach seinem Förderer al-Ḥākim, der aber vermutlich Ibn Yūnus mehr wegen seiner als genau geltenden astrologischen Vorhersagen schätzte. Der Historiker Ibn Abī Ḥajala erzählt die folgende Geschichte:

„Ein weiteres Beispiel für seine genauen (astrologischen) Vorhersagen ereignete sich, als ihm al-Ḥākim ein Haus geschenkt hatte. Er sagte: ‚Herr der Gläubigen, ich möchte, dass Du mir ein anderes Haus gibst.' Al-Ḥākim fragte: ‚Warum?'. Er sagte: ‚Weil Wasser es (das, was ich jetzt habe) zerstören wird und alles was darin ist.' Al-Ḥākim gab ihm ein anderes, und gleich früh am nächsten Morgen zog er aus. Drei Tage später kam aus den Bergen eine mächtige Flutwelle herunter auf Kairo und vernichtete Paläste und Häuser – ein furchterregendes Ereignis, wie man es nie zuvor erlebt hatte – und das oben erwähnte Haus war unter denen, die zerstört worden waren, wie er dem König vorhergesagt hatte" (vgl. engl. Übersetzung in King, 1972).

Die gleiche Quelle berichtet, dass Ibn Yūnus seinen eigenen Todestag vorausgesagt habe und, nachdem er sich selbst in seinem Haus eingeschlossen hatte, zu seinem Dienstmädchen sagte: „Iḥsān, ich habe verschlossen, was ich nie mehr öffnen werde." Dann nahm er etwas Wasser und begann die Tinte aus seinen Manuskripten zu waschen und schließlich, ständig den Koranvers „Sag' Gott ist der Eine" vor sich hinsagend, starb er. Das war im Jahre 1009.

Die Geschichte über Ibn Yūnus, wie er die Tinte von den Manuskripten abgewaschen hat, passt zu einer anderen Geschichte, dass nach seinem Tod sein Sohn alle seine Bücher pfundweise auf dem Seifenmarkt in Kairo verkauft habe. Nach dem Waschen blieb wohl nichts anderes übrig, als den Rest als Lumpen zu verkaufen.

Ibn Yūnus hatte das von ihm beschriebene Interpolationsverfahren für die Verwendung in trigonometrischen Tabellen vorgesehen, die mit einer Schrittweite von $30'$ berechnet waren (siehe Tafel 5.1). (Jedoch zeigt der Auszug aus der Sinustafel [Tafel 5.1], dass er eine Tafel für den Sinus mit einer Schrittweite von $1°$ anlegte.) In der folgenden Darstellung sei ein Kreisbogen $\theta + k'$ betrachtet, wobei θ eine ganzzahlige Gradzahl ist und $0' < k' < 60'$ und mit LSin wird der mithilfe linearer Interpolation ermittelte Sinuswert bezeichnet. Dann ist wie folgt zu verfahren:

1. Wende die lineare Interpolation für aufeinander folgende Gradzahlen an, um $\text{LSin}(\theta + k')$ und $\text{LSin}(\theta + 30')$ zu bestimmen.
2. Aus der Tabelle kann $\text{Sin}(\theta + 30')$ abgelesen werden.
3. Als „Basis der Interpolation" wird $4(\text{Sin}(\theta + 30') - \text{LSin}(\theta + 30')) = B$ definiert. (Ibn Yūnus war schon aufgefallen, dass die mithilfe linearer Interpolation bestimmten Sinuswerte immer kleiner als die eigentlichen Werte sind.)
4. Berechne $B \times k' \times (60' - k')$. Beachte, dass $B \times k' \times (60' - k') = B \times k \times (60 - k)/3600$.
5. Als Wert für $\text{Sin}(\theta + k')$ verwende $\text{LSin}(\theta + k') + B \times k' \times (60 - k')$.

Es scheint, dass der Entdecker dieses Verfahrens die Idee hatte, mit der linearen Interpolation über einem gegebenen $1°$-Intervall zu beginnen und dann um einen Betrag zu korrigieren, um für die Mitte des Intervalls den berechneten Wert zum richtigen Wert zu verbessern. Vielleicht war es eher

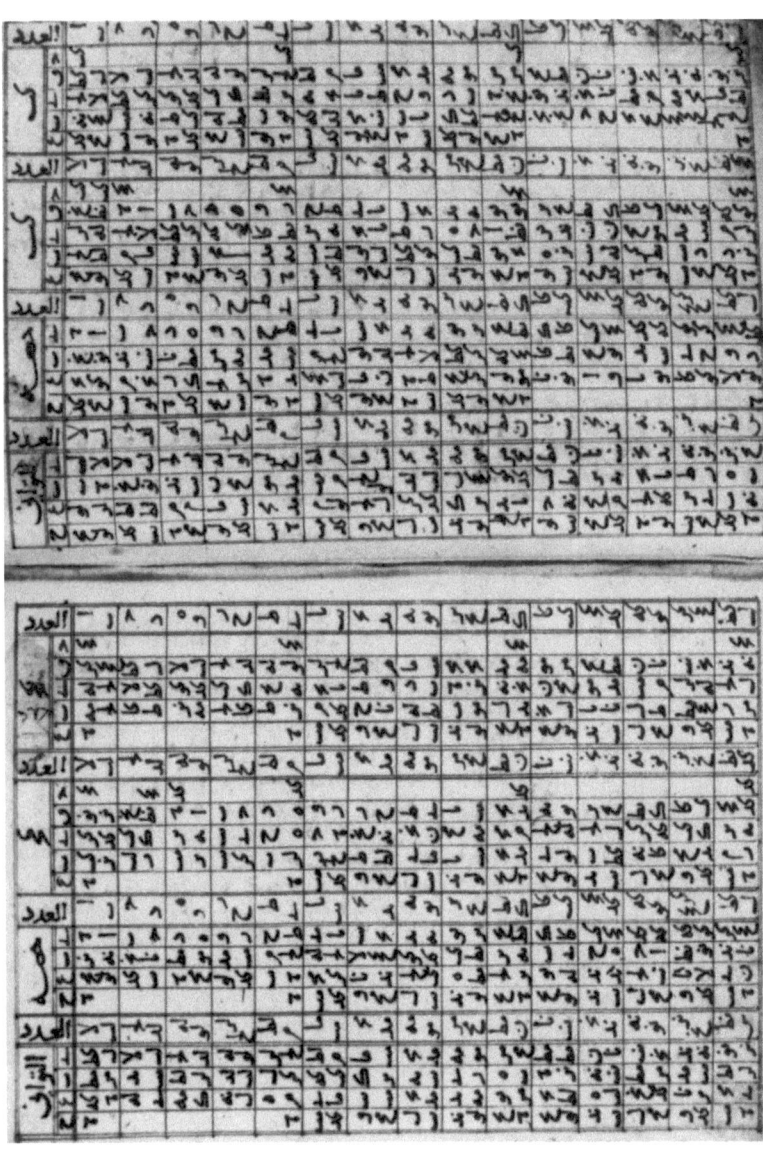

Tafel 5.1. Ibn Yūnus zugeschriebene Sinustafeln. Auszug für 22° (*rechts*) und 23° (*links*). Die *Spalten links* auf jeder Seite sind für die Interpolation. *Waagerecht* ist die Gradzahl angegeben (22° und 23° in diesem Fall), *senkrecht* die Anzahl der Minuten (von 1′ − 30′ und 31′ − 60′). (Staatsbibliothek zu Berlin, Preußischer Kulturbesitz, Ahlwardt 5752, fols. 13ᵛ–14ʳ (Lbg. 1038))

die Erfahrung im Umgang mit Tabellen und mit dem Verfahren der Interpolation als eine geometrische Überlegung, welche die Astronomen gelehrt hat, dass nicht nur LSin θ kleiner als Sin θ ist, sondern auch, dass innerhalb eines gegebenen Intervalls die Abweichung zwischen diesen beiden Werten in der Mitte am größten (oder ungefähr in der Mitte) ist. Das Problem ist dann, eine Funktion f zu finden, die von $0'$ bis $60'$ definiert ist, sodass $f(0') = f(60') = 0$ mit einem Maximum in $f(30')$; denn dann wäre

$$\text{LSin}(\theta + k') + f(k') \times \frac{\text{Sin}(\theta + 30') - \text{LSin}(\theta + 30')}{f(30')}$$

eine gute Regel für die Interpolation. Sie erzeugt den Wert Sin$(\theta + 30')$ für $k' = 30'$, und an anderen Stellen einen Wert, der zwischen dem mithilfe linearer Interpolation bestimmten und dem korrekten Wert liegt. So kann man in der Tat den Ansatz $f(x) = x \times (60 - x)$ wählen, und jeder fachkundige Mathematiker seit den Zeiten Euklids würde gemerkt haben, dass der Betrag des Produkts $x \times (a - x)$ am größten ist, wenn die beiden Faktoren x und $a - x$ gleich sind. Ist $a = 60$, heißt das $x = 30$, was ein Maximum für f von $900''$ ergibt.

Ibn Yūnus versucht gar nicht erst zu zeigen, dass diese Regel bessere Näherungswerte liefert als die lineare Interpolation. Es ist typisch für die Mathematik in der antiken und der mittelalterlichen Welt, dass keine Ansätze gemacht wurden, diese numerischen Verfahren zu axiomatisieren oder Beweise für ihre Gültigkeit anzugeben. Für die Gelehrten aus der Zeit Ibn Yūnus' waren diese Regeln lediglich Verfahren – zu denen sie zweifelsohne durch schlüssige Gedankengänge gelangt waren, die sie aber nicht bewiesen –, was für den Praktiker genügte, weil es funktionierte (siehe Tafel 5.1 mit einem Auszug aus den von Ibn Yūnus zusammengestellten Sinustafeln).

§9 Al-Kāshīs Näherung für Sin (1°)

Interpolationsverfahren, so wie das im vorherigen Abschnitt erläuterte, stellen nur ein Beispiel dar, wie mathematische Praxis zu theoretischen Überlegungen führt. Ein anderes Beispiel wird in diesem Abschnitt vorgestellt, eine iterative Lösung einer Gleichung dritten Grades.

Als Ptolemaios einen Näherungswert für Crd (1°) in seinem *Almagest* angab, machte er Gebrauch von der Ungleichung:

$$\frac{2}{3}\text{Crd}\left(\frac{3}{2}^\circ\right) < \text{Crd}(1^\circ) < \frac{4}{3}\text{Crd}\left(\frac{3}{4}^\circ\right),$$

die ihm eine auf zwei sexagesimale Stellen genaue Näherung für Crd (1°) lieferte, da die beiden Extreme der Ungleichung beide mit 1;2,50 beginnen. Diese Methode ist jedoch dadurch prinzipiell eingeschränkt, dass, egal welche Schranken man auch auf beiden Seiten wählt, sie jeweils immer nur in einer gewissen Anzahl von Stellen übereinstimmen (weil sie nicht gleich sind), und es besteht keine Möglichkeit, eine größere Genauigkeit zu erzielen, wenn man keine neue Schranken findet.

Mathematiker der islamischen Zeit erarbeiteten Verfeinerungen des ptolemäischen Verfahrens, um eine Näherung für Sin(1°) zu finden, aber es war erst Jamshīd al-Kāshī, der in Samarkand im frühen 15. Jahrhundert eine Methode entdeckte, welche beliebig genaue Näherungen für Sin(1°) lieferte – eine Methode, die auf zwei Beziehungen beruht:

$$\operatorname{Sin}(3\theta) = 3\operatorname{Sin}(\theta) - {;}0{,}4(\operatorname{Sin}\theta)^3 \qquad (5.3)$$

die für $\theta = 1°$ zu

$$\operatorname{Sin}(3°) = 3\operatorname{Sin}(1°) - {;}0{,}4(\operatorname{Sin}1°)^3$$

wird und

$$\operatorname{Sin}(3°) = 3{;}8{,}24{,}33{,}59{,}34{,}28{,}15\,,$$

ein Wert, der für alle angegebenen Stellen genau ist. Dieser Wert für Sin(3°) kann so genau wie man es benötigt bestimmt werden, da es die euklidischen Verfahren erlauben, sowohl Sin(72°) als auch Sin(60°) aus den Konstruktionen der Seiten eines gleichseitigen Fünfecks bzw. eines gleichseitigen Dreiecks in einem Kreis zu bestimmen. Übersetzt man diese euklidischen Konstruktionen in algebraische Gleichungen, dann erfordert dies nur die Lösung von Gleichungen ersten oder zweiten Grades. Deren Lösungen können, im schlimmsten Fall, als Terme ausgedrückt werden, die eine Quadratwurzel enthalten, welche man mit beliebiger Genauigkeit bestimmen kann. Aus der Formel für den Sinus der Differenz zweier Winkel, von der wir gesehen haben, dass sie schon Abū al-Wafā' im 10. Jahrhundert bekannt war, ergibt sich Sin(12°) = Sin(72° − 60°) mit beliebiger Genauigkeit, und dies führt bei wiederholter Anwendung der Halbwinkelsätze der Reihe nach zu Sin(6°) und Sin(3°). Wenn wir diesen Wert für Sin(3°) in die Gleichung einsetzen und x für Sin(1°) schreiben, erhalten wir, nach ein bisschen Arithmetik, die fundamentale Beziehung

$$x = \frac{x^3 + 47{,}6{;}8{,}29{,}53{,}37{,}3{,}45}{45{,}0}$$

eine kubische Gleichung, deren eine Lösung Sin(1°) ist.

Al-Kāshī weiß, dass diese Gleichung eine Lösung in der Nähe von 1 hat, sodass die Lösung als $1;a,b,c,\ldots$ geschrieben werden kann, wobei $a,b,c,\ldots$ die aufeinander folgenden Sexagesimalstellen der Lösung sind. Setzen wir dann dies für x ein, erhalten wir

$$1;a,b,c,\ldots = \frac{(1;a,b,c,\ldots)^3 + 47{,}6{;}8{,}29{,}53{,}37{,}3{,}45}{45{,}0}\,.$$

§9 Al-Kāshīs Näherung für Sin (1°)

So ergibt sich, wenn wir von beiden Seiten 1 abziehen,

$$;a,b,c,\ldots = \frac{(1;a,b,c,\ldots)^3 + 47,6;8,29,53,37,3,45}{45,0} - 1,$$

was sich zu

$$;a,b,c,\ldots = \frac{(1;a,b,c,\ldots)^3 + 2,6;8,29,53,37,3,45}{45,0}$$

vereinfachen lässt.

Da beide Seiten Stelle für Stelle übereinstimmen, muss insbesondere die erste sexagesimale Stelle auf der rechten Seite gleich a sein. Da jedoch 45,0 so groß und die Lösung (und daher auch ihre dritte Potenz) in der Nähe von 1 liegt, hängt die erste Stelle auf der rechten Seite nicht vom Wert von a ab. Um uns davon selbst zu überzeugen können wir auf der rechten Seite 1;59 einsetzen (oder sogar 2) anstelle von 1, und wenn wir dies tun, sehen wir, dass

$$\frac{2^3 + 2,6;8,29,\ldots}{45,0} = ;2,(58 \text{ oder } 59)),\ldots.$$

Um herauszufinden, was a ist, brauchen wir daher nur auszurechnen (was sich ergibt, wenn wir 1 einsetzen):

$$\frac{(1)^3 + 2,6;8,19,\ldots}{45,0} = ;2(49 \text{ oder } 50),\ldots$$

daher ist $a = 2$.

Jetzt können wir die Gleichung so notieren

$$1;2,b,c,\ldots = \frac{(1;2,b,c,\ldots)^3 + 47,6;8,29,53,37,3,45}{45,0}.$$

Dieses Mal macht sich al-Kāshī die Tatsache zunutze, dass die *zweite* Stelle auf der rechten Seite wegen der Größe des Divisors 45,0 nicht von b abhängt. (Man kann das überprüfen, indem man auf der rechten Seite mit $x = 1;2$ und $x = 1;3$ einsetzt und dabei 1;2,49,39,... bzw. 1;2,49,43... erhält.) Offensichtlich können wir dann $x = 1;2$ ansetzen und erhalten $b = 49$.

Wenn wir nun $f(x) = (x^3 + 47,6;8,29,\ldots)/45,0$ schreiben, dann lässt sich al-Kāshīs Idee wie folgt erklären: Da $f(x)$ in der Nähe von 1 nur langsam wächst, hängt der Wert der n-ten Stelle von $f(x)$ nicht vom Wert der n-ten Stelle von x ab, sondern nur von den ersten $n - 1$ Stellen von x. Wir haben gesehen, dass diese Idee funktioniert, zumindest für die ersten beiden Stellen. Aber gilt dies auch immer?

Al-Kāshī stellt sich diese Frage nicht, sondern setzt die Rechnungen bis zur neunten sexagesimalen Stelle (60^{-9}) fort und erhält als Ergebnis $\text{Sin}(1°) = 1;2,49,43,11,\ldots,17$. Man kann überprüfen, dass für diesen Wert x

mit großer Näherung gilt: $f(x) = x$. Somit hat al-Kāshī ein Verfahren zur näherungsweisen Bestimmung von Sin (1°) gefunden, mit dem man einen Wert bestimmen kann, der dem wahren Wert so nahe kommt wie man es möchte.

Verfahren wie das von al-Kāshī angewandte werden als *iterative* Verfahren bezeichnet, was bedeutet, dass man mit einem bekannten Wert (hier für sin(3°)) und einem Näherungswert für die wahre Lösung beginnt (im Allgemeinen mit einem Schätzwert, der eher grob ist, aber zumindest in der Nähe liegt). Man verwendet dann den bekannten Wert und den Anfangswert in dem Verfahren, um zu einer weiteren Zahl zu kommen. Diese Zahl wird dann als neuer Näherungswert übernommen und – zusammen mit dem bekannten Wert – nach demselben Verfahren für eine zweiten Rechenrunde eingesetzt. Diese Berechnung liefert wieder einen neuen Näherungswert, der zusammen mit dem bekannten Wert wiederum in das Verfahren eingesetzt wird usw. Wenn das Verfahren effektiv ist, werden sich die fortlaufend bestimmten Ergebnisse immer mehr einem Wert annähern, welcher der Wert ist, der das Problem löst. In diesem Fall sagen wir, dass das Verfahren konvergiert und dass der Algorithmus oder das Verfahren effektiv ist.

In der Tat nähern sich in al-Kāshīs Algorithmus die Ergebnisse der nacheinander durchgeführten Näherungsrechnungen dem Wert von Sin (1°) an. Diese Methode wird heutzutage in Kursen zur numerischen Mathematik unter dem Namen „Fixpunkt-Iteration" gelehrt, in denen bewiesen wird, dass das Verfahren, das al-Kāshī benutzte, um eine Lösung A für die Gleichung $f(x) = x$ zu finden, konvergiert, vorausgesetzt, der Graph von $y = f(x)$ ist glatt und es wird ein Anfangswert in der Nähe von A gewählt, bei dem die Tangente an die Kurve eine Steigung hat, deren Betrag kleiner ist als 1.

Obwohl der Beweis für die Konvergenz des Algorithmus nicht über den Mittelwertsatz der Differentialrechnung hinausgeht, gibt es keine Hinweise darauf, dass al-Kāshī sich mit diesem Theorem beschäftigt hat. Er arbeitete an der Schnittstelle zwischen den exakten Wissenschaften und der Mathematik, ein Bereich, der historisch gesehen häufig verantwortlich war für die Entwicklung in der Mathematik. Sein Anliegen war es, Verfahren zu finden, die Lösungen für Probleme bereitstellen konnten, die in der Astronomie von Bedeutung waren. Und genau das hat er auch gemacht – und, wie wir gesehen haben, richtig gut!

Hinzuzufügen sollte man aber noch, dass wir bisher noch nicht genau wissen, wie viel oder auch wie wenig al-Kāshī an Erläuterungen gegeben hat, um sein Verfahren zu stützen. Denn bis vor kurzem war lediglich eine Randbemerkung in einer Handschrift bekannt, die Miram Chelebi, der Enkel eines Kollegen und zeitweise auch Rivale al-Kāshīs in Samarkand, angefertigt hat. Das Verfahren ist in der kürzestmöglichen Weise beschrieben und während des vergangenen Jahrhunderts haben Wissenschaftler immer wieder versucht, zu klären, was Chelebi eigentlich gesagt hat.

B. Rosenfeld und J. Hogendijk haben nunmehr eine Beschreibung der Methode veröffentlicht, die sie in einem anderen Manuskript gefunden haben und wo die Methode ausführlicher dargelegt wird als in der Abhandlung von Chelebi, aber auch dort finden sich keine Begründungen hinsichtlich der Gültigkeit der Methode.

Wir haben in den vorangehenden Abschnitten gesehen, dass muslimische Mathematiker die Trigonometrie zu einer systematischen wissenschaftlichen Disziplin gestaltet haben, deren Theorie auf den sechs sich ergänzenden trigonometrischen Funktionen (sin, cos, tan, cot, sec, cosec) und auf einer Vielfalt leistungsstarker Ergebnisse wie dem Sinussatz und einigen zentralen trigonometrischen Gleichungen beruhte. Zusätzlich wurde die Anwendung dieser Theorie durch umfangreiche, äußerst genaue trigonometrische Tafeln möglich, einschließlich Tabellen mit Hilfsfunktionen, durch eine Vielfalt an Interpolationsverfahren – eine Technik, die auf nette Weise als „zwischen den Zeilen lesen" charakterisiert wurde – und durch Iteration. So nimmt die Trigonometrie ihren Platz neben Algebra und Arithmetik als Teil unseres Erbes aus der islamischen Mathematik ein.

Übungen

1. Entdecken Sie, wo der Wert für π in dem alten indischen Wert von 3438′ für den Radius eines Kreises enthalten ist, wobei (siehe die Anmerkungen im Text) eine Minute die gleiche Länge hat wie eine Minute auf dem Kreisbogen.
2. In Naṣīr al-Dīns Erörterung zur Bestimmung eines rechtwinkligen Dreiecks bei dem ein spitzer Winkel und zwei Seiten bekannt sind, sollen die Seiten mit a, b und g bezeichnet sein. Wenn $b = 120 \times u$ gesetzt wird, dann zeigen Sie, dass dann a als $a \times 120 \times u/b$ und
3. g als $g \times 120 \times u/b$ angenommen werden muss. Verwenden Sie den Wert für $\text{Crd}(\frac{1}{2}°)$ aus Ptolemaios' Sehnentafel, um einen Schätzwert für π zu bestimmen. Wie genau ist diese Schätzung? Welchen Wert für $\text{Sin}(frac14°$ erhält man aus dem ptolemäischen Wert für $\text{Crd}(\frac{1}{2}°)$?
4. Verwenden Sie Naṣīr al-Dīns Erklärung, wie rechtwinklige Dreiecke zu lösen sind, zusammen mit Ptolemaios' Sehnentafel, um das 3-4-5 rechtwinklige Dreieck zu bestimmen.
5. Verwenden Sie al-Bīrūnīs Sinustafel, um den Sinus für $\sin(1°22′)$ mithilfe der Formel

$$\sin(1°22′) = \sin(1°15′) + (;7)C(1°15′)$$

zu berechnen. Zeigen sie allgemein, dass für jedes θ mit $0 < \theta < 90°$ gilt, wenn θ' das größte Vielfache von 15′ kleiner als θ ist, dass dann gilt

$$\sin(\theta) = \sin(\theta') + (\theta - \theta')C(\theta).$$

(Hier muss $\theta - \theta'$ nicht als Minuten, sondern als sechzigster Teil des Radius gelesen werden.)

6. Verwenden sie Ibn Yūnus' Verfahren, um einen Wert für Sin (1°22′) zu berechnen. Gegeben sind die Tabellenwerte Sin(1°) = 1;1,49,45, Sin(1°30′) = 1;34,14,13 und Sin(2°) = 2;5,37,17. Zeigen Sie, dass Ihre Lösung zwischen dem Wert, den man durch lineare Interpolation erhält und dem wahren Wert liegt. Zeigen Sie ebenso, dass für jeden beliebigen Wert des Arguments θ der Wert von Sin θ, der mit dem Verfahren von Ibn Yūnus berechnet wird, zwischen dem mit linearer Interpolation berechneten und dem wahren Wert liegt.

7. Leiten Sie die letzte Fassung der kubischen Gleichung al-Kāshīs her, wie wir sie im Text angegeben haben, aus der Fassung

$$\mathrm{Sin}(3°) = 3\,\mathrm{Sin}(1°) - {;}0{,}4(\mathrm{Sin}\,1°)^3.$$

(*Hinweis*: Es ist hilfreich, die Tatsache zu nutzen, dass $(;0,4)/3 = ;0,1,20$.)

8. Zeigen Sie für $x^2 = 2$, dass gilt $x = (x + 2/x)/2$. Verwenden Sie al-Kāshīs Methode und den Startwert $x = 1$, um drei weitere Näherungswerte für $\sqrt{2}$ zu berechnen. Heron von Alexandria, der um 60 n. Chr. auf Griechisch publizierte, empfiehlt dieses Verfahren für die Approximation von Quadratwurzeln in seiner *Metrika* (Hinweis von Dr. C. Anagnostakis, New Haven, Conn.: Dieses Verfahren stellt ein Beispiel für al-Kāshīs Algorithmus dar.)

9. Es sei $g(x) = x^3 + 4x^2 - 10$. Zeigen Sie, dass die Gleichung $g(x) = 0$ eine Lösung im Intervall [1;2] besitzt. Benutzen Sie nun die Algebra, um zu zeigen, dass diese Lösung ebenfalls eine Lösung der Gleichung $x = f(x)$ mit $f(x) = \sqrt{10/(x+4)}$ ist. Wenden Sie dann mit einem Startwert von $x = 1$ der Lösung der letzten Gleichung al-Kāshīs Methode an, um die folgenden Dezimalstellen der Lösung zu finden. Folgern Sie, dass der Wert, auf drei Stellen genau, 1,365 beträgt.

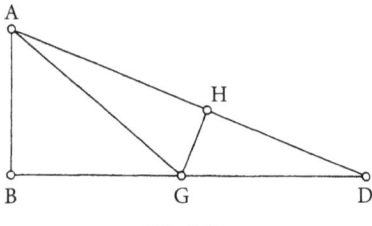

Abb. 5.18.

10. Im 10. Jahrhundert gibt der Autor Abū Ṣaqr al-Qabīṣī im Zusammenhang mit einem Streit über die Frage, ob die Höhe der bekannten Berge im Vergleich zum Erdradius vernachlässigt werden kann, die folgende Methode an, um die Höhe eines Berges zu bestimmen. Begründen Sie diese.
BGD sei die Erdoberfläche und AB die Berghöhe (Abb. 5.18). Von den beiden Punkten G und D aus, deren Abstand voneinander als bekannt vorausgesetzt wird, misst man die Winkel AGB und ADB. Dann gilt

$$AB = \frac{GD \times \operatorname{Sin}(D)}{\operatorname{Sin}(90° - D) - \operatorname{Sin}(90° - G)\operatorname{Sin}(D)/\operatorname{Sin}(G)}.$$

Da alle Größen auf der rechten Seite bekannt sind, kann AB berechnet werden.

Literatur

Aaboe, A.: „al-Kāshī's Iteration Method for the Determination of Sin 1°". *Scripta Mathematica* 20 (1954): 24–29. Nachgedruckt in: Sezgin, F. et al. (Hrsg.): *al-Kāshī. Texts and Studies* (Islamic Mathematics and Astronomy 56). Frankfurt 1998, 354–359
Hamadanizadeh, J.: „A Survey of Medieval Islamic Interpolation Schemes". In: King, D. A.; Saliba, G. A. (Hrsg.): *From Deferent to Equant: A Volume of Studies in the History of Science in the Ancient and Medieval Near East in Honor of E. S. Kennedy* (Annals of the New York Academy of Science 500). New York 1987, 143–152
Kennedy, E. S.: „The History of Trigonometry: An Overview". In: *Historical Topics for the Mathematics Classroom. Thirty-first Yearbook*. Washington D.C.: National Council of Teachers of Mathematics 1969. Nachgedruckt in: Kennedy, E. S. et al.: *Studies in the Islamic Exact Sciences*. Herausgegeben von M. H. Kennedy und D. A. King. American University of Beirut Press: Beirut 1983
King, D. A.: *The Astronomical Works of Ibn Yūnus*. (unveröffentlichte Dissertation) Yale University: New Haven 1972
King, D. A.: „al-Khalīlī's Auxiliary Tables for Solving Problems of Spherical Astronomy". *Journal for the History of Astronomy* 4 (1973): 99–110. Nachgedruckt in: King, D. A.: *Islamic Mathematical Astronomy*. London 1986, XI
Al-Ṭūsī, Naṣīr al-Dīn: *Traité du quadrilatère*. Übersetzt von C. Caratheodory. Konstantinopel 1891
Van Brummelen, G.: *The Mathematics and the Heavens and the Earth: The Early History of Trigonometry*. Princeton University Press: Princeton, New Jersey 2009
Rosenfeld, B.A. and J. P. Hogendijk. „A Mathematical Treatise Written in the Samarqand Observatory of Ulugh Beg", Zeitschrift für Geschichte der Arabisch-Islamischen Wissenschaften 15 (2002/2003), 25–65

Kapitel 6
Sphärik in der islamischen Welt

§1 Der antike Hintergrund

In der Antike wurde – spätestens vom 4. Jahrhundert vor Christus an – das wissenschaftliche Teilgebiet, Kreisbögen und Winkel auf einer Kugelfläche zu berechnen, als „Sphärik" bezeichnet. In den Anwendungen ging es dabei entweder um die Himmelskugel oder um die Erde; die erste war eine Kugel, von der man dachte, dass an ihr die Fixsterne befestigt sind und dass sie einen solch großen Radius hat, dass die Erde im Verhältnis dazu nicht mehr als ein Punkt ist. Ihr Radius war dennoch endlich und konnte für mathematische Zwecke als Einheit verwendet werden. In der Geometrie der Oberfläche einer Kugel entsprechen den Geraden in einer Ebene die *Großkreise*, das sind die Schnittlinien der Kugeloberfläche mit irgendeiner Ebene, die durch den Mittelpunkt geht. Ebenso wichtig sind die *Parallelkreise*, die sich als Schnittlinien der Kugeloberfläche mit einer Ebene ergeben, die nicht durch den Mittelpunkt geht.

Im Falle der Erdkugel sind die wichtigen Großkreise der Äquator und die Meridiane, und die Breitenkreise sind Parallelkreise. Im Falle der Himmelskugel sind der Himmelsäquator, die Ekliptik und der Horizont wichtige Großkreise, die wir im folgenden Abschnitt definieren und untersuchen werden. Gerade diese Bedeutung der Groß- und Parallelkreise macht die Sphärik zu einem nützlichen Werkzeug in der Astronomie und der mathematischen Geografie.

Es waren die Griechen, die als erste die Geometrie der Kugeloberfläche erforschten und noch erhaltene Abhandlungen des Autolykos', der vermutlich ein Zeitgenosse Euklids im 4. vorchristlichen Jahrhundert war, zeigen, dass die folgenden grundlegenden Tatsachen schon lange bekannt waren (Abb. 6.1a–c):

1. Je zwei Großkreise einer Kugel schneiden einander.
2. Betrachtet man alle Großkreise, die zwei gegebene, sich genau gegenüber liegende Punkte auf der Kugel miteinander verbinden, dann gibt

176　Kapitel 6　Sphärik in der islamischen Welt

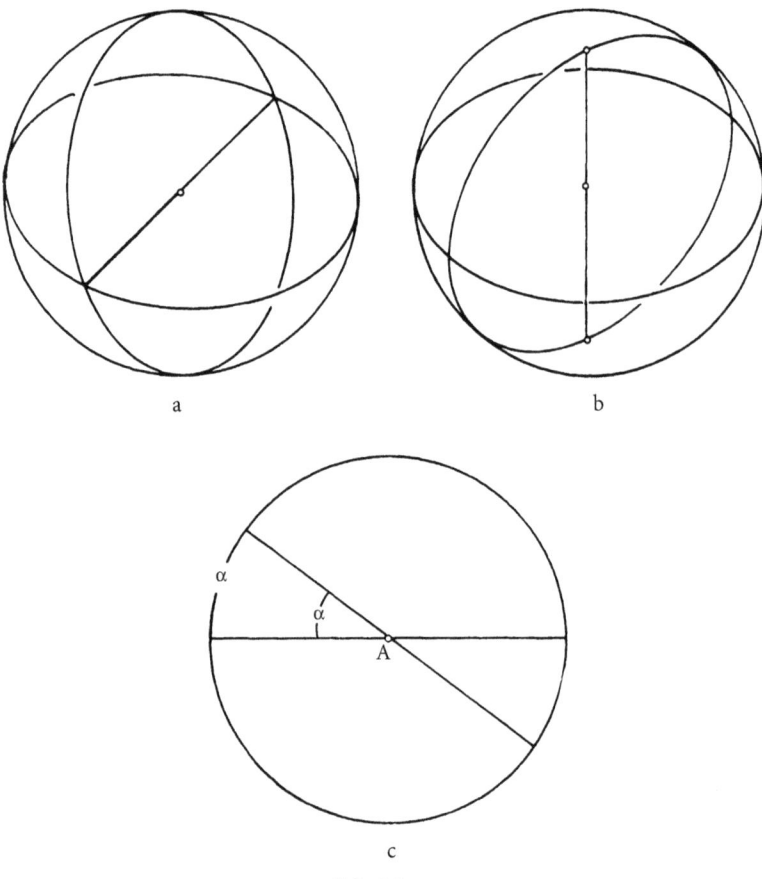

Abb. 6.1a–c.

es genau einen Großkreis, der in einer Ebene liegt, die senkrecht zu all diesen Großkreisen ist. Ist umgekehrt ein Großkreis gegeben, dann gibt es zwei genau einander gegenüber liegende Punkte, die man als dessen Pole bezeichnet, derart, dass jeder Kreis durch diese beiden Pole senkrecht zum betrachteten Großkreis ist.

3. Da je zwei gegebene Großkreise einer Kugel sich gegenseitig halbieren, folgt daraus, dass sie sich in genau gegenüber liegenden Punkten A und B schneiden. Dann folgt aus 2., dass es einen einzigen Großkreis gibt, der die Punkte A und B als Pole hat. Die beiden gegebenen Großkreise schneiden aus dem Kreis einen Bogen heraus; den (kleineren) der beiden Winkel zwischen diesen Großkreisen bezeichnen wir mit α.

Menelaos, der astronomische Beobachtungen in Rom durchführte und einige Jahrzehnte vor Ptolemaios lebte, ist der erste Autor, der – soweit wir wissen – sphärische Dreiecke erwähnt. In seiner Arbeit *Sphärik* wird ein sphärisches Dreieck als „eine Fläche umschlossen von den Bögen d(rei)er Großkreise auf einer Kugel, wobei jeder Bogen kürzer als ein Halbkreis ist" definiert, und in Buch III seiner *Sphärik* finden wir ein Theorem, dass nicht nur das erste der sphärischen Trigonometrie ist, sondern für die Griechen auch der einzige Satz dieser Wissenschaft. Er wird als Satz des Menelaos bezeichnet und kann (in leicht modernisierter Form) wie folgt formuliert werden (Abb. 6.2):

„Gegeben sind die beiden Bögen $\widehat{AB}$ und $\widehat{AG}$ zweier Großkreise auf der Kugel und zwei weitere Bögen $\widehat{GD}$ und $\widehat{BE}$, die sich innerhalb des Winkels schneiden, den die beiden ersten Bögen einschließen; der Schnittpunkt werde mit Z bezeichnet. Außerdem seien alle vier Bögen kleiner als Halbkreise. Dann gilt

$$\mathrm{Crd}(2\widehat{GA}) : \mathrm{Crd}(2\widehat{EA}) = [\mathrm{Crd}(2\widehat{GD}) : \mathrm{Crd}(2\widehat{ZD})] \times [\mathrm{Crd}(2\widehat{ZB}) : \mathrm{Crd}(2\widehat{BE})] \, .$$

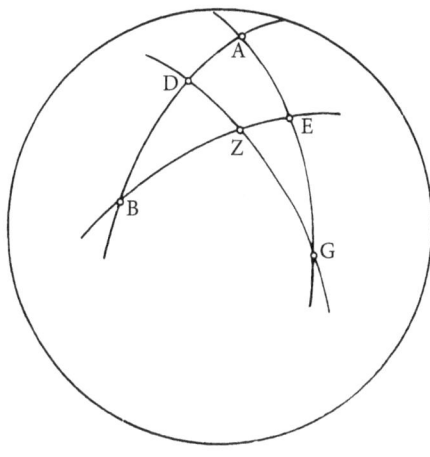

Abb. 6.2.

Wie der Leser richtig vermuten mag, ist dies nur einer von vielen möglichen Fällen des Satzes. Ptolemaios nennt einen weiteren; mittelalterliche Autoren kamen auf 72 Fälle für die Figur des von ihnen sogenannten vollständigen Vierecks. Hier mag jedoch die Feststellung genügen, dass es oft eines genialen Einfalls bedarf, um ein paar gegebene Bögen zu einer Figur zu vervollständigen, auf die man dann den Satz anwenden kann, während man meist leichter ein einfaches Dreieck findet (vgl. beispielsweise die Übungen 5, 11 und 13 in diesem Kapitel).

Über den Satz des Menelaos hinaus erwiesen sich andere Methoden zur Bestimmung von Bögen oder Winkeln auf einer Kugeloberfläche als nützlich, entweder um ohne großen Aufwand angemessene Näherungswerte zu erhalten oder aber um Anfängern die wichtigsten Fakten aufzuzeigen. Eine solche Methode besteht einfach darin, ein gutes Kugelmodell herzustellen und dann darauf die wichtigen Groß- und Parallelkreise einzugravieren, ebenso wie die Lage der wichtigsten Fixsterne (im Falle der Himmelskugel) oder die wesentlichen geografischen Merkmale (im Falle der Erdkugel) zu ergänzen. Um dann Probleme auf der Kugel zu lösen, könnte man einfach Substanzen wie farbiges Wachs oder Kreide verwenden, um zusätzlich be-

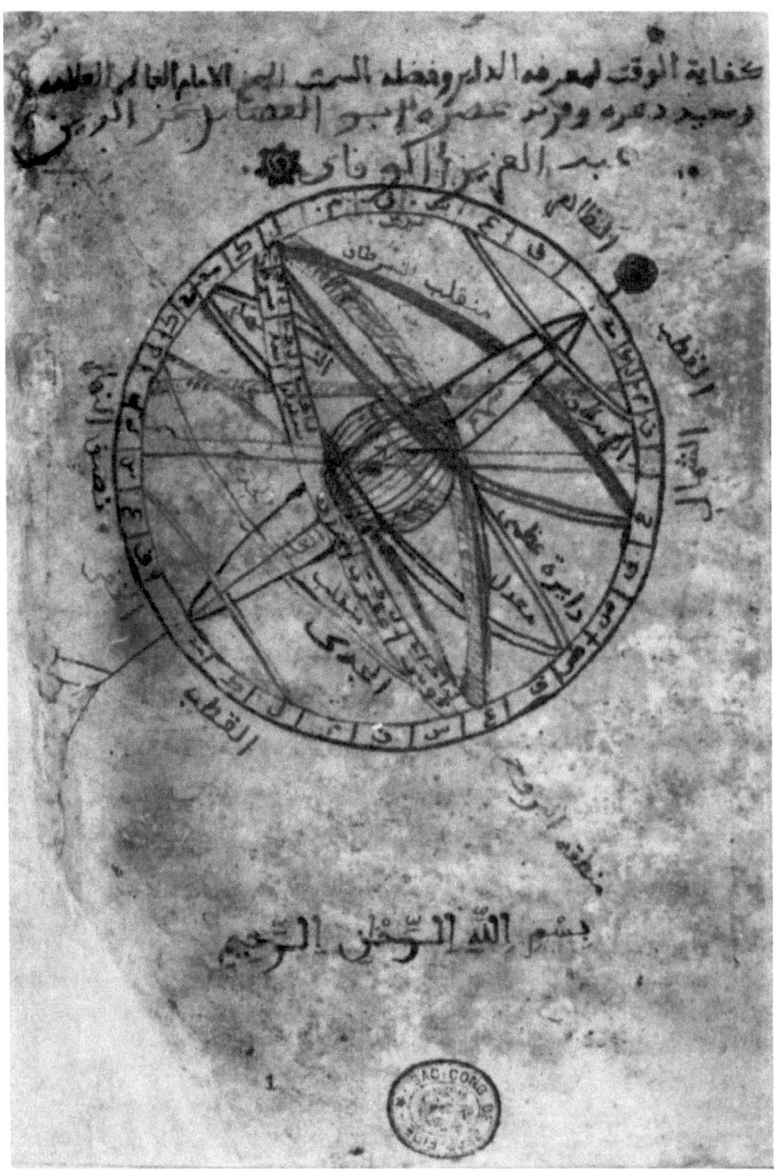

Tafel 6.1. Darstellung einer Armillarsphäre aus der Handschrift Vatikan Borg. ar. 817, fol. 1ʳ. Mit freundlicher Genehmigung des Vatikan, Apostolische Bibliothek

nötigte Bögen oder Winkel aufzutragen und dann die abzumessen, die man benötigt.

Zunehmend raffiniertere Varianten dieses praxisnahen Zugangs wurden von einer Reihe von Autoren beschrieben. So verfasste beispielsweise im 9. Jahrhundert Quṣṭā b. Lūqā eine Abhandlung *Über die Kugel mit Rahmen*. Im 12. Jahrhundert beschrieb ʿAbd al-Raḥman al-Khāzinī ein automatisch funktionierendes Gerät dieser Art in seiner Abhandlung *Über die Kugel, die sich von alleine bewegt* (siehe Lorch 1980). Solche Geräte waren nicht nur den muslimischen Autoren, sondern auch in der antiken Welt bekannt. Al-Khāzinīs Abhandlung steht in der Tradition von Modellen mit Antrieb, die bis auf das bewegliche Modell des Archimedes zurückgeführt werden kann, bei dem sich die Sonne, der Mond und die Planeten um die Erde drehten. Eine einfachere Version der gleichen Idee war die massive Kugel, welche von einem Gerüst von Ringen mit Einteilungen umgeben war, die den wichtigsten Kreisen entsprachen. Ein solches Instrument wird in Ptolemaios' *Almagest* beschrieben. Dort wird es als „Astrolabium" bezeichnet – wir kennen dieses Instrument jedoch unter der Bezeichnung „Armillarsphäre" (vom Lateinischen *armilla* = Armband, denn so sahen die Ringe um die Kugel aus). Tafel 6.1 zeigt eine Darstellung einer Armillarsphäre aus einer Handschrift, die sich heute im Vatikan befindet.

§2 Bedeutende Kreise auf der Himmelskugel

Da sich viele der folgenden Abschnitte mit der Anwendung der Sphärik auf die Himmelskugel befassen werden, möchten wir hier einige der bedeutendsten Kreise und Winkel auf dieser Kugel vorstellen, und wir werden mit dem beginnen, was für den Leser am meisten sichtbar ist. In unserer Erklärung werden wir den Begriff „Gestirn" verwenden, um einen Stern, die Sonne, den Mond oder einen der fünf mit bloßem Auge sichtbaren Planeten zu bezeichnen, wenn die Erklärung für all diese Objekte gleichermaßen zutrifft.

Blickt man auf einer weiten Ebene um sich, sieht man rundum die Linie, die Himmel und Erde begrenzt. Alles am Himmel darüber ist sichtbar, alles darunter unsichtbar, weswegen die Griechen sie als *horizōn*, d. h. „begrenzender" oder „bestimmender" Kreis, bezeichneten, und wovon unser Ausdruck „Horizontlinie" stammt. Die Punkte der Himmelskugel, die sich direkt über unserem Kopf oder direkt unter unseren Füßen befinden, sind die Pole dieses Kreises. Die modernen Namen dieser Pole, *Zenith* und *Nadir*, kommen aus dem Arabischen, von *samt* „(in) Richtung" (des Kopfes) bzw. *naẓīr* „gegenüber" (den Füßen). Die Großkreise, die diese beiden Punkte verbinden, werden Höhenkreise genannt. Der eine Großkreis, der durch den Nord- und den Südpunkt der Horizontlinie geht, wird *Meridian des Ortes* genannt. Wenn sich der Leser ein Gestirn und einen Höhenkreis vorstellt, der durch das Gestirn verläuft, dann wird er leicht einsehen, dass der kleinere Bogen dieses Kreises zwischen Gestirn und Horizont die *Höhe* des Gestirns über dem Horizont angibt, gemessen in Grad, daher der Name *Höhen*kreis. Der kleinere Winkel zwischen dem Höhenkreis eines Gestirns und dem Meridian gibt an, um wie viel Grad man sich von der Nord-Süd-Richtung drehen muss, um das Gestirn zu sehen. Dieser Winkel wird *Azimut* des Gestirns genannt, wiederum vom arabischen Wort *samt*, „Richtung" (des Gestirns).

Eine der beeindruckendsten täglichen Himmelserscheinungen ist der Auf- und Untergang der Sonne, des Mondes und der Sterne. Der Fixpunkt, um den sie sich täglich zu drehen scheinen, wird als nördlicher oder südlicher (Himmels-)Pol bezeichnet, je nachdem, ob man sich auf der nördlichen oder der südlichen Halbkugel befindet, denn es gibt immer nur einen für den Beobachter sichtbaren Pol. (Man beachte, dass Sterne in ausreichender Nähe zum sichtbaren Pol nicht untergehen.[1]) Der Kreis, auf dem sich ein Gestirn während der 24 h seines Umlaufs um den Pol bewegt, heißt Parallelkreis des Gestirns. Ihr sichtbarer Teil heißt naheliegenderweise Tagbogen.

Der Großkreis, der senkrecht zu all den Großkreisen durch den Nord- und Südpol verläuft, wird (Himmels-)Äquator genannt. Man möge sich einmal vorstellen, dass diese Pole und Kreise irgendwie am Himmel sichtbar wären, dann würde der Äquator so aussehen, als würde er sich in 24 h selbst um die Erde drehen. Die Großkreise aber, welche die Pole miteinander verbinden und senkrecht zum Äquator stehen, würden sich tatsächlich am Himmel drehen und dabei immer durch die fest stehenden Pole verlaufen. Jedes Gestirn liegt auf einem dieser Kreise und der kleinere Bogen zwischen dem Gestirn und dem Äquator wird als *Deklination* des Gestirns bezeichnet (beschriftet mit δ), was man so auffassen kann, als würde man die Höhe des Gestirns über dem Äquator messen. Des Weiteren wird der Winkel zwischen dem Kreis, der durch das Gestirn geht, und dem Meridian eines beliebigen Ortes als *Stundenwinkel* des Gestirns bezeichnet; er wird zur Bestimmung der Zeit benötigt. Handelt es sich beispielsweise bei dem Gestirn um die Sonne, dann misst der Stundenwinkel die Zeit bis Mittag, wobei $15°$ einer Stunde entsprechen.

Schließlich noch Folgendes: Beobachtet man den Himmel kurz vor Sonnenaufgang, dann sieht man einige Sterne über dem östlichen Horizont aufgehen, kurz bevor es zu hell wird und sie nicht mehr länger sichtbar sind. Mit anderen Worten, die Sonne steht nahe bei diesem Stern. Nach ungefähr einer weiteren Woche sieht man erneut einen Stern kurz vor Sonnenaufgang aufgehen; dies ist aber nicht der gleiche Stern wie zuvor, denn dieser geht bereits früher auf. So scheint es für den Beobachter, dass sich die Sonne relativ zu den Sternen bewegt und sie sich nun in der Nähe eines anderen Sterns befindet. Beobachtet man dies während des Ablaufs eines ganzen Jahres, dann sieht man, dass die Sonne einmal vollständig den gan-

---

[1] Diese Sterne werden im Deutschen als Zirkumpolarsterne bezeichnet.

§2 Bedeutende Kreise auf der Himmelskugel   181

zen Himmel durchläuft, und zwar ungefähr einen Grad pro Tag, bevor sie (nach diesem Jahr) zum selben Stern zurückkehrt. Die Sonne scheint tatsächlich einem Großkreis am Himmel zu folgen. Dieser Großkreis wird als Ekliptik bezeichnet (vom Griechischen *ekleipein*, was „sich verfinstern" bedeutet). Betrachtet man einen schmalen Streifen von 5° Breite auf beiden Seiten der Ekliptik, so scheint sich nicht nur die Sonne, sondern auch der Mond und die fünf mit bloßem Auge sichtbaren Planeten innerhalb dieses Streifens zu bewegen. Wenn sich der Mond auf der Ekliptik befindet, besteht die Möglichkeit einer Finsternis („Eklipse"). Deswegen haben die Griechen diesen Namen gewählt.

Da die Ekliptik und der Äquator Großkreise sind, schneiden sie sich in genau entgegengesetzt liegenden Punkten, wo sie einen Winkel von annähernd $23\frac{1}{2}°$ bilden, der als Schiefe der Ekliptik bezeichnet und mit dem griechischen Buchstaben ε beschriftet wird. Die Schnittpunkte selbst werden Äquinoktialpunkte genannt (weil Tag und Nacht gleich lang sind, wenn sich die Sonne in diesen Punkten befindet). Einer dieser Punkte, nämlich der Frühlingspunkt, wird als 0° bei der Messung der ekliptikalen Länge angenommen; diese wird, wenn man von Norden auf die Ekliptik hinabblickt, gegen den Uhrzeigersinn gemessen.

Der schmale Streifen, der die Ekliptik auf jeder Seite umgibt, wird als *Zodiakus* oder *Tierkreis* bezeichnet und ist in zwölf Abschnitte von jeweils 30° unterteilt. Die Namen der Tierkreiszeichen, beginnend am Frühlingspunkt und gegen den Uhrzeigersinn weiterlaufend, sind die folgenden (immer zeilenweise gelesen):

Widder	Stier	Zwillinge
Krebs	Löwe	Jungfrau
Waage	Skorpion	Schütze
Steinbock	Wassermann	Fische

Dieser Anordnung zufolge ist der Punkt, der 90° (gegen den Uhrzeigersinn) vom Anfang des Widders entfernt und somit der nördlichste Punkt auf der Ekliptik ist, der Beginn des Tierkreiszeichens Krebs. So wird der Kreis, den dieser nördlichste Punkt während eines Tages zieht, als Wendekreis (als Übersetzung des Griechischen *tropos*, „Wendung") des Krebses bezeichnet. Entsprechend ist der südlichste Punkt der Ekliptik (sechs Tierkreiszeichen vom Beginn [des Tierkreiszeichens] des Krebses entfernt) der Beginn des (Tierkreiszeichens) Steinbock, sodass die Wende dieses südlichsten Punktes den Wendekreis des Steinbocks erzeugt.

Es scheint zu den bleibenden Grundüberzeugungen des Menschen zu gehören, dass die Anordnung der Sonne, des Mondes und verschiedener Planeten innerhalb des Tierkreises ebenso wie der Stand des Tierkreises über dem Horizont zum Zeitpunkt eines besonderen Ereignisses (der Geburt einer Person, der Gründung einer Stadt, des Beginns eines Feldzuges) im Guten wie im Bösen den Ausgang des Unternehmens beeinflussen.

So entstand eine Fülle an Motiven, die Bewegungen der Himmelskörper zu studieren, Egoismus eingeschlossen, zusätzlich zu Motiven praktischen oder wissenschaftlichen Charakters wie der Erstellung eines Kalenders oder der Messung der Zeit.

§3 Die Aufgangszeiten der Tierkreiszeichen

Ein typisches Problem der Sphärik, bei dem sowohl der Äquator als auch die Ekliptik eine Rolle spielen, ist das der Bestimmung der Aufgangszeiten von Bögen auf der Ekliptik. So zeigt Abb. 6.3 die Himmelskugel zu einem Zeitpunkt, wenn ein Punkt auf der Ekliptik mit der Länge λ am östlichen Horizont eines Ortes aufgeht. Man stelle sich vor, dass die Sonne sich an diesem Punkt befindet, so wird es einen Tag des Jahres geben, an dem sie aufgeht, man beachte aber die langsame Bewegung der Sonne auf der Ekliptik nicht, die ja etwas weniger als 1°/Tag ausmacht (siehe oben). Dann wird die Sonne bei Sonnenuntergang an diesem Tag immer noch die Länge λ haben, aber sie wird nun am westlichen Horizont stehen. Da sich zwei beliebige Großkreise gegenseitig halbieren, befindet sich die eine Hälfte der Ekliptik während des gesamten Tages – also insbesondere zum Zeitpunkt des Sonnenuntergangs – oberhalb des Horizonts, und diese Hälfte der Ekliptik wird zu irgendeinem Zeitpunkt während des Tages aufgegangen sein, da sich der Punkt, an dem sich die Sonne befindet, über den Horizont wandert. Folglich gehen während einer Tageslichtperiode 180° der Ekliptik über dem Horizont auf. Wenn wir also sagen können, wie lange es dauert, bis ein beliebiger Bogen auf der Ekliptik über dem Horizont aufgeht (sogenannte *Aufgangszeit* des Bogens), dann sind wir in der Lage, auszurechnen, wie lange der „lichte Tag"[2] an dem betrachteten Tag dauert (natürlich vorausgesetzt, dass bekannt ist, wo sich die Sonne an diesem Tag befindet). In der antiken und der mittelalterlichen Geografie war die Länge des längsten Tages eines Jahres ein Maß für die geografische Breite des Ortes und die Länge der Tageslichtperiode für die Zeitmessung mithilfe der Sonne ebenfalls wichtig.

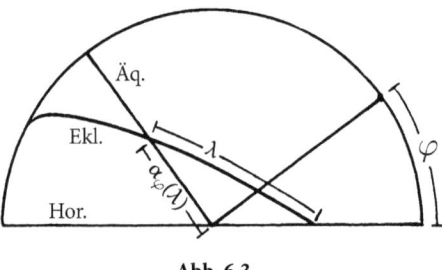

Abb. 6.3.

---

[2] Diese Bezeichnung wird für den Zeitabschnitt zwischen Sonnenauf- und -untergang verwendet.

§3 Die Aufgangszeiten der Tierkreiszeichen

Daher ist es nicht überraschend, dass alle islamischen $z\bar{\imath}j$-Werke sich mit diesem Problem befassen.

Ein Weg, nach dem die $z\bar{\imath}j$-Werke vorgehen, ist der folgende: Um die Aufgangszeit eines Bogens zu bestimmen, der sich von λ bis λ' erstreckt, genügt es, wenn man die Aufgangszeit der Bögen zwischen 0 und λ bzw. 0 und λ' berechnen kann, denn die Aufgangszeit des betrachteten Bogens ist die Differenz dieser beiden Aufgangszeiten. Daher können wir das Problem der Aufgangszeiten lösen, wenn wir die Aufgangszeit eines gegebenen Anfangsbogens von 0 bis λ berechnen können.

Dies ist keine einfache Aufgabe, denn der Himmel dreht sich um die Pole des Äquators, nicht um die der Ekliptik, und folglich gehen gleichgroße Bögen auf der Ekliptik nicht zu gleichen Zeiten auf. Gleichgroße Bögen auf dem Äquator gehen jedoch – aus demselben Grund – in gleichen Zeiten auf. Folglich geht 1° auf dem Äquator alle 4 min auf, da 360° an einem Tag aufgehen. Wenn wir die Aufgangszeit eines Bogens auf der Ekliptik von 0° bis λ bestimmen wollen, müssen wir daher nur ausrechnen, wie viele Grad in derselben Zeit auf dem Äquator aufgegangen sind und diese Zahl mit 4 multiplizieren, um die Aufgangszeit in Minuten zu erhalten.

Wenn für einen Ort auf dem Erdäquator der Himmelsäquator durch den Zenit geht, dann geschieht dies im rechten Winkel zum Horizont. Dann bezeichnet man den Bogen auf dem Äquator, der gemeinsam mit dem Bogen von 0° bis λ auf der Ekliptik aufgegangen ist, als *Rektaszension*[3] dieses Bogens und notiert sie mit $\alpha(\lambda)$. Befindet sich der Ort nicht auf dem Äquator, dann bildet der Äquator mit dem Horizont einen spitzen Winkel, der gleich 90° − φ ist, wobei φ die geografische Breite des Ortes ist. Dann wird der Bogen des Äquators, der aufgegangen ist, als $\alpha_\varphi(\lambda)$ notiert und aus offensichtlichen Gründen als oblique Aszension[4] von λ bezeichnet.

Methoden zur Berechnung von $\alpha_\varphi(\lambda)$ finden sich in den astronomischen Abhandlungen der Babylonier und der Griechen sowie in den Texten aus der islamischen Welt, und es ist ein faszinierender Aspekt der Geschichte der verschiedenen Berechnungsverfahren, dass sehr alte Verfahren über 1000 Jahre überlebt haben – auch nachdem längst ausgeklügeltere Methoden zur Verfügung standen. Wir werden hier nicht mehr über die ältesten Methoden sprechen, bei denen arithmetische Reihen verwendet wurden, aber wir werden in späteren Abschnitten noch einige Ergebnisse von ziemlich raffinierten Berechnungen kennenlernen, die von Astronomen der islamischen Welt benutzt wurden. Natürlich können wir auch mithilfe der oben beschriebenen Kugelmodelle zu Ergebnissen und zu einem guten Verständnis der Problematik gelangen.

---

[3] Anm. d. Ü.: Veraltet – aber anschaulich – wurde die Rektaszension (von lat. *ascensio in sphaera recta*) auch als „gerade Aufsteigung" übersetzt.

[4] Anm. d. Ü.: Ebenso wurde zwar veraltet – aber anschaulich – die oblique Aszension (von lat. *ascensio in sphaera obliqua*) auch als „schiefe Aufsteigung" übersetzt. Ab und an findet sich auch der Terminus „Schrägaufgang".

§4 Die stereografische Projektion und das Astrolabium

Al-Bīrūnī schreibt über solche Kugelmodelle indes, dass sie, wenn sie überhaupt von Nutzen sein sollen, eine beachtliche Größe haben müssen, dass aber genau diese Eigenschaft bedeutet, dass man solche Kugeln nur selten findet und dass sie schwierig zu transportieren und zu bedienen sind. Al-Bīrūnī bringt es in seiner lakonischen Art auf den Punkt: „Die Schwierigkeit, die es mit ihr auf sich hat, entspricht dem Nutzen." Sei es aus Gründen der Bequemlichkeit oder aber auch nicht, vermutlich war es der Astronom Hipparchos von Rhodos, derselbe Mann, der nach unserem Kenntnisstand die erste Sehnentafel zusammengestellt hat, der eine Abhandlung über ein Verfahren geschrieben hat, das es erlaubt, eine Kugeloberfläche in einer Ebene darzustellen, sodass Kreise auf der Kugel auch als Kreise in der Ebene dargestellt werden. Diese Methode wird heutzutage als stereografische Projektion bezeichnet (von griech. *stereo* = „fest-", *graphein* = „beschreiben"). Auch wenn Hipparchos' Abhandlung über dieses Thema verloren gegangen ist, hat doch Ptolemaios' *Die Planisphäre*, ein fast 300 Jahre später geschriebenes Werk, überlebt.

Mit der stereografischen Projektion dürfte sich jeder auskennen, der mit komplexen Variablen vertraut ist (Abb. 6.4): Auf der Oberfläche einer Kugel wird ein Großkreis wie z. B. der Äquator ausgewählt, und die Ebene π, in der der Großkreis liegt, ist diejenige, in welche die Kugeloberfläche abgebildet wird. Um diese Abbildung ausführen zu können, wählt man einen Pol dieses Großkreises, beispielsweise den Südpol (das ist die gebräuchlichste Variante des Astrolabiums), P. Dann wird für jeden Punkt X ≠ P auf der Kugel der Bildpunkt X′ in der Ebene π als derjenige Punkt definiert, in dem die Strecke PX die Ebene π schneidet. Da für alle Punkte X ≠ P die Strecke PX die Ebene π nur in einem Punkt schneidet, ist der Bildpunkt X′

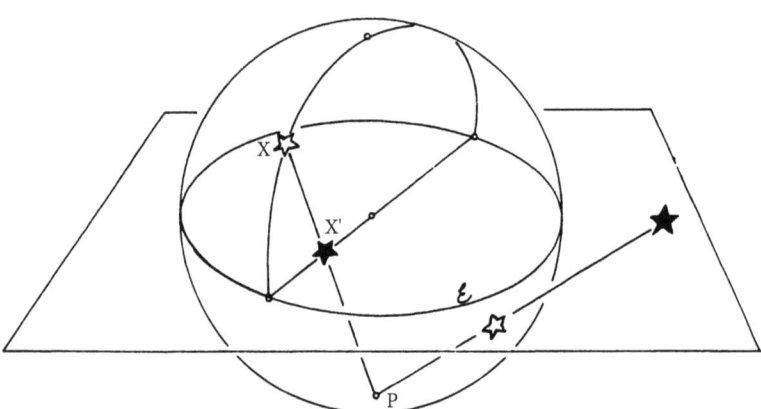

Abb. 6.4. Zeichnung gedruckt mit freundlicher Genehmigung von Paul MacAlister & Associates

§4 Die stereografische Projektion und das Astrolabium

für jeden Punkt $X \neq P$ eindeutig definiert. Das Ergebnis dieser Abbildung verschiedener Kugelpunkte $X, X_1, \ldots$ ist in Abb. 6.4 dargestellt.

Der Vorteil dieser Projektion liegt vor allem darin begründet, dass durch sie Kreise auf der Kugel entweder auf Geraden oder auf Kreise in der Ebene π abgebildet werden und dass sie winkeltreu ist. Abbildung 6.4 zeigt, dass Meridiane auf Geraden abgebildet werden, die durch den Mittelpunkt der Kugel verlaufen, dass der Äquator, der in π liegt, auf sich selbst projiziert wird; außerdem, dass Punkte südlich des Äquators (wie P_1) auf Punkte abgebildet werden, die außerhalb des Äquators liegen, und Punkte, die nördlich des Äquators liegen, auf Punkte innerhalb.

Wir wissen nicht, ob Hipparchos darüber nachgedacht hat, ein Instrument zu bauen, das die stereografische Projektion nutzt; auch beschreibt Ptolemaios in seiner Abhandlung kein derartiges Instrument. Wie dem auch sei, den ersten Text über ein solches Instrument hat Theon von Alexandria im späten 4. nachchristlichen Jahrhundert verfasst, sodass also schon einige Zeit vor ihm jemand auf die Idee gekommen sein muss, die stereografische Projektion nicht nur auf die Fixsternsphäre sondern auch auf ihre wichtigsten Großkreise anzuwenden. Das Ergebnis bestand aus zwei Scheiben, von denen die eine die Fixsternsphäre, die andere verschiedene Großkreise darstellte – insbesondere den Äquator und den Horizont. Wenn die Scheibe, die das Koordinatennetz mit den Großkreisen trägt, über der Scheibe gedreht wird, auf der die Sterne eingraviert sind, dann handelt es sich um eine anaphorische Uhr. Diese Uhr war entwickelt worden, um die Tages- oder Nachtzeit anzuzeigen – entsprechend den Jahreszeiten (dies wird in Abschn. §5 dieses Kapitels erläutert). Der römische Architekt Vitruvius beschreibt sie in Kap. IX, 8 seines Werks *De architectura*.

Wenn die Scheibe, die auf einem Rahmen aus Messing montiert ist und Sternzeiger trägt, über einer zweiten, massiven Scheibe mit dem Koordinatensystem gedreht wird, dann handelt es sich um ein Astrolabium (siehe Tafeln 6.2 und 6.3). Dieses Instrument wird ausführlicher als „planisphärisches Astrolabium" bezeichnet, denn es ist ein ebenes (und nicht ein dreidimensionales) Bild der Himmelskugel. Der übliche Name ist jedoch bloß „Astrolabium" und so werden wir es im Folgenden bezeichnen.

Ein solches Instrument war im Turm der Winde untergebracht, der auf dem Athener Marktplatz in der Mitte des 1. Jahrhunderts v. Chr. errichtet wurde und immer noch dort steht.

Der erste Hinweis auf ein Astrolabium, der sich eindeutig auf ein Instrument bezieht, das auch wir mit diesem Wort bezeichnen würden, findet sich in einem Brief des Bischofs von Ptolemais (wahrscheinlich an der Küste im heutigen Libyen gelegen), Synesios, an seine Lehrerin Hypatia, die erste Mathematikerin, die uns namentlich bekannt ist. Ihr Vater, Theon von Alexandria, war der Herausgeber einer bedeutenden Ausgabe der *Elemente* des Euklid und schrieb auch über das planisphärische Astrolabium. Er scheint sogar das Astrolabium des Synesios mit einer Visiervorrichtung versehen zu haben, die es dem Benutzer ermöglichte, die Höhe eines Sterns

Tafel 6.2. Rete und Scheiben dieses Astrolabs wurden um 1200 von dem Astrolabisten Abū Bakr b. Yūsuf gefertigt. Die Mater ist wahrscheinlich eine spätere Ergänzung aus dem Maghreb des 17. Jahrhunderts. Eine Ortsscheibe für die entsprechenden geografischen Koordinaten ist deutlich unter der Sternkarte zu sehen. Gedruckt mit freundlicher Genehmigung der Trustees of the Science Museum, London

oder der Sonne über dem Horizont zu messen – eine der Grunddaten, die man bei dem Instrument einstellen muss. Theons Abhandlung wurde von dem Bischof Severus Sebokht ins Syrische übertragen, bei dem sich auch der erste Hinweis auf die indischen Zahlen außerhalb des Subkontinents findet und über das Syrische lernten es dann die arabischen Autoren kennen.

Da die stereografische Projektion die gesamte Himmelskugel (mit Ausnahme des Südpols) in eine Ebene abbildet, ist es notwendig, die Größe zu begrenzen. Dies geschieht durch die Abbildung lediglich des Teils der Himmelskugel (und ihrer Großkreise) oberhalb des Wendekreises des Steinbocks, der bei ca. $-23\frac{1}{2}°$ liegt. So kann die gesamte Ekliptik, zusammen mit dem Äquator, dem Wendekreis des Krebses, dem Horizont (oder dem Teil des Horizonts oberhalb des Wendekreises des Steinbocks) und mit den Höhenkreisen in einer Ebene dargestellt werden. (Letztere sind auch heute noch unter ihrem arabischen Namen *Almukantar* bekannt.) Abbildung 6.5 zeigt die sich ergebende Karte der Koordinatenkreise im Schnitt, wobei Großbuchstaben Punkte auf der Himmelskugel beschreiben, Buchstaben mit einem Strich ihr Bild in der stereografischen Projektion. Durchgehende Linien zeigen den Äquator und Parallelkreise dazu. So ist AB der Wende-

§4 Die stereografische Projektion und das Astrolabium   187

Tafel 6.3. Eine universale *saphea* auf der Rückseite des in Tafel 6.2 abgebildeten Astrolabs. Das Netz basiert auf einer Projektion für die geografische Breite des Äquators und ist somit unabhängig von der geografischen Breite des Orts. Die hier abgebildete Alhidade – der Arm mit den Visieren, der sich um den zentralen Stift dreht – ist jedoch für ein normales, planisphärisches Astrolabium gedacht; mit ihr kann das Koordinatennetz nicht genutzt werden. Vielmehr braucht es einen beweglichen, senkrechten Schieber, wie im 11. Jahrhundert im muslimischen Spanien entworfen. Dann können Daten von einem orthogonalen Koordinatensystem in ein anderes übertragen werden. Gedruckt mit freundlicher Genehmigung der Trustees of the Science Museum, London

kreis des Steinbocks im Schnitt, während CD den Wendekreis des Krebses im Schnitt darstellt. XY ist der Schnitt des örtlichen Horizonts und ZW, parallel dazu, der eines Almukantars. Man beachte, dass in dem vorliegenden Fall das südliche Ende des Horizonts unterhalb des Wendekreises des Steinbocks liegt und deshalb nicht auf die Ebene abgebildet wird, sodass beispielsweise X keinen Bildpunkt besitzt.

Abbildung 6.6 zeigt eine Projektion für eine geografische Breite von 30°. Dabei liegt Süden am oberen Bildrand. Der äußere Kreis stellt den Wendekreis des Steinbocks dar. Der nächstkleinere Kreis, der hierzu konzentrisch ist, steht für den Äquator und der innere der drei konzentrischen Kreise ist der Wendekreis des Krebses. Der Mittelpunkt dieser Kreise ist der Himmelsnordpol und wird durch einen kleinen Kreis[5] dargestellt.

Der Kreis südlich des Pols stellt den Zenith für die geografische Breite von 30° dar und die um ihn angeordneten Kreise sind die in Abständen von

---

[5] Anm. d. Ü.: Der Kreis ist eigentlich ein Loch und technisch bedingt, da hier der Stift durchgesteckt wird, mit dem das Astrolabium zusammengehalten wird.

188 Kapitel 6 Sphärik in der islamischen Welt

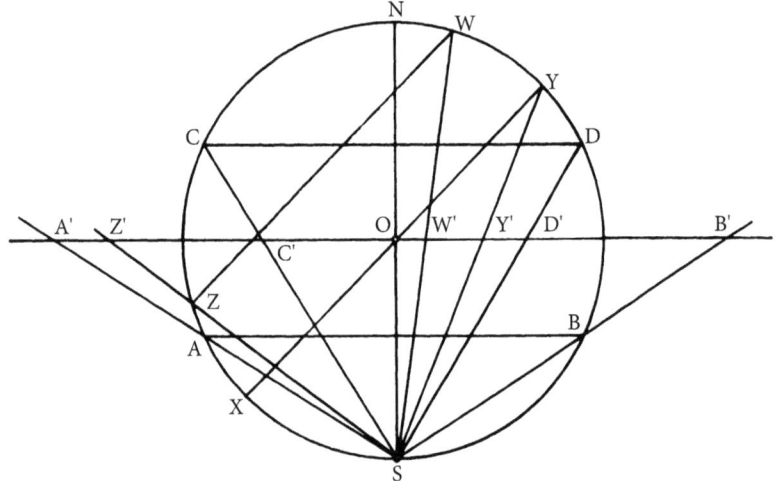

Abb. 6.5.

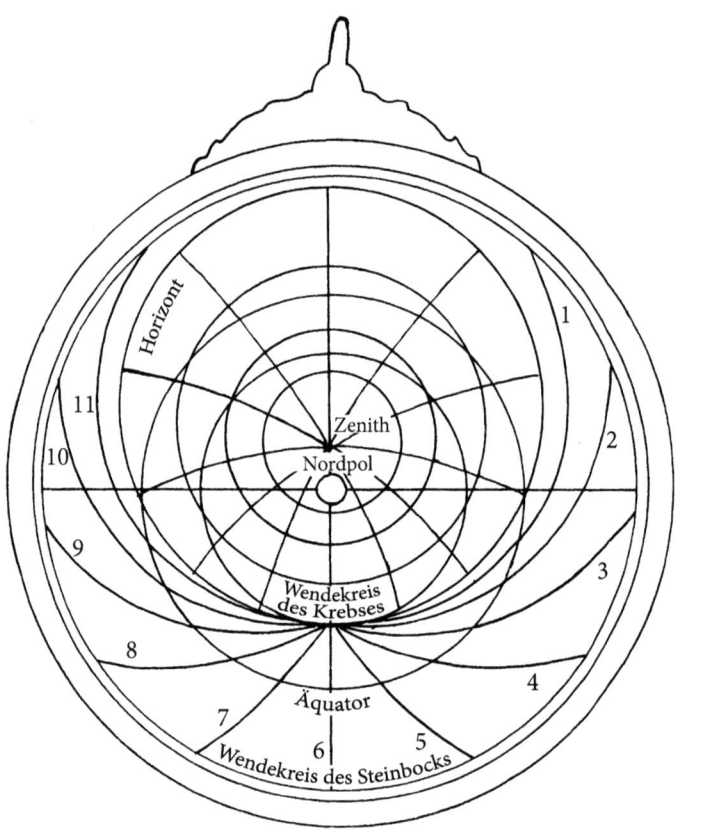

Abb. 6.6.

20° gezeichneten Almukantar, fortgesetzt bis zum Horizont selbst. (Alles außerhalb des Horizontkreises liegt unterhalb des Horizonts und ist somit unsichtbar.) Wie wir bereits erwähnt haben, liegt die südlichste Ausdehnung des Horizonts unterhalb des Wendekreises des Steinbocks, und daher kann der Horizont (ebenso wie einige der zu ihm parallelen Höhenkreise) nicht durch einen vollständigen Kreis dargestellt werden. Die Kurven (tatsächlich handelt es sich um Kreisbögen), die den Zenith mit dem Horizont verbinden, sind die Bilder der Kreise, die in Abständen von 10° auf dem Horizont im Uhrzeigersinn eingezeichnet sind, beginnend im Nordpunkt, der bei 0° liegt.

Oberhalb der gerade beschriebenen Scheibe dreht sich eine Sternenkarte von gleichem Durchmesser wie die Scheibe darunter. Sie zeigt bestimmte wichtige Sterne oberhalb des Wendekreises des Steinbocks und den Tierkreis. Diese Sternkarte besteht lediglich aus kleinen Zeigern, welche die Sternpositionen angeben, und einem kunstvoll ausgeschnittenen Rahmen. Der Rest der Messingscheibe ist weggeschnitten, damit der Benutzer die Kreise auf der Scheibe darunter sehen kann. Ein Stift geht sowohl durch den Mittelpunkt der Sternkarte als auch durch den Mittelpunkt der Scheibe darunter und das Drehen der Sternkarte um den Stift ahmt die (scheinbare) Drehung des Himmels um den Nordpol nach. Abbildung 6.7 zeigt die Sternkarte, die von den lateinischen Benutzern des Astrolabiums wenig

Abb. 6.7.

bildhaft als *Rete* (= „Netz") bezeichnet wurde, während die griechischen und arabischen Quellen von einer „Spinne" sprechen.

Das Astrolabium wird folgendermaßen benutzt: Das Instrument wird an einer Schnur aufgehängt (die an einem Ring befestigt ist, wie man in Tafel 6.2 rechts sieht) und so in der Hand gehalten, dass es senkrecht hängt. Die Alhidade auf der Rückseite (siehe Tafel 6.3) dreht sich um den zentralen Stift. An ihr entlang kann ein bestimmtes Gestirn angepeilt und seine Höhe auf der Höhenskala auf dem Rand abgelesen werden. Angenommen, Spika befindet sich 16° oberhalb des Horizonts im Südwesten: Dann muss die Sternkarte so weit gedreht werden, bis der Zeiger für Spika sich im Südwesten 16° über dem Horizont befindet. (Er ist dann auf dem achten Almukantar der Ortsscheibe.) Nun zeigt das Astrolabium alle Sterne an ihrer richtigen Position und gibt auf der Scheibe somit die Höhe und das Azimut jedes Sterns an. Insbesondere kann abgelesen werden, welche Sterne im Moment auf- oder untergehen (d. h. ihre Zeiger befinden sich auf dem östlichen bzw. auf dem westlichen Horizont) und welche Sterne sich unterhalb des Horizonts befinden und somit unsichtbar sind.

Die älteste erhaltene, arabische Abhandlung über das Astrolabium wurde von ʿAlī b. ʿĪsā verfasst, einem Wissenschaftler, der um 830 lebte und der an al-Maʾmūns Landvermessung zur Bestimmung des Erdumfangs teilnahm. Außerdem war er an den astronomischen Beobachtungen sowohl in Bagdad als auch in Damaskus beteiligt. Daher dürfte er genügend Erfahrung besessen haben, um eine Abhandlung über die verschiedenen Einsatzmöglichkeiten des Astrolabiums zu schreiben – darunter die folgenden:

1. Bestimmung der Längenposition der Sonne auf der Ekliptik,
2. Azimut und Höhe eines Gestirns,
3. Bestimmung des Aszendenten, des Deszendenten, der Häuser und anderer astrologischer Aufgaben (zur Erstellung eines Horoskops),
4. Tages- und Nachtlänge, Länge der ungleichen Stunden und
5. Tageszeit in gleichen und in ungleichen Stunden.

Der folgende Abschnitt wird sich nun mit der letztgenannten Anwendung beschäftigen.

§5 Zeitmessung mithilfe der Sonne und der Sterne

Um ʿAlīs Anweisungen zur Zeitmessung bei Tag und Nacht verstehen zu können, muss man die beiden in der antiken und der mittelalterlichen Welt verwendeten Systeme zur Zeitmessung kennen. Das erste, weit verbreitete System teilte jeden Tag und jede Nacht in zwölf gleich große Abschnitte; jeder Abschnitt war eine von der Jahreszeit abhängige („temporale") Stunde. Es ist daher offensichtlich, dass die Tagesstunden im Sommer länger und im Winter kürzer sein würden. Lediglich am Äquator, wo alle Tage und Nächte gleich lang sind, würde sich die Stundenlänge nicht mit den Jahreszeiten ändern. Andernorts ist dies nur zum Zeitpunkt des Frühlings- und des Herbstäquinoktiums der Fall, wenn sich die Sonne am Himmelsäquator befindet, dass die Länge der Tages- der der Nachtstunden gleich ist. Folglich werden im zweiten System, bei dem alle Tage und Nächte zusammengenommen 24 gleich lange Stunden haben, die Stunden als Äquinoktialstunden bezeichnet. Dies mag hier erst einmal genügen, obwohl man diese Stunden leicht auch mit einem Astrolabium bestimmen könnte.

Zur Bestimmung der temporalen Stunden zeigt Abb. 6.8 die Himmelskugel mit dem Bogen $\widehat{ABG}$ als Horizont. An dem betrachteten Tag des Jahres beschreibt die Sonne einen zum Äquator $\widehat{ADG}$ parallelen Kreisbogen.

Der Teil des Tagbogens der Sonne, der unterhalb des Horizonts liegt, sei $\widehat{ZEH}$, sodass dies die Sonnenbahn während der Nacht ist. Wenn gilt $\widehat{ZE} = \frac{1}{12}\widehat{ZEH}$, dann entspricht der Bogen, auf dem sich die Sonne in $\frac{1}{12}$ der Nacht bewegt, dem Bogen $\widehat{ZE}$. Der E entsprechende Punkt auf den anderen Bögen, je einer für jede Nacht des Jahres, bildet eine stetige Kurve auf der Kugel. Einige muslimische Astronomen bemerkten, dass diese kein Kreis ist. Folglich ist auch ihr Abbild auf dem Astrolabium kein Kreis. Wenn wir jedoch nur dann die Nachtbögen berücksichtigen, wenn die Sonne am Wendekreis des Steinbocks, am Wendekreis des Krebses oder am Äquator steht, dann ergeben sich nur drei Punkte für jede Stunde. Die Bilder dieser drei Punkte auf dem Astrolabium bestimmen eindeutig einen Kreis, der durch die drei Punkte verläuft. Dieser Kreisbogen wird mit 1 beschriftet, die darauffolgenden Bögen mit 2, ..., 11 und der östliche Horizont mit einer 12, denn wenn sich die Sonne an diesem Punkt befindet, endet die zwölfte Nachtstunde und es beginnt die Morgendämmerung. Selbstverständlich sind diese Kreisbögen lediglich Näherungen an die tatsächlichen Kurven, aber für die meisten Anwendungen der Mathematik benötigt

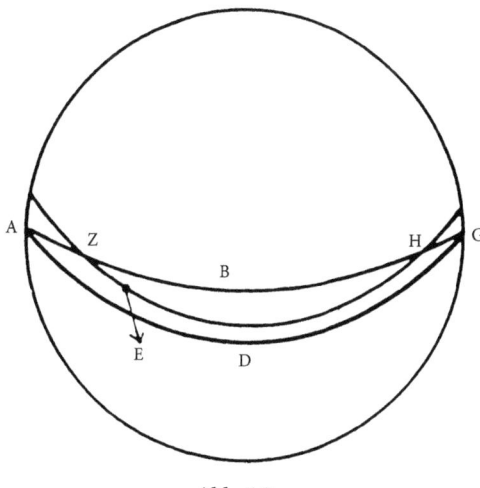

Abb. 6.8.

man ein Näherungsverfahren, und der Kreisbogen ist eine akzeptable Approximation. So kommen also die Bögen für die Nachtstunden auf einem Astrolabium zustande.

Wenn wir nun in der Nacht wissen wollen, welche Stunde es ist, dann können wir folgendermaßen vorgehen: Mithilfe einer Tabelle oder aber mithilfe der Skalen auf der Rückseite des Astrolabiums finden wir heraus, wo sich am fraglichen Tag die Sonne im Tierkreis befindet und markieren diesen Punkt auf dem Tierkreis auf der Sternkarte. Damit wird die Sonne für diesen Tag im Bezug auf die Sterne an die richtige Position gesetzt. Dann sucht man am Himmel einen der ca. 30 Sterne, die auf der Sternkarte eingetragen sind, und bestimmt mithilfe der Alhidade und der Höhenskala entlang des Randes auf der Rückseite des Astrolabiums dessen Höhe und vermerkt, ob er östlich oder westlich des Meridians steht. Dann wird die Sternkarte des Astrolabiums so eingestellt, dass sich der Zeiger für den beobachteten Stern auf dem richtigen Höhenkreis befindet und, je nachdem, östlich oder westlich. Nun stehen die Sternzeiger in Bezug auf den Horizont in der richtigen Position und somit steht auch die Sonne, die ja korrekt zwischen die Sterne platziert wurde, an der Stelle, die ihrer Position am Himmel genau entspricht (selbstverständlich unter dem Horizont). Nun muss man lediglich noch nachsehen, auf welcher Stundenlinie sich die Sonne befindet (oder ungefähr) und die Nummer an dieser Linie gibt an, wie viele Stunden der Nacht bereits vergangen sind.

Im Folgenden sei jetzt noch ʿAlīs Verfahren zur Bestimmung der Tagesstunden zitiert:

„Der Nadir ist der Punkt (auf der Ekliptik), der genau der Sonnenposition gegenüber liegt, das siebte Zeichen nach dem, in dem die Sonne steht. [ʿAlī beginnt seine Zählung mit „1" im Zeichen der Sonne.] Man fährt stetig fort, bis man schließlich das siebte Zeichen vom Anfangspunkt aus erreicht hat, was dann der Position des Nadir entspricht. Setze den Punkt, welcher der Sonnenhöhe, die du gefunden hast, entspricht, und schaue dann nach dem Nadir (dieses Punktes), der genau (oder ungefähr) auf eine Stundenlinie fällt. Es muss vom Anfangspunkt der Zählung aus gerechnet werden. Der Punkt, zu dem du kommst und auf der Nadir fällt, ist der Betrag der Stunden und ihrer Teile, die bisher vergangen sind."

Um Alīs Verfahren zu veranschaulichen, haben wir in Abb. 6.9 den Äquator und den Horizont und die Sonne in einem Punkt P auf der Ekliptik eingezeichnet. Wir betrachten eine Gerade durch den Mittelpunkt der Kugel und P. Der Punkt P* sei der Schnittpunkt der Geraden, welche den Punkt P mit dem Mittelpunkt verbindet, mit der Kugeloberfläche. Da sowohl P als auch der Mittelpunkt in der Ekliptikebene liegen, befindet sich auch der Punkt P* auf der Ekliptik und ist der Nadir.

Stellen Sie sich nun vor, P rotiere in der eingezeichneten Richtung parallel zum Äquator. Wenn dies geschieht, dann rotiert auch P* um den gleichen Betrag in die gleiche Richtung. Da außerdem ein Großkreis für jeden seiner Punkte den gleichen Durchmesser hat, befindet sich P genau dann auf einem Großkreis, wenn dies auch für P* gilt. Daraus folgt, dass P genau zu dem Zeitpunkt unter den Horizont sinkt, wenn P* über dem Horizont

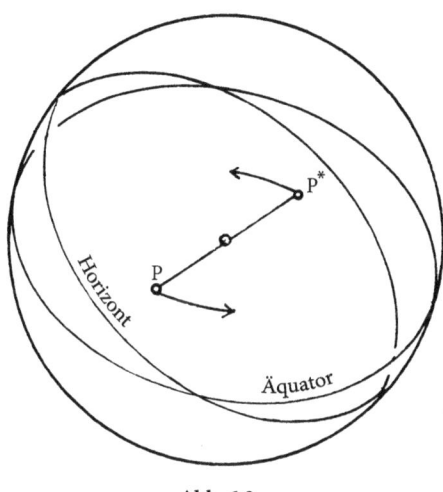

Abb. 6.9.

aufgeht, und dass, egal welchen Bruchteil des zum Äquator parallelen Tagbogens die Sonne P durchläuft, um den Horizont zu erreichen, P* genau den gleichen Bruchteil seines Parallelkreises durchläuft um den Horizont zu erreichen. Fällt also P* auf die Stundenlinie n, d. h. dass noch 12 − n Stunden der Nacht bleiben, dann bleiben auch für P noch 12 − n Stunden des Tages.

Da das Astrolabium ein analoger Computer ist, der originalgetreu Kreisbögen und Winkel des Himmels wiedergibt, kann es dazu verwendet werden, jede beliebige Aufgabe der sphärischen Trigonometrie zu lösen. Seine Genauigkeit ist allerdings durch das Geschick eingeschränkt, mit dem es hergestellt wurde und außerdem liefert es nicht immer die elegantesten Lösungen für ein Problem.

Tatsächlich aber leistet dies keine Methode allein (was wiederum den Charme der sphärischen Astronomie ausmacht), aber die sphärische Trigonometrie mit ihren leistungsfähigen und oft einfach zu formulierenden Regeln brachte einige großartige Lösungen hervor. Dieser Entwicklung des Fachs sei der folgende Abschnitt gewidmet.

§6 Sphärische Trigonometrie im Islam

Es sind drei Astronomen, deren aktive Zeit den Zeitraum überspannt, in der ein Großteil der sphärischen Trigonometrie entwickelt wurde und die selbst die wichtigsten Beiträge leisteten. Der erste ist Ḥabash al-Ḥāsib, ein Zeitgenosse des großen arabischen Wissenschaftlers al-Kindī und einer der Astronomen, die unter der Schirmherrschaft des Kalifen al-Ma'mūn in Bagdad tätig waren. Der zweite ist der Astronom Abū al-Wafā' al-Būzjānī, eine der glanzvollen Erscheinungen am buyidischen Hof in der Mitte und gegen Ende des 10. Jahrhunderts, über dessen Leben sowie dessen Beiträge zur Geometrie und zur Trigonometrie wir bereits berichteten. Der dritte ist Prinz Abū Naṣr Manṣūr b. ʿIrāq, der sowohl Lehrer als auch Förderer al-Bīrūnīs gegen Ende des 10. Jahrhunderts war. In seinem *Schlüssel zur Wissenschaft der Astronomie* gibt al-Bīrūnī einen lebendigen Bericht über die Auseinandersetzungen, Missverständnisse und Anschuldigungen, welche mit den Prioritätsstreitereien einhergingen, wer denn nun bei der Entdeckung einiger wichtiger Theoreme in der sphärischen Trigonometrie der Erste gewesen sei – insbesondere, wenn es die beiden letztgenannten Astronomen betraf.

Im Laufe seines Berichts hat al-Bīrūnī einige wenig freundliche Dinge über Abū al-Wafāʾ zu sagen, aber trotz al-Bīrūnīs Geringschätzung von Abū al-Wafāʾs Charakter möchten wir doch der Darstellung der Beweise von zwei wichtigen Sätzen folgen, wie Abū al-Wafāʾ sie in seinem astronomischen Handbuch *Zīj al-Majisṭī* ausgeführt hat.

Der erste dieser Beiträge ist das „Gesetz der vier Größen" (unter diesem Namen wurde es später im lateinischen Westen bekannt):

Wenn ABG und ADE zwei sphärische Dreiecke sind, mit einem rechten Winkel in B bzw. D und einem gemeinsamen spitzen Winkel in A, dann gilt $\text{Sin}(\widehat{BG}) : \text{Sin}(\widehat{GA}) = \text{Sin}(\widehat{DE}) : \text{Sin}(\widehat{EA})$ (Abb. 6.10).

Abū al-Wafāʾ beweist dies folgendermaßen: Da die Bögen $\widehat{AB}$ und $\widehat{AG}$ Teile eines Großkreises sind, enthalten die beiden Ebenen, in denen die Bögen liegen, den Mittelpunkt der Kugel und schneiden sich in einem Durchmesser d der Kugel. Fälle von G und E aus innerhalb der Kugel die Lo-

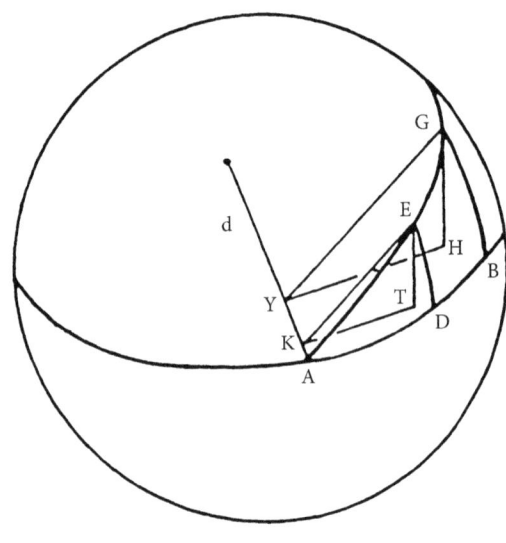

Abb. 6.10.

te GH und ET auf die Ebene, die den Bogen $\widehat{AB}$ enthält und zeichne in der Ebene, die den Bogen $\widehat{AG}$ enthält, die Strecken GY und EK senkrecht zum Durchmesser d. Dann folgt leicht aus Euklids *Elementen* XI, 11, dass YH und KT ebenfalls senkrecht auf d stehen. Daher sind die Winkel GYH und EKT gleich groß, und somit gilt: Δ(GHY) ist ähnlich zu Δ(ETK). Damit gilt auch TE : EK = HG : GY. Aber es gilt auch: EK = $\text{Sin}(\widehat{EA})$ und GY = $\text{Sin}(\widehat{GA})$, sowie TE = $\text{Sin}(\widehat{ED})$ und HG = $\text{Sin}(\widehat{BG})$, und setzt man dies in die vorige Verhältnisgleichung ein, dann ergibt sich die Schlussfolgerung des Satzes.

Eine wichtige Anwendung des „Gesetzes der vier Größen" findet sich in Abū al-Wafā's Herleitung des Sinussatzes für Kugeldreiecke. Seine Entdeckung vereinfachte viele Probleme, die mit Bögen auf Kugeloberflächen zu tun hatten und markiert das erste Auftreten der sphärischen Trigonometrie, denn dies ist das erste Theorem, das sich mit Winkeln auf einer Kugel beschäftigt. Andere Sätze beschäftigten sich auch schon zuvor mit Kugeldreiecken, aber nur mit den Seiten.

Bedenkt man, welche Bedeutung dieser Satz hat, dann überrascht es nicht, dass verschiedene Autoren die Ehre seiner Entdeckung beanspruchten. Dabei sind gleichzeitige Entdeckungen in der Mathematik nichts Ungewöhnliches, da die meisten Probleme und die gängigen Methoden allen, die sich damit beschäftigten, bekannt sind. Der Fall des Sinussatzes der sphärischen Trigonometrie scheint hierfür ein weiteres Beispiel zu sein. Vermutlich war Abū al-Wafā' der Erste, der ihn veröffentlichte (und zwar in seinem *Zīj al-Majisṭī*) und auch anwendete, und daher gebührt ihm vielleicht der größere Anteil an der Ehre für diesen wichtigen Fortschritt.

Der Sinussatz für Kugeldreiecke sagt: Wenn ABG ein Kugeldreieck mit den Seiten a, b, g und den gegenüberliegenden Winkeln A, B, G ist, dann gilt

$$\frac{\text{Sin}(a)}{\text{Sin}(A)} = \frac{\text{Sin}(b)}{\text{Sin}(B)} = \frac{\text{Sin}(g)}{\text{Sin}(G)}$$

Abū al-Wafā' beweist dies wie folgt: Gegeben sei das Kugeldreieck ABG (siehe Abb. 6.11). $\widehat{GD}$ sei ein Bogen eines Großkreises, der senkrecht zum Bogen $\widehat{AB}$ verläuft. Erweitere die beiden Bögen $\widehat{AB}$ und $\widehat{AG}$ zu den beiden Viertelkreisen $\widehat{AE}$ und $\widehat{AZ}$, die beiden Bögen $\widehat{BA}$ und $\widehat{BG}$ zu den beiden Viertelkreisen $\widehat{BH}$ und $\widehat{BT}$. Dann ist A der Pol des Großkreises $\widehat{EZ}$, B der Pol des Großkreises $\widehat{TH}$. Dann ergibt sich aus der zweiten, in Abschn. §1 dieses Kapitels erwähnten „grundlegenden Tatsache", dass die Winkel E und H beide rechte Winkel sind und dass die Dreiecke auf der rechten Seite ADG und AEZ rechtwinklige Kugeldreiecke mit dem gemeinsamen Winkel bei B sind. Damit ergibt sich aus dem „Gesetz der vier Größen"

$$\frac{\text{Sin}(\widehat{DG})}{\text{Sin}(b)} = \frac{\text{Sin}(\widehat{ZE})}{\text{Sin}(\widehat{ZA})} \quad \text{und} \quad \frac{\text{Sin}(\widehat{DG})}{\text{Sin}(a)} = \frac{\text{Sin}(\widehat{TH})}{\text{Sin}(\widehat{TB})}.$$

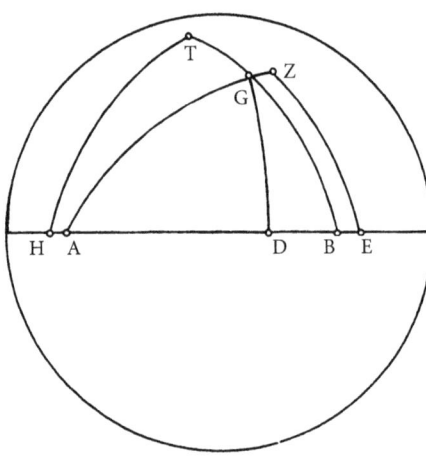

Abb. 6.11.

Wie jedoch schon oben angemerkt, sind A und B Pole von $\widehat{ZE}$ bzw. von $\widehat{TH}$, sodass aus der Definition für Dreiecke auf einer Kugeloberfläche folgt: $\widehat{ZE}$ = ∢ A und $\widehat{TH}$ = ∢ B, und daher können die oben stehenden Gleichungen wie folgt notiert werden:

$$\frac{\mathrm{Sin}(\widehat{DG})}{\mathrm{Sin}(b)} = \frac{\mathrm{Sin}(A)}{R} \quad \text{und} \quad \frac{\mathrm{Sin}(\widehat{DG})}{\mathrm{Sin}(a)} = \frac{\mathrm{Sin}(B)}{R}.$$

Ersetzt man $\mathrm{Sin}(\widehat{DG})$ in beiden Gleichungen, erhält man Sin a/ Sin A = Sin b/ Sin B. Der Beweis der restlichen Gleichung erfolgt vollkommen analog und der Satz ist somit bewiesen.

§7 Tabellen für die sphärische Trigonometrie

Im Kapitel über Trigonometrie erwähnten wir, dass die Hilfstabellen für trigonometrische Funktionen von einer Reihe von Astronomen vom 9. bis zum 14. Jahrhundert berechnet wurden und wir betonten, dass eine der Hauptanwendungen von solchen Tafeln darin bestand, bei der Berechnung von Tabellen für die sphärische Astronomie behilflich zu sein. Unser Ziel in diesem Abschnitt ist es, Einzelheiten über diese zuletzt genannten Tabellen zu berichten, da sie eine der herausragendsten Leistungen von numerischen Verfahren in der mittelalterlichen Mathematik darstellen.

Ein gutes Beispiel hierfür ist die Geschichte der Tabellen für die oblique Aszension, die zu Beginn dieses Kapitels schon angesprochen wurden, und den Anfang sollen die Tabellen von Ibn Yūnus machen. In seinem Ḥākimī Zīj tabellierte dieser Astronom aus Ägypten diese Aszensionen sowohl für alle Gradzahlen der Ekliptik als auch für alle Gradzahlen der geografischen

Breiten von 0 bis 48° auf Bogenminuten genau. Das bedeutete die Berechnung von annähernd 18.000 Einträgen. D. A. King, der diese Tabellen untersucht hat, berichtet, dass für die geografische Breite von Kairo (30°) lediglich einer der ersten 90 Einträge um 1 min falsch liege, in der gesamten Tabelle jedoch ein Drittel der Einträge um 1 min falsch sei. Für Sonderfälle wie für eine geografische Breite von 40° wachse der Anteil der um 1 min fehlerhaften Einträge auf zwei Drittel. Vereinzelt fänden sich auch Fehler von 2 oder 3 min.

Hieraus ergeben sich zwei Fakten: Ibn Yūnus verrichtete ein beeindruckendes Werk numerischer Mathematik und, wie die ziemlich große Anzahl kleiner, aber beträchtlicher Fehler deutlich macht, er benutzte mathematische Verfahren, um zwischen einzelnen, genau berechneten Werten, zu interpolieren. Kings Fehleranalyse stellt jedoch klar, dass das Interpolationsverfahren nicht linear war, sodass die Tafeln von Ibn Yūnus ein Beleg dafür sind, dass es in der islamischen Welt im späten 10 Jahrhundert umfangreiche rechnerische Anstrengungen gab, bei denen nichttriviale mathematische Formeln und Verfahren verwendet wurden. (Nebenbei bemerkt: Über die Frage, warum Ibn Yūnus seine Tabellen bei 48° enden ließ, mutmaßt King, dass es ihm möglicherweise so erging wie Abū Naṣr, der nämlich in seinen Hilfstabellen schrieb: „Ich habe es [die Tabellen] für die geografischen Breiten von 1° bis 45° gemacht; denn unter den Einwohnern der Orte, deren geografische Breite größer ist, gibt es kaum jemanden, der solche Dinge gelernt oder sogar selbst darüber nachgedacht hat.")

Offensichtlich wuchs jedoch im Laufe der Jahrhunderte bei den Menschen nördlicher Breite das Interesse für diese Dinge, denn Naṣīr al-Dīn al-Ṭūsī berechnete in seinem Īlkhānī Zīj die oblique Aszension für alle Gradzahlen der Ekliptik, diesmal aber für alle geografischen Breiten von 1 bis 53°, und zwar nicht nur auf Minuten, sondern auf Sekunden genau. Eineinhalb Jahrhunderte später berechnete dann al-Kāshī die oblique Aszension, wiederum auf Sekunden genau, bis zu einer geografischen Breite von 75°. Sein Förderer Ulūgh Beg berechnete diese Aszension bis zu 50°, diesmal aber auf Tertien genau. Al-Kāshīs und Ulūgh Begs Arbeiten stehen beispielhaft für muslimische Leistungen allerhöchster Qualität hinsichtlich der Erstellung genauer, allumfassender wissenschaftlicher Funktionstabellen, die sich aus den Erfordernissen der sphärischen Astronomie ergaben.

Als zweites Beispiel für Funktionstabellen aus der sphärischen Astronomie mögen die Tafeln zur Zeitmessung dienen. Ibn Yūnus stellte die erste umfassende Sammlung solcher Tabellen für die geografische Breite von Kairo zusammen, um anhand (des Standes) der Sonne und der Sterne die Zeit für zivile oder astronomische Zwecke bestimmen zu können und ebenso, um die fünf täglichen muslimischen Gebetszeiten zu regeln. Diese Zeiten waren mit Bezug auf die Position der Sonne im Vergleich zum Horizont definiert; daher ist die Erstellung solcher Tabellen eine gute Übung in sphärischer Trigonometrie, angewandt auf die Astronomie, also in sphärischer Astronomie. Die Wissenschaft der Zeitmessung (*'ilm al-mīqāt* auf Arabisch) führte zur Entstehung einer Gruppe von Astronomen, die mit den großen Moscheen in Verbindung standen und deren Aufgabe es war, dem Muezzin mitzuteilen, wann es Zeit war, die Gläubigen zum Gebet zu rufen.

Die Sammlungen mit solchen Tafeln waren ziemlich groß, die von Kairo umfasst 200 Seiten mit jeweils 180 Einträgen. Nachfolgender Überblick informiert über den Inhalt dieser Sammlung, wie man es in dem Ibn Yūnus zugeschriebenen Werk mit dem vielsagenden Titel *Sehr nützliche Tafeln, um die Zeit nach Sonnenaufgang, den Stundenwinkel und das Azimut der Sonne aus ihrer Höhe zu bestimmen* findet. Diese Tafeln unterteilen sich in folgende Hauptgruppen:

1. **Hilfstabellen für Funktionen der sphärischen Astronomie**
   Unter den 13 Tafeln dieser Gruppe finden sich Tabellen, die für alle Gradzahlen der Sonnenlänge λ die Sonnendeklination $\delta(\lambda)$, die Dauer des Tageslichts und die Sonnenhöhe angeben – zu dem Zeitpunkt, wenn die Sonne genau im Süden, Osten und Westen steht.
2. **Tabellen für die Zeit seit Sonnenaufgang und den Stundenwinkel**
   Diese Zeiten sind als Funktion der Sonnenlänge (auf der Ekliptik) des fraglichen Tages und der Sonnenhöhe im Augenblick der Beobachtung tabelliert. (Eine Möglichkeit, die Sonnenhöhe zu bestimmen, hat man mithilfe der Visiereinrichtung auf der Rückseite eines Astrolabiums; siehe Tafeln 6.4 und 6.5 mit Beispielen solcher Tabellen.) D. A. King weist in seiner Studie dieser Tabellen darauf hin, dass die häufig wiederholte Behauptung, Ibn Yūnus sei der erste gewesen, der die sogenannte *prosthaphairesis*-Formel

$$\cos(\theta) \times \cos(\delta) = \frac{1}{2} \times [\cos(\theta + \delta) + \cos(\theta - \delta)]$$

vorgelegt hat, um die Berechnung des Stundenwinkels aus der Sonnenhöhe zu erleichtern, auf einem Missverständnis des französischen Historikers J.-B. Delambre beruht.
3. **Tabellen für das Azimut der Sonne**
   Diese Tafeln geben das Azimut ebenfalls als eine Funktion der Sonnenlänge und der Höhe an. King merkt an, dass diese Werte nur selten um mehr als 1 in der zweiten Stelle von den korrekten Werten abweichen. Diese Tafeln sind für alle Gradzahlen der Sonnenhöhe bis zu einem Maximum von 83° berechnet (d. h. ungefähr die maximale Sonnenhöhe für Kairo).
4. **Tabellen für die Sonnenhöhe bestimmter Azimute**
   In dieser Tabelle wird die Höhe der Sonne in Abhängigkeit von ihrem Azimut und der Sonnenlänge erfasst, was auf eine gewisse übertriebene Begeisterung für Berechnungen hinweist, denn eigentlich lässt sich kein Zweck finden, für den diese Tabellen praktisch, geschweige

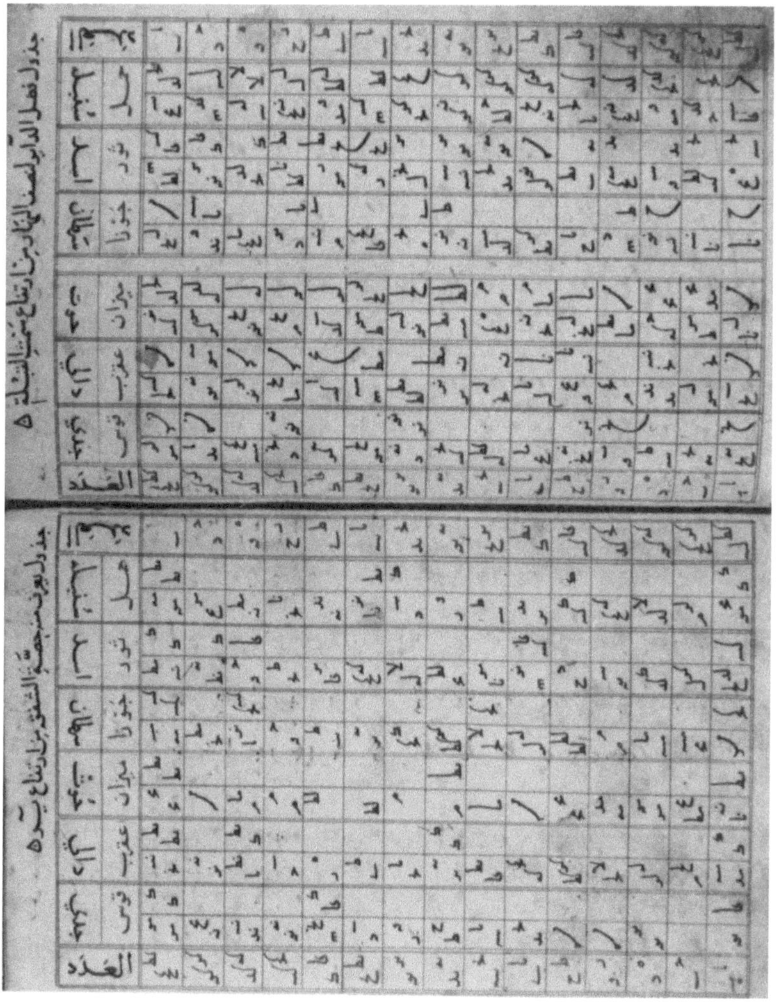

Tafel 6.4. Zwei Tafeln aus der Sammlung mit den Tabellen für die Zeitmessung, die in Kairo während des gesamten Mittelalters benutzt wurden. Sie zeigen zum einen die Zeit vor Mittag an, wenn die Sonne in Richtung Mekka steht, und die Dauer der Abenddämmerung. Die Werte sind in äquatorialen Graden und Minuten für alle Gradzahlen der Sonnenlänge angegeben. Aus: MS Dublin Chester Beatty 3673, fols. 8^v–7^r. Mit freundlicher Genehmigung der Trustees of the Chester Beatty Library

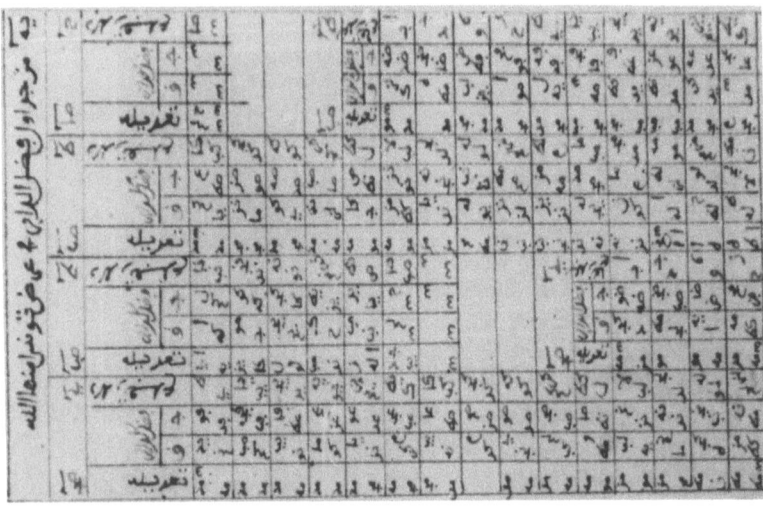

Tafel 6.5. Auszug aus einigen anonymen Tabellen für die Zeitmessung aus dem 14. Jahrhundert (?), die für die geografische Breite von Tunis berechnet wurden und in denen Tunis in der Überschrift der Tabelle auf der *linken Seite* als „Tunis, die (von Gott) Beschützte" bezeichnet wird. Die Tafeln geben die Zeit bis Mittag als eine Funktion der Mittagshöhe der Sonne und ihrer augenblicklichen Höhe. Aus: MS Berlin Staatsbibliothek (Ahlwardt 5754 fols. 23^v–24^r [We 1138]). Mit freundlicher Genehmigung der Staatsbibliothek, Berlin

denn notwendig wären. Andere Tabellen, die wohl mit ähnlich großer Begeisterung wie die zuvor erwähnten erstellt wurden, sind die folgenden.

5. **Tabellen zur Orientierung der Belüftungsanlagen**
Oben auf den Häusern wurden Belüftungsanlagen verwendet, um kühle Winde in das Gebäudeinnere zu leiten, und sicherlich könnte jedes Buch, das den Einwohnern einer solch heißen Stadt wie Kairo dazu etwas sagen kann, berechtigterweise als „sehr nützlich" bezeichnet werden. Der irakische Reisende ʿAbd al-Laṭīf al-Baghdādī, der um das Jahr 1200 Ägypten besuchte, schrieb über die Ägypter, dass sie

„... die Öffnungen ihrer Häuser den angenehmen Winden aus dem Norden aussetzen. Man sieht kaum ein Haus ohne Belüftungsanlage. Diese Belüftungsanlagen sind hoch und weit und öffnen sich bei jedem Windhauch; sie wurden sorgfältig und mit viel Geschick gebaut. Man kann zwischen 100 und 500 Dinare für eine einzelne Belüftungsanlage bezahlen. Aber die kleineren für gewöhnliche Häuser kosten nicht mehr als einen Dinar."

Ibn Yūnus' *Sehr nützliche Tafeln* sagten den Einwohnern von Kairo jedoch nicht, in welche Richtung sie ihre Belüftungsanlagen ausrichten sollen. Vielmehr gab das Buch die Höhe der Sonne an, wenn sie im Azimut der Richtung steht, in welche die Belüftungsanlagen üblicherweise ausgerichtet waren. Das ist eigenartig genug, aber noch eigenartiger ist die Richtung, welche die Einwohner von Kairo für die Ausrichtung ihrer Belüftungsanlagen benutzten (und die Ibn Yūnus beschreibt), nämlich in Richtung der aufgehenden Sonne am Tag der Wintersonnenwende, den Ibn Yūnus auf $27°30'$ südlich des Ostpunkts berechnet, wohingegen heutige Daten darauf hinweisen, dass die optimale Ausrichtung für die Winde bei $70°$ südlich des Ostpunkts liegt. Neuere Studien D. A. Kings haben allerdings gezeigt, dass in der mittelalterlichen islamischen Welt beim Volk eine astronomische Tradition bestand, welche einen Zusammenhang zwischen der Richtung der aufgehenden Sonne zum Zeitpunkt der Wintersonnenwende und bestimmten Winden herstellte. Mithin zeigt dieser Teil der Abhandlung des Ibn Yūnus eine Vermischung von Volksastronomie mit raffinierten Berechnungen – ein Beispiel dafür, dass historische Untersuchungen auf diesem Gebiet Vergnügen bereiten können.

6. **Tabellen für die Dauer der Morgen- und der Abenddämmerung**
Die Dämmerung wird durch den Winkel definiert, um den die Sonne unter dem Horizont steht. Ihre Bestimmung ist von besonderer Wichtigkeit, da durch sie die für das Morgen- und Abendgebet gültigen Zeiten festgelegt sind. Außerdem kann mit diesen Tabellen und unter Verwendung von Tabellen für die Dauer des Tageslichts die Dauer der völligen Dunkelheit für einen betrachteten Tag bestimmt werden. Ibn Yūnus tabelliert auch dies.

7. **Tabellen für das Nachmittagsgebet**
Obwohl es unterschiedliche Bräuche für den Zeitpunkt des Nachmittagsgebets in der islamischen Welt gibt, hält sich Ibn Yūnus daran, dass

das Nachmittagsgebet dann nach Mittag beginnt, wenn der Schatten eines aufrecht in die Erde gesteckten Stabes gleich der Schattenlänge am Mittag plus der Länge des Stabes selbst ist. Ibn Yūnus tabelliert für alle Gradzahlen der Sonnenlänge die Sonnenhöhe zu Beginn des Nachmittagsgebets. (Die zulässige Zeit für dieses Gebet endet kurz vor Sonnenuntergang.)

8. **Tabellen für die Korrektur der Lichtbrechung am Horizont**
In seiner *Optika* untersucht Ptolemaios qualitativ die Auswirkungen der atmosphärischen Lichtbrechung, insbesondere am Horizont, aber aus einer der Tabellen, die in einem Exemplar von Ibn Yūnus' *Sehr nützliche Tafeln* gefunden wurde, wird deutlich, dass muslimische Astronomen des Mittelalters versuchten, diese Auswirkungen quantitativ abzuschätzen. Die hier angesprochene Tabelle ist sowohl für den Sonnenauf- als auch für den Sonnenuntergang anwendbar, kommt aber nur in einer der Handschriften vor und enthält grobe Fehler, undenkbar für einen Astronomiefachmann, wie es Ibn Yūnus war. King geht deshalb davon aus, dass diese Tabelle nicht von Ibn Yūnus selbst stammt, sondern später von einem sehr viel weniger kompetenten Autor hinzugefügt wurde, der sich auf Anmerkungen von Ibn Yūnus bezog, diese aber nur halb verstanden hatte.

Die *Sehr nützlichen Tafeln*, eine Sammlung von Tabellen, aus denen hier einige beschrieben sind, leisteten den Astronomen und Zeitmessern in Ägypten bis ins 19. Jahrhundert gute Dienste.

In späteren Jahrhunderten gab es noch ehrgeizigere Tabellenprojekte. Beispielsweise tabellierte im Jahre 1250 Najm al-Dīn al-Miṣrī, ein Astronom aus Ägypten, die Zeit nach Aufgang eines Gestirns als Funktion dreier Größen: 1) der maximalen Höhe eines Gestirns, 2) der augenblicklichen Höhe eines Gestirns und 3) des halben Tagbogens. Die Tabellenwerte sind für alle Deklinationswinkel des Gestirns und alle geografischen Breiten berechnet und umfassen mehr als 250.000 Einträge.

Im folgenden Jahrhundert tabellierte Mohammed al-Khalīlī, Zeitmesser an der Umayyadenmoschee in Damaskus, so gut wie alle Funktionen, die man auch bei Ibn Yūnus findet, allerdings für die geografische Breite von Damaskus und mit einem anderen Wert für die Schiefe der Ekliptik. Vielleicht waren es die Mühen, all das, was Ibn Yūnus bereits getan hatte, noch einmal zu tun, die ihn dazu anregten, die Hilfstabellen zusammenzustellen, die wir oben im Kapitel über die Trigonometrie erwähnten, Tabellen, die man dazu benutzen konnte, die üblichen Probleme der sphärischen Astronomie zu lösen und die es dem Benutzer möglich machen, einen ähnlichen Satz von Tabellen für die Zeitmessung der eigenen geografischen Breite zusammenzustellen. Im folgenden Abschnitt werden wir mehr über al-Khalīlīs allgemeine Lösungen von mathematischen Problemen erfahren, die sich in Zusammenhang mit dem Islam ergeben.

§8 Die islamische Dimension: Die Richtung für das Gebet

Das Problem, für einen vorgegebenen Ort die Richtung nach Mekka bestimmen zu wollen, ergab sich aus der islamischen Religion, denn in Mekka befindet sich die Kaaba, der heiligste Ort der islamischen Welt, und dies ist die Richtung, in die sich Muslime drehen müssen, wenn sie ihre fünf täglichen Gebete sprechen. Diese Richtung wird auf Arabisch *al-qibla* genannt und ihre Bestimmung ist ein wichtiges Anliegen für Muslime. Dementsprechend haben einige der größten Wissenschafter des Islam der Lösung dieses Problems ihre Aufmerksamkeit gewidmet.

Einer der größten davon, al-Bīrūnī, schrieb gegen Ende seines maßgeblichen Beitrags zur mathematischen Geografie *Bestimmung der Koordinaten von Städten* wie folgt:

> „Auch wenn die Positionsbestimmung eine Aufgabe ist, die für sich genommen schon genügt und die einen Forscher zufriedenstellt, ist es unsere Pflicht, eine Anwendung für solch ein Verfahren zu finden, das der Bevölkerung aus der gesamtem Region zugute kommt, deren geografische Länge und Breite wir vermessen haben, oder einem speziellen Teilbereich ausschließlich. Der allgemeine Nutzen sei die Bestimmung des Azimuts für die *qibla*."

Es ist typisch für al-Bīrūnīs tolerante Haltung gegenüber anderen Religionen, dass er sowohl die Verpflichtung der Juden erwähnt, sich nach Jerusalem zu wenden, als auch die der Christen nach Osten. Er sagt, seine Verfahren wären auch für sie von Nutzen, und „ich zweifle nicht daran, dass es für Menschen aller Glaubensrichtungen von Nutzen ist".

Jedenfalls stellt al-Bīrūnī vier Verfahren zur Lösung dieses Problems vor. Obwohl schon eine ausführliche Darstellung einer dieser Methoden jenseits dessen wäre, was hier bezweckt wird, werden wir das Problem beschreiben und erläutern, wie es mithilfe der sphärischen Trigonometrie gelöst werden kann.

Schauen wir uns das Problem auf der Erdoberfläche an. Abbildung 6.12 stellt die Gegebenheiten für einen Ort nordwestlich von Mekka dar, wobei P

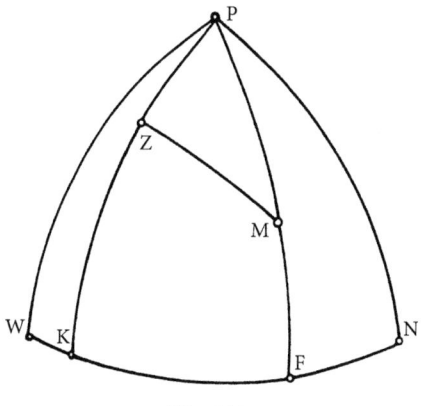

Abb. 6.12.

der Nordpol ist, Z der fragliche Ort, M die Lage von Mekka und WKFN der Äquator. (Da wir im Folgenden nur Bögen und keine Geraden betrachten, wollen wir XY anstelle von $\widehat{XY}$ schreiben – ohne dass eine Verwechslung möglich ist.) Daher sind PZ und PM die Meridiane durch den fraglichen Ort sowie durch Mekka und der Winkel PZM ist das Azimut an diesem Ort in Richtung Mekka, also die *qibla*. Außerdem ist ZM der auf einem Großkreis gemessene Abstand dieses Ortes von Mekka (in Grad). Da KZP der Meridian des betrachteten Ortes ist, würden wir nach Norden schauen, wenn wir in Z ständen und uns so orientieren, dass wir längs ZP schauen. Wenn wir uns dann um den Winkel PZM nach rechts drehen, schauen wir in Richtung Mekka, denn ZM ist der kürzeste Weg zu dieser Stadt. Deshalb müssen wir den Winkel PZM berechnen, um die *qibla* von Mekka zu bestimmen.

Klar ist, dass, wenn wir diesen Winkels herausfinden wollen, wir wissen müssen, wo wir sind und wo Mekka liegt, d. h. wir müssen sowohl die eigene geografische Breite φ als auch die von Mekka φ_M kennen, ebenso wie die beiden geografischen Längen oder aber zumindest deren Differenz $\Delta\lambda$ (und, ob Mekka östlich oder westlich des Meridians unseres Ortes liegt). Aus den geografischen Breiten können wir deren Ergänzungsbögen PZ und PM bestimmen. Wenn wir die *qibla* herausfinden sollen, müssen wir daher PZ und PM ebenso wie den Winkel PZM kennen, d. h. zwei Seiten und den eingeschlossenen Winkel des Dreiecks ZPM. Da jedoch ein sphärisches Dreieck von zwei seiner Seiten und dem eingeschlossenen Winkel festgelegt ist, genügen diese Angaben, um das Problem zu lösen.

Es ist offensichtlich, dass wir dieses Problem jedoch nicht durch bloße Anwendung des Sinussatzes auf das sphärische Dreieck PZM lösen können, denn wir kennen nicht gleichzeitig einen Winkel und die ihm gegenüberliegende Seite. Es gibt jedoch einen Ansatz, bei dem der Sinussatz auf eine Folge von sphärischen Dreiecken angewandt wird. Dieser Ansatz wurde von Ibn Yūnus ohne jegliche Begründung angegeben, aber Al-Bīrūnī gab den Ansatz in seinem *Mas'udischen Kanon* nicht nur an, sondern begründete ihn auch. Wir werden dieser Darstellung folgen, so wie bei King (1973) beschrieben.

Zunächst einmal sollte sich der Leser in Erinnerung rufen, dass für jeden beliebigen Ort die Höhe des sichtbaren Pols (P) über dem Horizont gleich der geografischen Breite φ ist und dass der längs des Meridians – in Grad gemessene – Abstand zwischen dem Zenith (Z) und dem sichtbaren Pol (P) gleich $\overline{\varphi}$ ist. Diese und andere Beziehungen sind in Abb. 6.13 dargestellt.

Wenn wir den Großkreis, dessen Pol in einem Punkt X liegt, als „den Horizont von X" bezeichnen, dann folgt aus der Definition der Pole eines Großkreises unmittelbar, dass X genau dann ein Punkt auf dem Horizont von Y ist, wenn Y ein Punkt auf dem Horizont von X ist. Aus dieser Regel ergeben sich zwei einfach nachvollziehbare Folgerungen, die wir als Übungsaufgaben stehen lassen (siehe unten): (P1) Die Horizonte zweier nicht an-

§8 Die islamische Dimension: Die Richtung für das Gebet

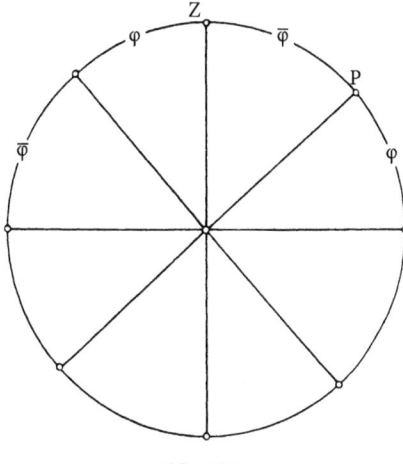

Abb. 6.13.

tipodaler Punkte schneiden sich in den Polen desjenigen Großkreises, der durch diese beiden Punkte verläuft; (P2) Wenn Y auf dem Horizont von X liegt, dann teilt X, sein Horizont und sein antipodaler Punkt den Horizont von Y in vier Viertelkreise.

Wir stellen nun al-Bīrūnīs Grafik zur Bestimmung der *qibla* vor, wie es im *Mas'udischen Kanon* steht; allerdings haben wir den Ort eine Lage nordwestlich und nicht nordöstlich von Mekka gewählt. In Abb. 6.14 ist der Kreis KSN der Horizont eines Ortes – von oben betrachtet, Z ist der Zenith des Ortes, S steht für Süd und N für Nord; dann ist NZS der Meridian dieses Ortes. Der Punkt M ist der Zenith von Mekka, sodass NK oder (genauso

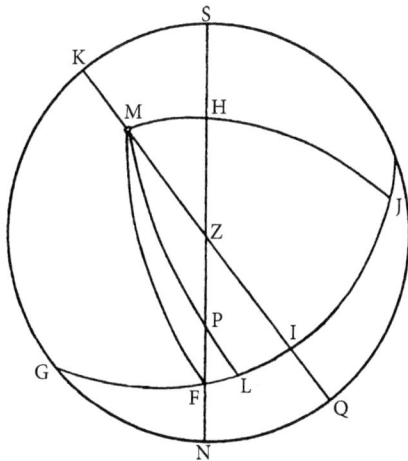

Abb. 6.14.

gut) KS derjenige Bogen ist, den wir benötigen, um die *qibla* zu bestimmen. GFL sei der Horizont von Mekka und F sei der Schnittpunkt des Horizonts mit dem Meridian des Ortes und MHJ sei der Horizont von F. Zum Schluss zeichne den Großkreis MPL ein, wobei P der Himmelsnordpol ist.

Da M ein Pol von GLJ ist, sind die drei Winkel MLG, MJ und ML jeweils 90° groß, und da F ein Pol von MHJ ist, gilt dies auch für die Winkel FHM und FH. Weiter gilt PN = φ, ∡ MPH = $\Delta(\lambda)$ und PL = φ_M, die geografische Breite von Mekka, sodass folgt MP = 90° $- \varphi_M$. Wendet man den Sinussatz auf das Dreieck MPH an, dann erhält man:

$$\frac{\sin(MP)}{\sin(MH)} = \frac{\sin(\angle FHM)}{\sin(\angle MPH)},$$

was unter Verwendung der oben angegebenen Beziehungen und der Tatsache, dass $\sin \theta = \cos(\overline{\theta})$, schreiben lässt als

$$\frac{\cos(\varphi_M)}{\cos(HJ)} = \frac{\sin(90°)}{\sin(\Delta\lambda)}.$$

Mit Ausnahme von $\cos(HJ)$ kennt man alle Größen in dieser Gleichung, sodass $\cos(HJ)$ und daher auch HJ berechnet werden können. Damit kennt man ∡ F = HJ und ebenso MH, das gleich 90° − HJ ist.

Als nächstes wird der Sinussatz auf das Dreieck PLF angewandt und man erhält:

$$\frac{\sin(\angle F)}{\sin(\angle PLF)} = \frac{\sin(PL)}{\sin(PF)}.$$

Setzt man nun die bekannten Größen ein, erhält man

$$\frac{\sin(\angle F)}{\sin(90°)} = \frac{\sin(\varphi_M)}{\sin(PF)},$$

sodass $\sin(PF)$ und somit auch PF bekannt sind. Damit kennt man FN = φ − PF und auch sein Komplement FZ.

Als nächstes wird das Gesetz der vier Größen auf die Dreiecke FZI und FHJ angewandt; wir schließen, dass gilt:

$$\frac{\sin(FZ)}{\sin(ZI)} = \frac{\sin(FH)}{\sin(HG)}.$$

Ersetzt man die bekannten Werte, erhält man

$$\frac{\sin(FZ)}{\sin(ZI)} = \frac{\sin(90°)}{\sin(HJ)}.$$

Da alle Größen außer $\sin(ZI)$ bekannt sind, können ZI und somit auch IQ = $\overline{ZI}$ bestimmt werden. (P1) auf die Horizonte von M und Z angewandt ergibt aber, dass G ein Pol von KMZIQ ist, dem Höhenkreis von Mekka und ∡ G = IQ, sodass auch ∡ G bekannt ist.

Zum Schluss wird der Sinussatz auf das Dreieck GFN angewandt. Es ergibt sich

$$\frac{\sin(\measuredangle\, G)}{\sin(\measuredangle\, F)} = \frac{\sin(FN)}{\sin(GN)},$$

und daher ist auch GN bekannt. Wir hatten aber schon angemerkt, dass GQ = 90° ist, sodass wir wissen, dass NQ = $\overline{GQ}$. Da KS = NQ, ist die *qibla* zu Z bestimmt.

Al-Bīrūnīs Verfahren ist nur eine der vielen Lösungen, die für das Problem der Bestimmung der Gebetsrichtung im Islam vorgeschlagen wurden. Bei einer anderen Lösung werden Tabellen aufgestellt, die für eine Reihe von Orten die *qibla* nennen. Eine besonders eindrucksvolle Leistung stellt ein Tafelwerk mit 2880 Einträgen dar, das von Mohammed al-Khalīlī, einem *muwaqqit* (Zeitmesser an einer Moschee) des 14. Jahrhunderts, zusammengestellt wurde. Diese Tabellen zeigten die Richtung von Mekka an, in Abhängigkeit von der Lage eines Ortes für alle Orte mit einer geografischen Breite von 10°, 11°, ..., 56° sowie $33\frac{1}{2}°$ (die geografische Breite von Damaskus) und für geografische Längen 1°, 2°, ..., 60° östlich oder westlich von Mekka. Weitere Lösungen verwendeten Näherungsverfahren, darstellende Geometrie, räumliche Geometrie, Trigonometrie und die Konstruktion von Tafelwerken, mit einem Umfang, der zwischen einigen Dutzend Einträgen bis hin zu vielen Tausenden liegt. Die Tatsache, dass diese Vielzahl von Verfahren über Hunderte von Jahren überlebt hat, weist darauf hin, dass es in der Geschichte der sphärischen Trigonometrie in Antike und Mittelalter keine kontinuierlichen Fortschritte gab, bei denen überragende Neuerungen veraltete Verfahren ersetzen konnten. Es ist vielmehr die Geschichte der Entwicklung einer Vielfalt von Verfahren, die so weit getrieben wurde, dass man in der Lage war, das gerade interessierende Problem zu lösen. Dies scheint typisch für die Geschichte der Mathematik zu sein.

Übungen

1. Zeigen Sie, dass es für zwei Punkte auf einer Kugeloberfläche, die einander nicht genau gegenüberliegen, genau einen Großkreis gibt, auf dem beide liegen, aber dass es, wenn die beiden genau einander gegenüber liegen, unendlich viele solcher Großkreise gibt.
2. Zeigen Sie, dass sich eine Ebene mit einer Kugel entweder in einem Punkt schneidet oder aber in einem Kreis auf der Kugel und umgekehrt.
3. Zeigen Sie, dass jeder Parallelkreis zu genau einem Großkreis parallel ist.

4. Zeigen Sie, dass sich zwei beliebige Großkreise auf einer gegebenen Kugel gegenseitig halbieren.
5. Es werde vorausgesetzt, dass die Bögen $\widehat{AG}$, $\widehat{GD}$ und $\widehat{AB}$ in der Figur eines vollständigen Vierecks Viertelkreise sind und $\widehat{AE} = 60°$ sowie $\widehat{DZ} = 45°$. Verwenden Sie den Satz des Menelaos, um $\widehat{AD}$ zu berechnen.
6. Benutzen Sie den Satz des Menelaos und die Tatsache, dass der Winkel ε zwischen dem Äquator und der Ekliptik ungefähr $23\frac{1}{2}°$ beträgt, um die Höhe der Sonne δ an dem Tag zu bestimmen, an dem sie 45° südlich des Schnittpunktes von Äquator und Ekliptik auf der Ekliptik steht. Ptolemaios' Sehnentabelle zufolge beträgt Crd(47°) = 47;51. (Hinweis: Interpretieren Sie in Abb. 6.2 BA als Äquator, BE als Ekliptik, G als Nordpol und Z als Sonne.)
7. P sei die Spitze eines gegebenen Kegels π und π' zueinander parallele Ebenen, die P nicht enthalten. Dann schneidet π den Kegel genau dann in einem Kreis, wenn dies auch für π' gilt. Beweisen Sie dies.
8. Zeigen Sie, dass die stereografische Projektion einen Kreis, der parallel ist zum Äquator, auf einen Kreis abbildet.
9. Zeigen Sie in Abb. 6.5, dass gilt CD = $((\cos \varepsilon) \times$ NS$)$ und C'D' = CD$/[1 + \sin \varepsilon]$. Verwenden sie das Ergebnis, um das Bild eines Parallelkreises zur Breite δ zu konstruieren, das sich bei stereografischer Projektion ergibt.
10. Fassen Sie in Abb. 6.5 A'B' als x-Achse und O als Ursprung auf. Zeigen Sie: Hat ein Großkreis mit dem Durchmesser XY gegenüber dem Äquator den Neigungswinkel θ, dann ist seine stereografische Projektion ein Kreis mit Durchmesser $\tan(45° - \theta/2)\tan(45° + \theta/2)$ und Mittelpunkt

$$\left(\tan\left(45° - \frac{\theta}{2}\right) - \frac{1}{2}\left[\tan\left(45° - \frac{\theta}{2}\right) + \tan\left(45° + \frac{\theta}{2}\right)\right], \theta\right).$$

Berechnen Sie in Bezug auf Abb. 6.5 den Mittelpunkt und den Durchmesser eines Kreises, dessen Durchmesser ZW parallel zu XY ist, sodass gilt: $\widehat{WY} = \beta$.
11. Nutzen Sie die Ergebnisse der oben stehenden Aufgaben, um die Linien auf einer Scheibe eines Astrolabium für Ihren Aufenthaltsort zu konstruieren, die auch den Äquator und die beiden Wendekreise, Ihren Horizont und die Almukantar im Abstand von 6° zeigen.
12. Entnehmen Sie einer Tageszeitung die Dauer des Tageslichts für einen bestimmten Tag und berechnen Sie die Zeiten, zu denen die temporalen Nachtstunden jeweils beginnen würden.
13. Wenn Sie Zugriff auf ein Astrolabium haben, versuchen Sie, die Länge der temporalen Stunden eines bestimmten Tages zu bestimmen, ohne eine Zeitung oder ein anderes Hilfsmittel zu benutzen. (Benutzen Sie die Rückseite des Astrolabiums, um die Position der Sonne auf der Ekliptik für das betreffende Datum zu bestimmen.)

14. Wenn Sie Zugriff zu einem Astrolabium haben, benutzen Sie es, um die Deklination der Sonne zu bestimmen, und beschreiben Sie das Verfahren, das Sie angewandt haben.
15. Benutzen Sie das Gesetz der vier Größen und die Daten aus Übung 6, um die Deklination der Sonne zu berechnen.
16. Zeigen Sie, dass aus dem Satz des Menelaos das Gesetz der vier Größen folgt, von dem wir wissen, dass aus ihm der Sinussatz folgt. Zeigen Sie, dass aus dem Sinussatz der Satz der Menelaos folgt und schließen Sie hieraus, dass die drei Sätze zueinander äquivalent sind.
17. Lösen Sie Aufgabe 6 unter Verwendung des Sinussatzes.
18. Zeigen Sie: Wenn man die *qibla* eines Ortes kennt, dann kann man den Sinussatz benutzen, um den Großkreisabstand zwischen diesem Ort und Mekka zu bestimmen.
19. Beweisen Sie (P1) und (P2) in Abschn. §8 dieses Kapitels mithilfe der Grundlagen aus Abschn. §1 und der folgenden Regel: X liegt genau dann auf dem Horizont von Y, wenn Y auf dem Horizont von X liegt.

Literatur

Berggren, J. L.: „A Comparison of Four Analemmas for Determining the Azimuth of the Qibla". *Journal for the History of Arabic Science* 4 (1) (1980): 69–80

—: „Spherical Trigonometry in Kushyār ibn Labbān's *Jāmiʿ Zīj*". In: King, D. A.; Saliba, G. A. (Hrsg.): *From Deferent to Equant: A Volume of Studies in the History of Science in the Ancient and Medieval Near East in Honor of E. S. Kennedy* (Annals of the New York Academy of Science 500). New York 1987, 15–33.
Dieser Aufsatz enthält eine englische Übersetzung des Abschnitts aus Kushyārs *Zīj* über die sphärische Trigonometrie

Al-Bīrūnī, Abū al-Rayḥān (transl. by J. Ali): *The Determination of the Coordinates of Cities.* Beirut 1967

Debarnot, M.-Th.: „Introduction du triangle polaire par Abū Naṣr b. ʿIrāq". *Journal for the History of Arabic Scien* 2 (1) (1978): 126–136

Kennedy, E. S.: *A Commentary upon Bīrūnī's Kitāb Taḥdīd al-Amākin.* American University of Beirut Press: Beirut 1973. (ein Kommentar zu Bīrūnīs *The Determination* ...)

King, D. A.: „Ibn Yūnus' Very Useful Tables for Reckoning Time by the Sun". *Archive for History of Exact Science* 10 (1973): 342–394. Nachgedruckt in: Ders.: *Islamic Mathematical Astronomy.* Variorum: London 1986, IX

—: *In Synchrony with the Heavens.* Studies in Astronomical Timekeeping and Instrumentation in Medieval Islamic Civilization. Band 1: *The Call of the Muezzin* (Studien I–IX) und Band 2: *Instruments of Mass Calculation* (Studien X–XVIII) (Islamic Philosophy, Theology and Science. Texts and Studies ed. by H. Daiber and D. Pingree 55). E. J. Brill: Leiden, Boston 2004 und 2005

—: Art. „Ḳibla". In: *The Encyclopaedia of Islam*, New Edition. 11 volumes. E. J. Brill: Leiden 1960–2002

Lorch, R. P.: „al-Khāzinī's 'Sphere that Rotates by Itself'". *Journal for the History of Arabic Science* 4 (2) (1980): 287–329

MacAlister, P. R.; Etting, F. M. (designers). *The Astrolabe Kit* with *The Astrolabe*: Some Notes ... by R. S. Webster. Paul MacAlister: Lake Bluff, IL 1974

Index

π 159
π 8, 16, 22, 159, 171
$\sqrt{2}$ 16, 67

Aaboe, A. 173
ʿAbbāsiden 2
Abu al-ʿAbbās al-Maʾmūn 11
Abū al-Jūd 84
Abū al-Wafāʾ 11, 99, 111, 123, 149, 193
   Was Handwerker an geometrischen Konstruktionen benötigen 99
   Wurzeln dritter und vierter Ordnung 58
   Zīj al-Majisṭī 151, 194
Abū Kāmil 9, 119, 120, 138
   Algebra 119
Abū Naṣr 161, 194, 197
Abū Sahl al-Kūhī 85, 90
   Regelmäßiges Fünfeck 87, 88
   Regelmäßiges Siebeneck 86
   Vollständiger Zirkel 85
   Winkeldreiteilung 91
Abū Ṭāhir 14, 131
Achse
   Kegel- 80
   Parabel- 82
Addition 35
   sexagesimale 46
ʿAḍud al-Dawla 85, 86
Afghanistan 2, 11, 25
Ägypten 1, 4
Aḥmad b. Mūsā (b. Shākir) 5, 90
al-ʿAzīz 164
al-Baghdādī, ʿAbd al-Laṭīf 201
al-Baghdādī, Abū Manṣūr 41
   Arithmetik 70

al-Battānī 160
al-Bayhaqī 14, 85, 131
al-Bīrūnī, Abū al-Rayḥān 7, 10, 112, 160, 184, 209
   Chronologie 10
   Drogenkunde 12
   Edelsteine 12
   India 12
   Koordinaten von Städten 9, 11, 156, 203
   Masʿūdischer Kanon 12, 162, 204
   Schlüssel zur Astronomie 194
al-Fārābī 99
   Geistige Fertigkeiten 99
al-Fazārī 2, 112
al-Ḥajjāj b. Maṭar 5, 6, 111
al-Ḥākim 6
al-Hind 156
al-Jazarī 28
al-Karādīsī 94
al-Karajī 26, 63, 119, 123, 125, 129
   Die Ruhmvolle 123
al-Karkhī 26
al-Kāshī 7, 17, 42, 161, 197
   Äquatorium 19
   Berechnung von π 8
   Schlüssel des Rechnens 8, 23, 50, 58, 98
   Sin(1°) 167
al-Khalīlī 3, 161, 202, 207
al-Khāzin, Abū Jaʿfar 131
al-Khāzinī, ʿAbd al-Raḥman 12
   Kugel, die sich bewegt 179
al-Khwārizmī 7, 11, 33, 67, 70, 115, 119, 121, 131
   Algebra 8, 68, 112, 137, 139

Bild der Erde 10
Buch der Addition 8, 32
al-Kindī 193
al-Māhānī 131
al-Ma'mūn 5, 25, 78, 156, 159, 190, 193
al-Manṣūr 2, 33, 112, 147
al-Miṣrī 202
al-Mutī' 71
al-Nasawī 47
al-Nayrīzī 161
al-Qabīṣī 173
al-Samaw'al 8, 42, 130
   Das Leuchtende 124
al-Sijzī 6, 90, 91, 99
al-Ṭabarī 7
al-Uqlīdisī 74
   Buch der Kapitel 8, 39
al-Walid 71
al-Wāthiq 7
Aleppo 99
Alexander der Große 109
Alexandria 4, 9, 141, 172
Algebra 14, 53, 109, 112
   ägyptische 122
   Arithmetisierung der 123
   symbolische 136
   'Umars Sicht der 136
algorismi 8
Algorithmus 8, 59, 64
   euklidischer 112
Alhidade 186, 190
'Alī b. 'Isā
   Gebrauch des Astrolabiums 190
Ali, J. 209
Allgemeinheit 120
Almagest 141
Almukantar 186
Alphabet
   griechisches 43
'Amr ibn al-'Aṣ 1
Amu Dar'ya 7, 11
Anagnostakis, C. 172
analoger Computer 193
analoges Recheninstrument
   Äquatorium als 19
Analyse 85
anheben 47
antipodale Punkte 205
Apollonios 90
   Konika 5, 79, 92
   Über neúsis-*Konstruktionen* 91
Äquator 175, 186, 190
Äquinoktien 181, 191

Araber 44
Arabisch 12
arabisch-berberisch 2
arabische Namen 28
arabische Schrift 26
arabische Sprache 2, 4, 26
arabische Wörter 26
arabisches Alphabet 27
arabisches Heer 1
'Arafat, W. 106, 139
Aralsee 7
Archimedes 80, 83, 90, 179
   Kreismessung 5
   Kugel und Zylinder 5, 78, 85, 109, 111, 131
   Lemmata 5
   Quadratur der Parabel 78
   Teilung des Kreises in sieben gleiche Teile 5, 78, 83
Aristoteles 16, 99
Arithmetik 53
   babylonische 42, 43
   dezimale 8
   indische 7, 38, 47, 129
   Sexagesimal- 42
Arithmetik der Astronomen 44
Āryabhaṭa 32
Astrologie 39, 164, 190
Aszendent 190
Aszension, oblique 183, 196, 197
Athen 185
Aufgangszeiten 182
Ausdehnung des Kosmos 23
Ausgleichen 47
Aussprache arabischer Buchstaben 28
Autolykos 175
Azimut 180, 190, 198

Baalbek 6, 111
Babylonier 36
Bagdad 2, 11, 33, 71, 78, 99, 123, 161, 190, 193, 207
Balch 14
Bankipore 104
Banū Mūsā 5, 99
Basra 10
Beobachtungen
   Sonnen- 90
Berggren, J. L. 29, 106, 209
Bestimmung von Dreiecken
   wws 154
Beweisführung
   griechische 112

Index

in der Algebra 115
Bibel 2
Bibliotheken
　Dār al-Kutub 25
　europäische 25
　Fāḍilīya 25
Binominalkoeffizienten 62–64
Brahmagupta 111
Brahmasphuta-siddhanta 111
Breite 10
　Maß für die geografische 182
Britisches Museum 23
Brüche
　Dezimal- 8, 23, 31, 38, 53, 67
　Einheits- 68
　Sexagesimal- 36, 42, 151
　„türkische" 42
Bruchteil
　Abschätzung des 37
Buyiden 71
Byzantiner 25, 156
byzantinische Bücher 5
byzantinische Kenntnis der Dezimalbrüche 42
byzantinisches Heer 1

Caratheodory, C. 173
Cardano 136
Cazenave, M. 29
China 1, 4
Christen 203
christlich 32

Dahistān 11
Dakhel, Abdul Kader 74
Damaskus 2, 99, 161, 190
Dämmerung 201
Debarnot, M.-Th. 209
Deklination 180, 198
Delambre, J.-B. 198
Descartes, R. 89
Deszendent 190
Dinar 201
Ding 114, 123
Diophant 123
　Arithmetika 5, 110, 111
dirhām 36, 38, 70, 114, 137
Diskriminante 115
Division
　Polynom- 127
　von Zahlen 37, 52
Diyarbakir 5
Doppelkegel 80
Dreiecke, sphärische 176, 195, 204

Dreiteilung, Winkel- 89, 91, 93
Dschezira 28

ebene Aufgaben 89
einmal nach oben 59, 65
Ekliptik 175, 181, 189, 192, 197
„Ekliptik" 181
Ekliptikschiefe 202
Ellen 159
Ephemeriden 163
Eratosthenes 9, 156
Erben 9, 38, 68, 70, 137, 138
Erhöhung 45, 50
Etting, F. M. 209
Euklid 16, 78, 80, 103, 123
　Data 5
　Elemente 5, 58, 75, 87, 109, 110, 115, 152, 185
　Optika 5
Euphrat 28
Eutokios 5

Fatima 164
Fatimiden 164
Fibonacci 119
fils 70
Finsternis 181
Fischer, W. 28
Fliesen 97
Flussdiagramm 59
Folkerts, M. 32, 74
Förderer
　al-Ḥākim 6
　Banū Mūsā 4
　buyidische 85
　Fakhr al-Mulk 123
　Shāh Jahān 25
　Uluġh Beg 22
French, G. 29
fulūs 36, 38, 39, 70, 71
Fünfeck, Konstruktion des 102
fünfte Wurzel 58

Gabriel
　Engel 1
　Übersetzer 4
Galen 4
Galois, E. 84
Gauß, C. F. 32
Gebet 3
Gebetsrichtung 203
Gebetszeiten 160, 197, 201
Genauigkeit
　bei der Division 52

in trigonometrischen Tabellen   159
Geografie
  mathematische   175
Geometrie   75
  bewegliche   90
  griechische Quellen der   78
Geschenk   138
Gesetz der vier Größen   194, 206
Gesetz, Potenz-   125
Gestirn   179
  augenblickliche Höhe eines   202
  maximale Höhe eines   202
  Sichtbarkeitsbogen eines   202
  Zeit seit Aufgang eines   202
Ghazna   12
Ghuzz   11
Gibbon, E.   2
Gibraltar   2
Gillespie, C. C.   29
gleichseitig
  Neuneck   89
  Siebeneck   78, 86, 104
  Vielecke   75, 102
Gleichungen
  Klassifikation der   119
  kubische   14, 132, 167
  mit rationalem Koeffizienten   115
  quadratische   8, 113, 115
  trigonometrische Schlüssel-   171
  und die mögliche Anzahl der Wurzeln   135
  unmögliche   115, 136
gleichzeitige Entdeckung   195
Gnomon   121, 148, 149
Grad   45
Griechen   32, 43
griechische Sprache   3, 12
Größe des Kosmos   17
Größen, algebraische   113
Großkreis   175, 192, 194, 195
gunābad   13

Höhe
  des Gestirns   180
Ḥabash al-Ḥāsib   9, 160, 161, 193
Halbieren   36, 39
Halbierung des Winkels, Formel für die   160, 168
Hamadanizadeh, J.   173
Handschriften, arabische   25
Hārūn al-Rashīd   2, 5, 78
Häuser
  astrologische   190

Haywood, J. A.   27
Heron   110, 172
  Metrika   104
Heuristik   127
Hijāb, W. A.   74
Hilāl al-Ḥimṣī   5
Hilfsfunktionen   160, 171
Hilfstabellen   196, 198, 202
Himmelskugel   175, 179
Hinduismus   12
Hipparchos von Rhodos   141, 146, 184, 185
Hippokrates von Chios   90
Hitti, Philip   2, 29
Hogendijk, J. P.   106
Höhe
  eines Gestirns   190
  Sonnen-   198
Höhenkreise   179
Horizont   175, 186, 189, 192
„Horizont"   179
Horner-Schema   62
Horoskops   190
Ḥunayn b. Isḥāq   4–6
Hunger, H.   42, 74
Hypatia   185
Hyperbel   88, 91, 93, 94, 135
  Konstruktion der   96, 106
  symptoma der   82, 96
„Hyperbel"   82
Hypotenuse des gedrehten Schattens   149
Hypotenuse des Schattens   149

Ibn Abī Ḥajala   165
Ibn al-Haytham   16, 79
Ibn al-Nadīm   5, 79
Ibn al-Shāṭir   3
Ibn Khaldūn   72, 74
Ibn Khallikān   164
Ibn Shākir   5
Ibn Sīnā   11
Ibn Yūnus
  Ḥākimī Zīj   161, 164, 165, 196, 204
  Sehr nützliche Tafeln   198, 201, 202
  Sinustafeln   166, 167
Ibrāhīm b. Sinān   25, 78, 86, 93, 95, 96
  Analyse und Synthese   93
  Über Sonnenuhren   93
  Zeichnen der Kegelschnitte   93
Iḥsān   165
'ilm al-farā'iḍ   68, 72
'ilm al-mīqāt   198

Index

'ilm al-waṣāyā   137
'Imād al-Dawla   71
Inder   58
Indien   1, 12, 25, 141, 146, 158, 159, 163, 186
indische Astronomie   33
indische Mathematik   111
indische Quellen   2
Instrumente
    Äquatorium   19
    Armillarsphäre   177, 179
    Astrolab   22, 158, 184
    Quadrant   20
    Ring mit Gradeinteilung   158
    Sextant   20
    Vermessungstafel   156
Interpolation   161, 171, 197
    lineare   55, 56, 162
Irak   1, 26
Iran   14, 25, 26
Isfahan   14, 15, 131
Isḥāq b. Ḥunayn   5, 6
Islam   1, 2
Islamische Kunst   15, 97, 98
Iteration   167, 170
    Fixpunkt-   170

Jaouiche, Kh.   29
Jastrow, O.   28
Jerusalem   203
Johannes von Sevilla   67
Juden   125
Jurjān   11

Kaaba   1, 203
Kairo   94, 161, 164, 165, 196, 197
Kalender   182
    gregorianischer   15
    muslimischer   1, 10
Kalenderreform
    'Umars   14
Karl Martell   2
Karte   10
Kartografie
    al-Khwārizmīs   9
    Projektionen   11
Kāshān   17
Kasir, D. S.   132, 139
Kaspisches Meer   85
Kāth   11
Kegelschnitte   14, 79, 89, 91
    Konstruktion der   93
Keneschra   32

Kennedy, E. S.   12, 19, 21, 22, 29, 74, 173, 209
Kepler, J.   83
Khālid al-Marwarrūdhī   9
Khāqānī Tafeln   17
Khorasan   14
Khwārazm   7, 10, 33
King, D. A.   164, 165, 173, 197, 198, 201, 204, 209
Klassifikation der kubischen Gleichungen   132
Klassifikation von Problemen   8, 89
Koeffizienten, negative   129
komplexe Variablen   184
Konika   5
Konstruktionen, euklidische   75
Koordinatensysteme, sphärische   185
Koran   2, 5, 21, 27, 165
Kosinus   147
Kotangens   147
kunya   28
Kushyār b. Labbān   74, 129
    Indisches Rechnen   33, 46
Kūshyār ibn Labbān   160

Länge
    geografische   10
    Sonnen-   198
Länge der Tageslichtperiode   182, 190
laqab   28
latus rectum   82
latus transversum   82
Levey   74
Lineal   75
Lineal ohne Maßstab   75, 84
logische Sparsamkeit   77
Lorch, R.   209
Lösung rechtwinkliger Dreiecke
    ss   144
    sw   145
Lösung von Dreiecken
    sss   156
    sws   155
Lösungen, universale   161, 202

MacAlister, P.   209
madrasa
    persische   23
    Samarkand   20
    Shir Dor   97
Maḥmūd von Ghazna   11, 156
Makron   27
māl   114, 118, 123
Malikshah   14

Mantellinie eines Kegels 79
Maragha 125
Marokko 25
Marw 14
Mas'ūd von Ghazna 12, 13
maximales Produkt 167
Medina 1
Mekka 1, 3, 203
Menelaos 176
 Satz des 177
 Sphärik 5, 176
Meridian 175, 179
 Grad auf dem 3, 9-11, 156, 159
Meshhed 25
Mesopotamien 4, 42, 109
Meyerhoff, M. 29
Minuten 45
miqyās 94, 147
Miram Chelebi 170
Mittelwert 170
Modelle 177, 179, 184
Mohammed 1, 2, 71, 136, 164
Mond, Sichtbarkeit der -sichel 147
Mondfinsternis 11
Moschee
 Freitags- (Isfahan) 15, 98
Mosul 9
Mu'izz al-Dawla 71
Multiplikation 36, 47
 Gelosia-Methode 50
 Polynom- 127
Muqaṭṭam-Hügel 164
Murdoch, J. 139
Musik 99
muslimische Architektur 21
Muṣṭafa Sidqī 25
muwaqqit 94, 207

Nadir 192
„Nadir" 179
Nādir Shāh 25
Näherung 207
Nahmad 29
Nahmad, H. M. 28
Nandana 157, 159
Napier 42
Naṣīr al-Dīn al-Ṭūsī
 Ilkhānī Zīj 197
 Parallenpostulat 16
 Transversalenfigur 142, 147, 153, 173
nestorianisch 32
neúsis-Konstruktion 90
nisba 28

Nischāpūr 14
Niẓām al-Mulk 14
Nordafrika 1, 4, 105
Norman 106
Null 31, 32, 34, 44
numerische Verfahren 141

Observatorium
 Isfahan 14
 Samarkand 20
Ordinaten 81
Ordnungen in der Algebra 124
Ostern 32

Pakistan 2, 33
Palästina 4
Papier 39, 53
Pappos von Alexandria 89, 99
Parabel 81, 88
 Konstruktion der 95, 105
 Sehne der 81
 symptoma der 82
 „Parabel" 82
parallele Breitenkreise 175
Parallelepiped 132
Parallelkreise 175
Parameter 82
Pascal
 Traité du Triangle 63
 Pascal'sches Dreieck 63
Pedersen, J. 29
Pells Gleichung 112
Persien 1
Persisch 12, 85
persische Quellen 2
Petruck, M. 74
Phönizier 44
Pole auf der Kugel 176, 179, 195
prosthaphairesis-Formel 198
Ptolemaios 10
 Almagest 19, 43, 55, 141, 150, 156, 167, 179
 Geografie 9, 156
 Optika 202
 Planisphäre 184
Ptolemais 185
Punkte auf arabischen Buchstaben 26
Pythagoras, Satz des 144

Qāḍī Zadeh al-Rūmī 21
qibla 203
qibla-Tabellen 207
Quadrat, Konstruktion des 101
Quadratwurzeln 53

Quarten 45
Quṣṭā b. Lūqā 5, 6, 111
  Kugel mit Rahmen 179

Radius 160
  Erd- 158
  in der Trigonometrie 142, 146, 149, 151, 160
Rashed, R. 74, 124, 139
räumliche Aufgaben 89
Rechtsgelehrter 10
rechtwinklige Kugeldreiecke 195
reelle Zahlen 16
regelmäßige Polyeder 75
Rektaszension 183
Renaissance 136
Rete 190
Rhodos 146, 184
Rom 176
Rosenthal, F. 4, 29, 72, 74
Russland 25

Ṣābier 5
Sabra, A. J. 106
Saidan, A. S. 74
Saliba, G. 74, 173, 209
Samarkand 7, 14, 17, 22, 53, 131, 168, 170
samt 179, 180
Sanad b. ʿAlī 156
Sanskrit 12, 33, 111, 146
  wissenschaftliche Werke in 2
saphea 187
Schaltjahre 15
Schattenlängen 147
Schattenzeiger einer Sonnenuhr 94
Scheitelpunkt einer Parabel oder einer Hyperbel 81
Schemata in der Mathematik 126
Schiras 90, 91
Schnitt, „goldener" 103, 109, 110
Schwarze Hammel (Qara-Qoyunlu), Turkmenen von den 19
Schwerpunkt 85
Seite 123
Sekunden 45
Seldschuken 14
semitische Sprachen 26
Senkrechte, Konstruktion der 99
Sesiano, J. 139
Severus Sebokht 32, 186
Sezgin, F. 29
Shāh Jahān 25
shahāda 71

Sinjār 9
Sinus 147
  Additionsgesetz für den 149
  al-Bīrūnīs Verständnis des 162
  Sin(1°) 23, 163, 168
  Sin(3°) 168
  Sin(6°) 168
  Sin(12°) 168
  Sin(60°) 168
  Sin(72°) 168
Sinussatz 153, 204, 206, 207
  für sphärische Dreiecke 195
Sonne 93
Sonnenbahn 191
Sonnenuhr 83
Spanien 1, 187
Sphärik 175
sphärische Astronomie 159, 202
Spika 190
Spirale 90
Spitze
  Kegel- 80
Stadien 9
Stahl, S. 106
Staubtafel 34, 39, 47, 54, 60
Stellenwertsystem
  dezimales 8, 31, 112
stereografische Projektion 184
Sternenkatalog 20
Sternkarte 192
Stevin, S. 42
Storey, C. 29
Strecke, Unterteilung einer 100
Stunde
  Äquinoktial- 191
  temporale 190
Stundenlinie 193
Stundenwinkel 180
Subtraktion 35, 47
Sulṭān Iskandar 19
Surya Siddhanta 146
Sylla, E. 139
Synesios 185
Synthese 86
Syrien 1, 4
Syrisch 12, 186

Tabarsī 23
Tabellen
  für die sphärische Trigonometrie 196
  für die Zeitmessung 199, 200
  Multiplikations- 48
  Sehnen- 142, 145

trigonometrische 146, 159, 171
Tadschikistan 25
Tagbogen 191
tägliche Bewegung der Sonne 182
Tamerlan 17
Tangens 147
Tausend und eine Nacht 2
Tertien 45
Thābit b. Qurra 5, 16, 78, 90, 93, 111, 115, 131
Theon von Alexandria 185
Tierkreis 22, 181, 192
Tinte 23
Toomer, G. 29
Toth 16
Toth, J. 29
Tours 2
Transliteration 27
Transversale 82
Trigonometrie 141, 207
  sphärische 193, 203
Tritton, A. 28
Tunis 72, 200
Turkmenen 11
Turm der Winde 185
Ṭūs 14

Übereinstimmungen, algebraische 120
Übersetzungen
  aus dem Griechischen 4, 5
  lateinische 8, 33
Übertragung von Längen 75
Ulūgh Beg 17, 20, 23, 159, 160, 197
ʿUmar al-Khayyāmī 7, 13, 58, 79, 113, 139
  Algebra 14, 131
  Rubʿāyāt 13
  Schwierigkeiten in Euklid 15
Umayyaden 2
  Moschee 3, 202
Umfang, Erd- 9, 11, 156
Unbekannte 109, 110
ungleiche Stunden 190
Unterteilung einer Strecke 110, 116
Urgentsch 7
Usbekistan 7

Venus 164
Verdoppeln 39
Verdopplung
  Würfel- 84
Vereinigte Staaten 25
Verhältnisse 16
Vermessung 53

Vermögen 114
Verschieben
  in der Algebra 128
  in der Arithmetik 37, 52, 54, 64
vierte Proportionale 134
Vogel, K. 42, 74
Volksastronomie 201
vollständiges Viereck 177

Waerden, B. van der 32, 74
Wendekreis des Krebses 181, 186, 191
Wendekreis des Steinbocks 181, 186, 189, 191
Wensinck, H. 29
Winde 201
Winkel
  Halbierung eines 101
  sphärische 195
Winter, H. 106, 139
Woepcke, Fr. 106
Wurzeln
  algebraische 113, 118, 123
  fünfte 23, 53, 58
  n-te 53

Yaḥyā b. Aktham 9
Youschkevitch 29

Zahlen
  absolute 136
  alphabetisches System zu Schreibung der 31, 34, 43, 49, 125
  einfache 113
  indisches System zu Schreibung der 31, 186
  irrationale 110
  mit Vorzeichen versehene 112, 120
  negative 111, 124, 162
  ostarabisches System zur Schreibung der 34
  rationale 110
Zahlensystem
  dezimales 8, 112
  sexagesimales 34, 112, 168
zakāt 70
Zeichen
  Dezimal- 39, 40
  Sexagesimal- 43
Zeichen, Tierkreis- 181
Zeit seit Sonnenaufgang 198
Zeit, Tages- 190
Zeitmesser 3
Zeitmessung 160, 183, 190, 197
Zenith 179, 187

„Zenith" 179
Ziffern 31
  indische 46
zifferngestützt 44
zīj 147, 159, 161
„*zīj*" 147

Zīj al-Sindhind 2
Zirkel
  festgerosteter 97
  geometrischer 75, 84
  Klapp- 76, 77
  vollständiger 85

MIX
Papier aus verantwortungsvollen Quellen
Paper from responsible sources
FSC® C105338

If you have any concerns about our products,
you can contact us on
ProductSafety@springernature.com

In case Publisher is established outside the EU,
the EU authorized representative is:
**Springer Nature Customer Service Center GmbH
Europaplatz 3, 69115 Heidelberg, Germany**

Printed by Libri Plureos GmbH
in Hamburg, Germany